U0918953

论幸福生活

De Vita Beata

[古罗马] 塞涅卡 著　　覃学岚 译

译林出版社

图书在版编目（CIP）数据

论幸福生活／（古罗马）塞涅卡著；覃学岚译．—南京：
译林出版社，2020.7

（译林人文精选）

ISBN 978-7-5447-8220-3

I.①论… II.①塞… ②覃… III.①幸福－通俗读物
IV.①B82-49

中国版本图书馆 CIP 数据核字（2015）第 087375 号

论幸福生活 ［古罗马］塞涅卡／著　覃学岚／译

责任编辑　马爱新
装帧设计　薛顾璨
校　　对　戴小娥
责任印制　单　莉

出版发行　译林出版社
地　　址　南京市湖南路 1 号 A 楼
邮　　箱　yilin@yilin.com
网　　址　www.yilin.com
市场热线　025-86633278
排　　版　南京展望文化发展有限公司
印　　刷　江苏凤凰新华印务集团有限公司
开　　本　880 毫米 ×1230 毫米　1/32
印　　张　9.5
插　　页　2
版　　次　2020 年 7 月第 1 版
印　　次　2020 年 7 月第 1 次印刷
书　　号　ISBN 978-7-5447-8220-3
定　　价　45.00 元

导 读

西汉末年，亦即公元前4年到前1年间，在《后汉书·西域传》称为大秦的罗马帝国的西班牙行省科尔多瓦的一个富裕家庭，诞下了一名男婴，他就是本书作者——古罗马哲学家、政治家、雄辩家、悲剧作家塞涅卡（Lucius Annaeus Seneca），又称小塞涅卡，因为他的父亲老塞涅卡也是大名鼎鼎的人物。

塞涅卡兄弟三人：哥哥加利奥从政，官至亚该亚行省总督，曾保护过使徒圣保罗，参见《使徒行传》第十八章十二至十七节，不过中文《圣经》中将其译为"迦流"；弟弟梅拉性格内向，是罗马著名诗人卢坎的父亲；塞涅卡排行老二，与孔子排行相同。有意思的是，中国人过去开口就是"子曰"，西方人则曾经开口便是"塞涅卡说"。

此外，比孔子小五百多岁的塞涅卡和孔子一样，也有过一段先辉煌后惨淡的仕途经历，所不同的是，孔子最后以周游列国结束了自己的政治生涯，塞涅卡则是被自己教过和辅佐过的尼禄皇帝赐死，以自尽的方式结束了自己的生命，这一年是公元65年。

塞涅卡幼年随姨妈来到罗马，学习修辞学和哲学，既得到了斯多葛学派（Stoicism）的真传，又受到了新毕达哥拉斯主义的感染。上学期间，塞涅卡就因善演讲而名声大噪，并招致罗马帝国第三位皇帝卡利古拉的妒忌，险些小命不保，好在此时他身染疾病，随姨妈去埃及休养康复，才躲过了一劫。公元 31 年，塞涅卡回到罗马，开始了自己的法律和政治生涯。在罗马法律界声名鹊起的同时，塞涅卡在文学上也颇有建树，成了一代悲剧和随笔名家。

然而常言说得好，伴君如伴虎，元老身份外加过人的才情也带来了祸端，他先是失宠于卡利古拉皇帝，后又得罪了臭名昭著的皇后麦瑟琳娜，结果克劳狄乌斯皇帝即位后不久，便以塞涅卡与公主有染这一莫须有的罪名将其流放到了科西嘉岛。流放期间，塞涅卡潜心哲学与自然科学研究，写出了《与赫尔维娅告慰书》等三篇以慰藉为题的文章。公元 48 年，克劳狄乌斯皇帝将放荡成性的麦瑟琳娜皇后处死后，受阿格丽皮娜的诱惑而娶其为妻。次年，新皇后凭借其三寸不烂之舌，说服克劳狄乌斯皇帝将塞涅卡从流放地科西嘉岛召回，担任她与前夫所生的儿子尼禄的老师。

公元 54 年，克劳狄乌斯皇帝不明不白地一命呜呼后，年仅十六岁的尼禄即位登基。身为太子太傅的塞涅卡被非正式擢升为“首辅大臣”。尼禄统治伊始，施政可圈可点，可以说与塞涅卡的影响是分不开的。其间，塞涅卡曾撰本书中收录的《论仁慈》一文，献给尼禄。然而好景不长，塞涅卡犯了功高盖主之忌，加上政敌挑拨，遂使其变成了听信谗言的尼禄的心头之患。公元 59 年，本性已暴露无遗的尼禄加害了把自己扶上帝位的母后。公元 62 年，塞涅卡的好友禁卫军首领布鲁斯蹊跷身亡，塞涅卡隐隐感到处境不妙，遂向尼禄请辞，未果，两年后再次提出退隐，获准。塞涅卡从此退出政坛，闭门谢客，著书立说，完成了包括《道德书简》在内的多部著作。公元 65 年，塞涅卡的侄子、诗人卢坎参与谋杀尼禄的事情败露后，尼禄借机逼迫未涉此事的塞涅卡自杀。塞涅卡以高贵的姿态，割断自己的静脉，结束了自己的一生，也遂了欲置之死地而后快的尼禄的心愿。

塞涅卡兴趣广泛，才能非凡，著述甚丰，计有《特洛伊妇女》（*Troades*）、《菲德拉》（*Phaedra*）、《俄狄浦斯》（*Oedipus*）、《美狄亚》

(*Medea*)等九部悲剧,《论天意》(*De Providentia*)、《论愤怒》(*De Ira*)、《论仁慈》(*De Clementia*)等十四部问答体小品文,一部书信集《道德书简》(*Epistulae morales ad Lucilium*),一部讽刺作品《神圣的克劳狄乌斯变成南瓜》(*Apocolocyntosis divi Claudii*[①])以及一部七卷本的讨论自然科学的著作《自然问题》(*Naturales Quaestiones*,本书中收录的是该书的第六卷《论地震》),几乎触及了可以作为研究对象的所有领域。

塞涅卡的思想不仅对西方哲学、戏剧文学等产生了深远而持久的影响,体现在其道德哲学著述中的许多思想还被《圣经》作者吸收,对基督教思想的形成产生了一定的影响。塞涅卡的哲学著作是在"中期斯多葛派哲学"的影响下写成的。帕纳埃提乌斯(Panaetius of Rhodes,约公元前 180—前 110,又译彭纳修)两百年前将斯多葛派哲学传入罗马时对其进行了适当改造,经由公元前 1 世纪波西多尼乌斯(Poseidonius,约公元前 135—前 50)的发展,形成了"中期斯多葛派哲学"。塞涅卡的七卷本《自然问题》主要就是受波西多尼乌斯著述的影响。本书所收录的八篇问答体小品文均堪称塞涅卡最优秀的哲学著作。

塞涅卡的悲剧也许是其对西方文学最具影响的作品。无论是其斯多葛派哲学思想,还是其修辞及对阴森恐怖气氛的运用,都对后世的悲剧,尤其是文艺复兴时期的悲剧创作产生了很大影响。不过一般认为他笔下的悲剧都不是为了上演,而是供人背诵的。

塞涅卡的著作广泛收录于中世纪的各种文选之中,奥古斯丁(354—430)、哲罗姆(约 340—420)、波爱修斯(约 480—525)都研读过他的著作,但丁(约 1265—1321)、乔叟(1343—1400)、彼特拉

---

① 按照罗马帝国礼制,皇帝死后一般会在其名字前面冠以"神圣的"三字,克劳狄乌斯死后原本也成了"神圣的克劳狄乌斯",可尼禄当政后取消了他的这一称号,从而把他从"神"的行列踢出,扔进了"南瓜"堆里。

克（1304—1374）对他的著作也都不陌生。塞涅卡的道德论文集的首个英文版出版于1614年，编者是中世纪著名的人文主义思想家和神学家伊拉斯谟（1466—1536）。从加尔文、蒙田及卢梭等人的作品中可以窥见塞涅卡对16到18世纪作家的影响。19世纪，塞涅卡的著作遭到了严厉批判，但自从西班牙隆重纪念其诞辰2000周年（塞涅卡被列入"西班牙"首屈一指的思想家之列）以来，他的著作再次受到热捧。

收入本书的前八篇著作皆为塞涅卡的经典力作，所探讨的皆是与我们的喜怒哀乐、为人处世息息相关的问题。只要看一看每篇的篇名，就会引起我们的好奇：

究竟有没有所谓的天意？如果真有天意，那么为什么好人会屡遭不幸或磨难？人有时候为什么会气不打一处来？我们该不该愤怒？怎样才能不动怒？怎样才能从悲哀中走出来？仁慈与怜悯究竟有什么区别？怎样才能保持心灵的宁静？生命短促，究竟是该及时行乐呢，还是该另有所求？这些问题哪一个不是我们苦苦思索而仍然没有公认答案的？没有公认的正确答案，并不意味着每个人就不能得出自己的答案。但是，在我们给出自己的答案前，不妨参考一下别人的观点，这样也许就会得出新的、令自己更满意的看法。而塞涅卡早在两千年前就对这些问题给出了自己的答案，他的观点究竟是个什么样子，有没有参考价值，难道你不好奇吗？

那就静下心来，听听他是如何娓娓道来的吧。

他在本书中阐述的第一个问题是"天意"问题。按照通常的理解，若真的存在天意，那么好人似乎理当受到垂青，而坏人理应遭到惩罚。可是好人偏偏屡经磨难，这又当作何解释呢？我们相信，这个问题不单单是困扰着本文中的提问者卢齐利乌斯，也同样会令很多人百思不得其解。

面对这个问题，塞涅卡首先承认，按说应该先论证天意确实存在，再来作答才更令人信服，可由于对方不希望他扯远了，于是他也就“不自讨苦吃，只往简单里说，说一说众神这么做的原因罢了”。尽管如此，我们发现，塞涅卡还是用一段简练的文字阐述了貌似变幻莫测、不可思议的种种现象其实都是有规律可循的，都是受永恒法则或者说天意支配的，接下来才触及所谓“天意不公”的问题。

他首先回答的是“为什么好人会经历那么多的逆境”这个问题。答案是：逆境不应视作上天的惩罚，而应视为“历练”。他以摔跤手为例说明了经受“历练”的重要性。“没有对手，功夫便会大打折扣：功夫的强弱、功力的大小，只有在展现其忍受力时方能显现出来。请你相信，好人也应该如此：他们不应该一遇到艰难困苦就打退堂鼓，也不应该抱怨命运；无论发生什么，他们都应欣然接受，并使其朝有利的方向发展。”

接着他把天意比作父爱，认为天意让好人遭遇逆境，就好比做父亲的严格要求自己的孩子一样。“让他们懂得劳累之苦、病痛之苦、失败之苦，这样他们才能获得真正的力量。”这段论述很容易让人联想到孟子的那句名言：“故天将降大任于是人也，必先苦其心志，劳其筋骨，饿其体肤，空乏其身，行拂乱其所为，所以动心忍性，曾益其所不能。”

继而，他又指出，“那些貌似不幸的事情实则并非真正的不幸”，人们“斥之为艰辛、磨难及可恶的那些东西其实是有益的东西”。针对这个他自己都认为很难证明其成立的命题，他还是采用了打比方的论述方法：把可恶的东西比作外科手术、烧灼手术和饥渴疗法。然后，他又从反面进一步加以论证：“有些世人交口称赞和孜孜以求的东西对于乐此不疲的人来说并不是什么好事，就像暴饮暴食、山吃海喝，以及其他纵乐伤身的活动一样。”进而引出德米特里乌斯的一句名言：“最最不幸的人就是从未遭遇过不幸的人。”

我们发现，塞涅卡的逻辑严谨，思维缜密，文笔细腻，旁征博引，妙语连珠，处处闪耀着思想的火花和智慧的光芒。在这篇文章中，我们可以欣赏到很多生动的比喻、对比和掌故。

> 我从来就没信任过命运女神，即便在她表现出一副示好的样子时也没信任过；她好心赐予我的那些礼物——金钱、职位、权势，我都存在了一个她不惊动我就可以收回的地方。……只要命运女神微笑时别上当，那么她皱眉头的时候，就不会吃大亏。

塞涅卡是一位灵魂的医生，他对命运的反复无常和人性的弱点有着深刻的了解，看到世人所追求的那些荣华富贵是多么不可靠，而贫困潦倒、白发人送黑发人、中年丧偶、当众受辱、疾病缠身等各种不幸可能突然降临。

所以，他开出药方帮助人们调整好心态、提高内力，把短暂的人生放在有意义的事情上，坦然面对生死，不至于在命运女神的摆布面前不堪一击。《论愤怒》《论仁慈》《告慰书》《论生命之短促》……塞涅卡的每一篇文章都像一帖温热的良药，这些药方所针对的病症对于现代人来讲也并不陌生，而是生活中常常可以看到的，下面就请读者诸君自己去慢慢品味吧。

本书中收录的最后一篇文章《论地震》与前面的八篇似乎明显不同，所以这里不妨再多啰唆两句。

说来也巧，这最后一篇文章和我们前面介绍过的第一篇文章一样，都是写给同一个人——卢齐利乌斯的。不仅如此，所探讨的内容从某种意义上说也有共同之处，虽然人们传统上认为这最后一篇是塞涅卡探讨自然科学的著作。其实，严格说来，第一篇文章也可以说是在探讨自然现象或规律，所不同的是“天意”看不见摸不着，而“地震”却是屡见不鲜、真真切切的自然现象。

文章开头描述了一场地震之后的种种惨不忍睹的景象。塞涅卡之所以要谈地震,目的就是要想办法安慰不幸的人,让他们从极度的恐惧中摆脱出来,因为他听说“有些人给震傻了,到处乱跑,完全失去了自控能力”。那么,他又是如何劝导人们从极度的恐惧中走出来的呢?

首先他指出地震这种死法并不比其他死法更可怕。“是葬身于一所房屋之下,在它那一小堆尘埃下面喘完最后一口气,还是脑袋为整个世界所埋,都没有任何区别。”然后他论证了好运会相伴永远不过是自欺欺人的美好愿望,其实没有一个地方真正安全,生活中处处隐藏着危险。这种安慰人的方式听起来似乎很奇怪,但塞涅卡给出了他的理由:“如果你想无所畏惧,那就把一切都当成可怕的东西。”“明知道一滴水就可以让你死于非命,却偏要惧怕大海,那是何等愚蠢啊!”

这之后,他又分析了为什么越是罕见、越是非同寻常的现象,越能引起更大的恐惧,总结说:“既然愚昧无知是我们恐惧的原因之所在,那么摆脱这样的愚昧,进而摆脱恐惧,岂不是相当有意义吗?”于是,巧妙地转入了正题——对地震原因的探析。

在做出解释和分析之前,他先就应该如何对待前人粗糙的理论阐明了自己的观点。

> 对于第一次尝试的人来说,一切都是全新的;既有的理论后来都会得到完善。尽管如此,确实还是应该承认后来的任何发现与前人的贡献是分不开的。揭开自然王国中那些秘密之处,不满足于了解其外表,而是由表及里、登堂窥奥,一探众神的秘密,这样就达到了一种伟大的精神境界。希望发现真理的人对真理的发现贡献最大。所以我们应该虚心地听取前人的教诲。

然后,他花大量的篇幅,以夹叙夹议的方式介绍了各种各样的理论,也阐述了自己的一些见解。塞涅卡对于地震原因这个问题的回答也许并不完全令我们信服或满意,但他的思想方法和探索精神同样是令人钦佩的。我们或多或少会从中得到一些启发,促进自己对这些问题的思考。

最后,文章还是回到了开头所关注的如何面对死亡的问题上。而这正是哲学所关心的核心和终极问题。塞涅卡以他超然的镇定自若为我们提供了榜样。

译 者

2014 年初秋于清华园

目　录

论天意

致卢齐利乌斯

虽说有天意，为什么好人还是屡遭不幸？

1. 卢齐利乌斯[①]，你问过我一个问题：如果说这个世界是由天意主宰的，那为什么还会出现好人屡遭不幸的情况呢？这个问题，按说应该是先证明天意确实主宰着芸芸众生，而且上天时刻都在过问我们的事情，再来回答才会更为切中肯綮，但由于你所希望的是将一小部分与整体割裂开来，并且希望我不触及主要问题而对某个单独的异议予以反驳，所以我也就不自讨苦吃，只往简单里说，谈一谈众神这么做的原因罢了。

要说清楚这个问题，我们用不着多此一举地去证明世界这座大厦不是有某种力量的保护才得以屹立，也无需证明我们头顶上星辰的时隐时现不是机缘使然；不必证明由于偶然因素而运动的物体虽常乱作一团，动辄相撞，我们飞速旋转的天体却仿佛在永恒法则的支

① 卢齐利乌斯（Lucilius），除了塞涅卡的著述中之外查不到其任何信息。据说他曾担任西西里行政长官一职。他对哲学很感兴趣，但倾向于伊壁鸠鲁学说，还写散文和诗歌。（如无特殊说明，本书注释均为译注。）

配下，畅行无阻，化育万物生灵，遍布沧海大地，耀眼的繁星缀满天际，却各守其位，井然有序；亦不必证明这一机制不是由随机运动的物质所产生，更无需证明那些偶然形成的组合并不依赖于非凡的艺术，让厚重无比的大地得以岿然不动，静观天体绕其疾行，让海水得以浸没山谷，泡软土地，而又不因江河之水感到上涨，让最小的种子得以旺盛生长。就连那些变幻莫测的自然现象，诸如阵雨突降、风云变幻、晴天霹雳、火山喷发、地震时的地动山摇以及自然中的暴力成分所引发的其他异动——就连那些也并非无缘无故发生的，尽管看似突如其来；它们也都有着特殊的缘由。这道理就如同，我们认为一些现象不可思议，只因我们所看到的这些现象与其出现的环境水火不容，比方说，海浪中间冒出一股温泉，广袤的海洋之中涌现一连串新的岛屿。此外，一个人要是看见海水退去之后海滩露出来，转眼的工夫又复被淹没，便会以为是某种看不见的波动在作怪，才使得潮水一会儿偃旗息鼓，一会儿又卷土重来；而实际上，潮水的涨落是很有规律的，与某一时辰所受到的引力大小有关，这一引力来自我们称之为月球的那颗星球，潮起潮落都是月球在发号施令。不过这类问题我们不妨先放一放，因为对于有没有天意，你并不存疑，只是抱怨天意不公罢了。

我来当个和事佬，让你与众神重归于好，须知，最受众神善待的，向来都是最善的人。因为以善害善，不合自然之道；好人与众神之间存在着一种友谊，维系这种友谊的纽带便是美德。友谊，我用了这个词吗？不，说得准确一点，是亲情关系和相似之处，因为好人与天主的区别，毫无疑问只是时间上的先后；好人是天主的门徒、效仿者和真正的子孙，而天主便像严父、严师一样，对他的德行修养管教有方，十分严格。所以，当你看到受众神青睐的好人含辛茹苦、历经艰辛、备尝坎坷，坏人却养尊处优、纸醉金迷、花天酒地时，不妨想想子女赢得父母欢心的是他们的乖顺，而家奴博取主人好感的却是他们的主见，对子女，我们是严加管教，而对家奴的放肆大胆，我们却是纵容有加。相信我吧，天主也一样：他从来不会像纵容一个受宠的家奴那样去纵容一个好人；他会让他经受考验，经受历练，使其能为自己效劳。

2.“为什么好人会经历那么多的逆境？”坏事是不可能发生在好人头上的：截然相反的东西是混不到一起的。恰如数不胜数的河流，自天而降的雨水和大股大股的矿泉无法改变海水的味道，甚至连冲淡也不行；再多的逆境也无力挫损勇者的锐气。它会毫不动摇，无论发生什么事情，都会永葆本色；因为它比一切外力都要强大。我并不是说勇者对这些东西浑然不觉，而是说他战胜了它们，而且无论面临什么样的袭击，总能泰然自若，处变不惊。种种逆境在他眼里都不过是历练而已。只要是一个堂堂正正的男子汉，谁会逃避义不容辞的辛苦与劳累，谁又会在有危险的义务面前畏缩不前？又有哪个精力旺盛的人不觉得无所事事是一种惩罚？我们发现摔跤运动员，他们比的主要是力气，只跟最强有力的对手交手，而且会要求赛前的陪练拿出看家本领来跟自己过招。他们甘愿挨打受伤，如果找不到单打独斗的对手，就会同时与好几个人交手。没有对手，功夫便会大打折扣：功夫的强弱、功力的大小，只有在展现其忍受力时方能显现出来。请你相信，好人也应该如此：他们不应该一遇到艰难困苦就打退堂鼓，也不应该抱怨命运；无论发生什么，他们都应欣然接受，并使其朝有利的方向发展。重要的不是你忍受的内容，而是你忍受的方式。

你难道没有注意到父爱与母爱的差异吗？做父亲的要孩子早起用功学习，就连节假日也不让他们虚度光阴，恨不得非累到他们汗流浃背不可，有时候甚至会把他们累哭。但做母亲的就不一样了，总想把孩子抱在怀里，百般呵护，生怕他们晒到太阳，希望他们永远也不知道什么叫悲伤，永远也不伤心落泪，永远也不用吃苦耐劳。天主对待好人，情同父亲爱子之心，是父爱，而且天神有言：“让他们懂得劳累之苦、病痛之苦、失败之苦，这样他们才能获得真正的力量。”肥胖的身体会因为不用而变得迟钝，不单单是劳动，就连挪动和身体自身的重量也会令他们吃不消。没有经历过挫折的成功是不堪一击的；而同自己的病痛做过不懈斗争的人则会因为饱经折磨而变得坚强，不向任何不幸和灾难低头，即便跌倒了，他也会跪在地上继续战斗。如果天主对好人眷顾有加、希望他们尽善尽美，分派他们一个需要为之而奋斗的命运，你会感到惊讶吗？假如众神一时兴起，想看一看伟人们同灾难做斗争的情形，我是不会感到惊讶的。有时候看到一个勇敢的小伙子手持长矛迎战野兽，或者以大无畏的气概面对一头气势汹汹迎面扑来的狮子，我们也会很开心，而且这样的小伙子越杰出，我们看了就会越高兴。但这样的行为并不能赢得众神的青睐，不过是一些可以博得轻浮的人类一笑的幼稚之举。不，值得天主在省思自己的作品时引起注意的场面，是勇者与厄运之间的较量，这是一场无愧于天主的比赛——如果是勇者发起挑战的话，则愈发如此。我要说，如果朱庇特愿意把目光投向世间，我真想象不出，可供他欣赏的景象能有出加图[①]之右者。在自己的事业已经不止一次遭受重创之后，加图依然傲立于共和国的废墟之中。“就算普天之下都落到了一个人手中，”他说，“就算恺撒的军团把守住陆地，舰队把守住海面，就算其军队封锁住所有的城门，加图也有办法脱身：他会只手拓开一条通往自由的大道。这柄在内战中也不曾沾过血污的剑，终于要派上崇高的用场了：它没能给它的国家带来自由，今天它要把这份自由赋予加图了！来吧，我的灵魂，完成你早已计划好的任务，让你自己脱离这纷扰的人世，获得自由吧！佩特雷乌斯与尤巴[②]已经浴血

① 小加图，全名为马库斯·波尔奇乌斯·加图（Marcus Porcius Cato），因其传奇般的坚忍和固执而闻名。在公元前46年的内战中，他宁可自杀也不愿意被尤利乌斯·恺撒宽恕。

② 佩特雷乌斯与尤巴（Petreius and Juba），二人均反对恺撒，公元前46年恺撒于塔普苏斯获胜后，二人以决斗的方式双双寻死。

奋战，倒在沙场，双双成仁于对方的刀刃之下，与命运签下了一份彰显英雄本色与高尚气节的协定，但这样的死法并不适于表现我自己的伟大：因为对于我加图来说，请求别人赐死同请求饶命一样可耻。”我深信众神看到眼前的情形定会倍感欣慰：这人在如此严厉地惩罚自己的同时，却惦记着别人的安全，让即将离开自己的那些战友得以逃生；就连最后的那个夜晚，他也还在继续钻研；他将那把剑刺进了自己神圣的胸膛；他拽出自己的内脏，用自己的手为那个最刚直、不容用剑来玷污的灵魂打开了一条通道。我愿意相信，这就是他的那一剑没能伤到要害或者说没能一剑致命的原因：长生不死的众神想多看几眼加图。他的勇气得以保存并再一次被唤起，从而可以在更加艰难的任务中得到施展，因为求死两次比一次需要更大的勇气。看到自己的门徒给生命画上如此辉煌、难忘的句号，众神一定会由衷地高兴。那些死得连令人生畏者都不由得肃然起敬的人，死亡带给他们的是永生。

3. 不过随着讨论的展开，我会证明那些貌似不幸的事情实则并非真正的不幸：首先，我要说的是，你斥之为艰辛、磨难及可恶的那些东西其实是有益的东西，首先是有益于经历过这些的个人，其次是有益于整个人类；而对于众神而言，整个人类要比个人更为重要。其次，我要指出一点，好人是愿意经历这些事情的，要是不愿意的话，那吃亏倒霉也是他们应得的。此外，我还要进一步说，这些事情以这样的方式发生是命中注定的事情，好人遭受磨难，经历不幸是天意使然，而他们之所以能成为好人，靠的也正是这一天意。最后，我要奉劝你不要自作多情去可怜一个好人；人们可以说他是个可怜虫，但他是断乎不会成为可怜虫的。

我上面提出的这些命题中最难证明成立的似乎是第一个，即那些引起我们内心恐惧和厌恶的事情对于遭遇它们的人来说是有益的好事。“好事？”你问我，“难道说遭遇流放，贫困潦倒，白发人送黑发人，中年丧偶，当众受辱或者疾病缠身对我们来说是好事？”如果你对这些事情于人有益的说法感到惊讶的话，那么你肯定也会对外科手术和烧灼手术——对了，还有饥渴疗法——有时候能把病人的病治好感到惊讶。可是如果你想一想，为了把病治好，病人免不了挨刀子，接受刮骨手术或者把骨头整个拿掉，将静脉中的血抽出来，有时候为免全身不保还得截肢，你也就会相信这样一点了：有些世人交口称赞和孜孜以求的东西对于乐此不疲的人来说并不是什么好事，就像暴饮暴食、山吃海喝，以及其他纵乐伤身的活动一样。我们的朋友德米特里乌斯[①]有过很多精彩的名言，其中有一句是我最近才听说的，至今还回响在耳际。“在我看来，”他说，“最最不幸的人就是从未遭遇过不幸的人。”因为这样的人没有让自己获得过历练和考验。

尽管这样的人事事心想事成，甚至没想到的事也能成，众神却并不看好他，认为他战胜不了命运，须知命运女神是不屑与胆小鬼过招的，她仿佛在说：“我为什么要挑那家伙作为对手？还没等过招他就会缴械认输，我根本就用不着全力以赴，只需稍稍吓唬吓唬，就会把他吓得屁滚尿流，他看都不敢看我一眼。还是让我另找一个可以与我过上几招的人吧，跟一个还没开打就缴械投降的人交手，这样丢人的事我才懒得去做呢。”真正的斗士都会认为以强凌弱很不光彩，因为他很清楚轻松获胜将胜之不武。命运女神也是这样，她会寻找最勇敢的人与之较量，对有些人她会不屑一顾。凡是不屈不挠，能让她一试身手的人都是她攻击的对象。她用火考验过穆奇乌斯，用贫穷考验过法布里奇乌斯，用流放考验过茹提利乌斯，用酷刑考验过雷古卢斯，用毒药考验过苏格拉底，用死亡考验过加图[②]。疾风方能知劲

---

① 德米特里乌斯（Demetrius），一个当时在罗马从教的犬儒学派的成员。塞涅卡在《道德书简》20.9, 66.14, 91.19 和《论恩惠》7.1.3, 7.11 及 8.2 中也提到过他。

② 传说盖乌斯·穆奇乌斯·科都斯·斯凯沃拉（Gaius Mucius Cordus Scaevola）公元前 507 年曾烧伤自己的右手，以此向敌军证明罗马人保卫自己祖国的决心。盖乌斯·法布里奇乌斯·卢西努斯（Gaius Fabricius Luscinus，公元前 282 年和前 278 年执

草，厄运始可识英雄。

是不是因为穆奇乌斯用右手抓起敌方的火对自己所犯的错误严加惩罚，用那只烧伤的手击溃了当初用持有武器的手未能击溃的敌人，就说他不幸呢？告诉我，他当时若是把手焐在自己情妇温暖的怀中，就会更快乐吗？

法布里奇乌斯只要没有公务，得闲便在自家的土地上耕耘，是不是因此他就不幸呢？是不是因为他与财富做斗争丝毫不逊于同皮洛士做斗争，他就不幸呢？是不是因为他这么一位德高望重的长者在自家的灶台前吃那些整田时亲手拔掉的草和根，就说他不幸呢？告诉我，如果他肚子里塞满了他乡的山珍、异国的海错，因为亚得里亚海和托斯卡纳海中的贝类而吃坏了他本已麻木的肚子，享用了众多猎人用生命换来的一流野味，外带大堆大堆的水果，他就会更快乐吗？

茹提利乌斯是不是因为判他有罪的那些人会世世代代为他们经手的这件案子辩护就不幸呢？与他自己失去流放机会相比，他更加甘愿忍受祖国失去自己的损失；唯有他拒绝了独裁官苏拉[①]提出的要求，而且在要将他从流放地召回时，他反而躲到了更远的地方；是不是因此他就不幸呢？“让罗马那些撞在了你‘幸福时代’枪口上的人去一饱眼福吧，”他说，“广场上血流成河，塞维利乌斯池子上方悬着元老院元老们的首级（因为上了苏拉公敌榜[②]的受害者便是从这里踏上不归路的），城里满大街都是成群的刺客，成千上万的罗马市民

政官）曾与萨莫奈人和皮洛士（Pyrrhus，伊庇鲁斯国王）作战。普布利乌斯·茹提利乌斯·茹福斯（Publius Rutilius Rufus，公元前 105 年执政官）曾受到冤枉，被判处敲诈罪而流放。

① 路奇乌斯·科尔内里乌斯·苏拉（Lucius Cornelius Sulla，约公元前 138—前 78），古罗马统帅，政治家，独裁者。公元前 82 年进占罗马城，并自任无任期限制的独裁官，同时给自己取名为 Felix，意为“幸运者”。

② 作为独裁者，苏拉试图恢复元老院的权力。在他的命令下，公布了一批又一批的“公敌”，上了他的公敌榜的政敌，都得被处死。

在得到一纸安全保证之后，或者应该说是因为一纸安全保证，被集中于一个地方惨遭屠杀。就让那些受不了流放之苦的人好好一饱眼福吧。”告诉我，路奇乌斯·苏拉因为莅临广场途中有刀剑开路，无人挡道就幸运吗？可以随心所欲地让人呈上执政官一级的人头，让掌管国库的司库动用公款为他们制造的血案埋单，他因此就幸运吗？而做这些事情的不是别人，正是科尔内里亚法[①]的提议者！

下面我们再来说说雷古卢斯[②]，命运女神都让他遭了什么样的罪，才将他打造成一诺千金的榜样，含垢忍辱的楷模？他被铁钉划得皮开肉绽，疲惫不堪的身子无论往哪儿一靠，都会靠在伤口上；他在绵绵无尽的失眠中睁着双眼，然而他所受的折磨越大，他的名声就会越响。你想不想知道，他如此看重美德，是何等无怨无悔？就算把他从十字架上放下来，让他重返元老院，他还会发表同样的意见。那么，你是否认为米西奈斯[③]这个为情所困，面对爱吵架的老婆每天的冷拒，哀叹之余，只能听着远处温柔和谐的曲子，才得以进入梦乡的人更为幸运呢？尽管他可以饮玉液琼浆来麻醉自己的官能，听潺潺流水以转移自己的心情，靠纵乐无度去排遣心中的烦闷，但他在舒适的枕头上并不比雷古卢斯在十字架上睡得安生。此二人中，一人将为了正义而受苦受累引以为快慰之事，从不把自己所受的苦放在心上，

---

① 科尔内里亚法（Cornelian law），苏拉颁布的关于暗杀的法律，规定对犯此罪的必须严惩。

② 马库斯·阿提留斯·雷古卢斯（Marcus Atilius Regulus），古罗马的民族英雄。在第一次布匿战争中，雷古卢斯落入迦太基人手中，成了俘虏。迦太基人派他随使者一道去罗马商谈交换战俘之事，但要他发誓，谈判不成功，则当返回迦太基。回到罗马后，他没有充当迦太基人的说客，而是劝元老院不要与迦太基人交换战俘，因为他相信这样的交换对罗马无益。嗣后，虽然亲友们劝他不要返回迦太基，他还是选择了信守自己的誓言。返回迦太基后，他被关进了一只木箱，只能站，不能坐，箱子里面钉满铁钉，活活被折磨至死。

③ 盖乌斯·奇尔尼乌斯·米西奈斯（Gaius Cilnius Maecenas，公元前70—前8），罗马帝国皇帝奥古斯都的谋臣，著名外交家，同时还是诗人、艺术家的保护人。他的名字在西方被认为是文学艺术赞助者的代名词。

心里惦记着的是受苦背后的原因；另一人则因为纵欲而毁了身子，因为好运过多而反受其累，他之所以痛苦，更多的是他受苦背后的原因造成的，而不是所受之苦本身。人类无疑还没有发展到轻易染上恶习的地步，所以可以相信，如果命运允许人们选择的话，多数人还是宁愿自己生下来时是雷古卢斯那样的人，而不是米西奈斯那样的。或者这么说吧，如果有人有那个胆量，敢说自己宁愿生下来时是米西奈斯而不是雷古卢斯那种人，那么此人，尽管他嘴上不承认，肯定宁愿自己生下来时是特伦西娅[①]那号人。

苏格拉底像喝长生不老药[②]一样，喝下了雅典人为他调制的那杯众所周知的鸩酒，且到临死前的那一刻还在纵论死亡，依你看，他是不是就受到了虐待呢？因为寒气袭遍全身，他血管里的血冷却并逐渐停止了流动，你是不是就认为他受到凌辱了呢？端到有些人面前的是高脚金杯，杯中的酒更是由一名训练有素，任人玩弄，不说男性本色尽失，也是暂付阙如的娈童用盛于金碗中的雪片稀释过的，与这些人相比，我们不知应艳羡苏格拉底多少倍！这些人无论喝了什么都会吐出来，末了还会歪着嘴再尝一尝自己胆汁的味道，而他却会以喜悦之心，欣然将鸩酒一饮而尽。

至于加图，已经毋须赘言了，世人已达成共识，一致认为世间最大的幸福非他莫属，造化选择了他，让他面对她那令人敬畏的威力。“强敌的憎恨有助于磨砺人的意志，”造化有言，“那就让他以一己之力，同时与庞培、恺撒和克拉苏[③]三人一决高低吧。在权力的角逐中败给实力不如自己的对手是一种人生磨砺，那就让他败给瓦提尼乌

---

① 特伦西娅（Terentia），米西奈斯的妻子，据传与奥古斯都存在暧昧关系，此处以其指代恶人。亦见《道德书简》114.6。

② 柏拉图在其对话录《斐多篇》（*Phaedo*）中将苏格拉底饮鸩自尽的描述与关于灵魂不朽的讨论加以并列对照。

③ 庞培、恺撒和克拉苏（Pompey, Caesar, Crassus），此三人曾于公元前 60 年结成所谓的前三头同盟，主宰了罗马的政治。

斯[1]吧。参与内战是一种人生磨砺，那就让他与全天下的人为敌，为了一项战到最后一息也不能获胜的正义而战吧。对自己痛下毒手是一种人生磨砺，那就让他自杀吧。我这么做能得到什么呢？无非是，所有的人可能因此明白：这些我以为值得加图去经受的考验，并不是真正的坏事。”

4. 好运会降临到普通百姓，甚至天资低下的人头上，但唯有伟人才能战胜带给凡人痛苦的各种灾难和恐惧。人活一辈子，万事如意，不经历任何精神苦闷，确实是一种缺失，对造化仅仅是一知半解。你是伟人，但如果命运女神不给你展示才华的机会，我又能凭什么说你是伟人呢？你参加了奥林匹克运动会，但你是唯一的参赛选手，你摘得了桂冠，但并不是胜者；我恭喜你，但不是像祝贺勇者那样，而是像恭喜当上了执政官的人那样恭喜你，因为得到提升的只是你的个人身份。对于一个好人，如果没有更困难的境遇给他展示其精神力量的机会的话，我也可以作如是观：“要我说，你很不幸，因为你从来没有不幸过。你活了一辈子，连个对手都没遇到过；谁都不会知道你有什么能耐，连你自己也未必知道。”一个人要想了解自己，不接受考验是不行的。只有通过尝试，人们才能了解自己的本事。所以，有些人倒霉事不找他们，他们反倒是主动地去自找倒霉，目的就是想在自己的才能面临可能被埋没的危险时，为自己寻求一个一显身手的机会。听我说，有时候伟人喜欢逆境，就像勇敢的战士喜欢打仗一样。我曾听说提比略·恺撒统治时期的角斗士特莱厄姆福斯[2]抱怨表现机会太少了。“多好的年华啊，就这么白白荒废了！”他叹道。

真正的豪杰是渴望危险的，脑子里装着的是自己的目标，而不是

---

① 瓦提尼乌斯（Vatinius），恺撒的支持者，他在公元前55年竞争副执政官的候选人资格时击败了加图。

② 提比略·恺撒（拉丁文全名为Tiberius Julius Caesar Augustus，公元14—37年在位）。特莱厄姆福斯（Triumphus）是当时的角斗士。

将要遭的罪，因为即使要遭罪，那也是荣耀的一部分。战士引以为自豪的是自己所受的伤，津津乐道的是自己有幸抛洒的热血；那些毫发无损地从战场归来的战士也许立下了同样的战功，但往往是挂了彩却捡了条命回来的更受青睐。听我说，天主总是垂青那些给了表现英勇的机会便可望有上佳表现的人，而要有上佳表现，生活中就难免遭受这样那样的困难：暴风骤雨中，方可领略领航员的水平；战场厮杀中，方可看出战士的本领。如果你腰缠万贯，我怎么能知道面对贫穷时你的心理承受力如何呢？如果你一生到老听到的都是喝彩声，如果你甚得人心，一呼百诺，我怎么能知道面对耻辱，面对民怨众恨，你会有多大的勇气呢？如果你满堂儿女个个身强体健，我怎么能知道面对丧子之痛，你会如何平静地去忍受呢？我听见过你安慰别人，倘若你是在安慰你自己，或者说是在要你自己别伤心难过，我就可以一睹你的大丈夫本色了。我恳求你，不要成天提心吊胆地害怕那些不朽的众神用来鞭策我们灵魂的东西：灾祸对于真正的大丈夫来说是机会。我们有理由说，那些因为过多的好运而变得迟钝的人是很可怜的，他们可以说是在波澜不惊的海面上过着风平浪静的悠闲生活，遇上屁大一点儿事情就会顿感不适。面对命运女神的残酷，没有经历过风雨的人往往更难吃得消；脖子嫩，才会越觉得枷锁沉；新兵蛋子一想到受伤就会大惊失色，而老兵则能够以大无畏的气概去看自己身上流出的血，因为他知道鲜血往往是胜利所要付出的代价。所以，只有博得天主认可和欢心的人，才能赢得天主对他们的磨砺、考验和训导。而那些看似受他垂青和宽容的人，他是让他们保持软弱，经不起行将降临的灾祸。如果你以为有人得到了豁免，可以无病无灾，那你就错了；快乐日子过久了的人也终有他受苦受难的那一天的，那些貌似得到了上天眷顾，可以免遭灾祸的人，其实只是可以暂时缓一缓而已。

天主为什么会用病痛、悲伤和其他灾祸来折磨最优秀的人呢？

原因很简单,与部队中往往是派最勇敢的战士去执行危险任务是一个道理。将军派去夜袭敌营、侦察路线、攻城拔寨的都是兵中精锐。出征时谁也不会说“将军这是在跟我过不去”,反而会说“这说明将军看得起我”。受命去经受令懦弱无能之辈只能哭鼻子掉眼泪的各种考验的人也该这么说才是:“天主圣明,信任我辈堪当其仪器,去测定人类受苦受难的能力。”

远离奢华享受,远离顺境吧,这些东西会让人虚弱不堪,头脑糊涂,除非出了什么事情,令他们幡然醒悟,想起了自己还是人类的一分子,否则可以说,他们就会终日醉生梦死,虚度光阴。如果一个人老是有玻璃窗户替自己遮风挡雨,有定期更换的热乎乎的敷布包着双脚,有地板下面和环四壁循环的热气调节餐厅温度的话,那他只要微风轻轻一吹,也会有不小的危险。尽管什么事情过了头都会有害,最大的危险还是莫过于好运过了头所带来的危害:它会令你头脑发热,胡思乱想,障蔽双眼,真假莫辨。忍受漫长的不幸,从而赢得美德的帮助,岂不是比享一时之暴福而胀破了肚皮要好吗?饿死的人会死得和缓一些;而胀死的人则往往都是暴毙而亡。

所以说,对待好人时,众神所遵循的是和老师对待自己的学生一样的原则:越是寄予厚望的,要求就会越高。斯巴达人在大庭广众之下鞭打自己的孩子以测验他们的性格,你肯定不会认为他们是恨自己的孩子吧?他们自己的父亲都鼓励他们要勇敢地挨鞭子,要求他们就算被打得体无完肤、半死不活,也要主动把伤痕累累的背伸过去接着挨打。那么,天主用严酷的遭遇来考验高贵的精神,又有什么好大惊小怪的呢?证明美德从来就没有温和的方式。命运女神用鞭子痛打我们,将我们打得皮开肉绽,我们就忍着吧。因为这并不是残忍,而是竞争,我们参与得越多,内心就会越强大。身体上最健壮的部位就是用得最勤的部位。我们必须主动站出来,去接命运女神的招,这样在与她过招的过程中,便可以让她把我们打磨得坚强起来,久而久之，她就会把我们变成和她有得一拼的对手，而且险情经历多了就会让我们藐视危险。所以，水手们的身体经大海的冲击而变得强悍，庄稼汉的手结满了老茧，士兵的肌肉劲儿大得可以投掷标枪，运动员的腿矫健敏捷，凡此种种，无一不是练过的部位最为强壮。正是因为忍受过种种不幸，心灵才学会了不把忍受不幸放在眼里；如果你注意到辛劳给那些贫困民族，给那些因为缺衣少食反而愈发强健的民族所带来的巨大好处，你就会明白这样的忍受能给我们带来什么了。想一想罗马文明以外的所有民族，我指的是日耳曼人和多瑙河流域所有跟我们作对的那些游牧部落，他们受到漫漫冬季和阴沉天气的折磨，靠贫瘠的土地勉强维持生计，用茅草和树叶遮风挡雨，在冰封的沼泽上奔波，靠逮野兽聊以糊口。你觉得他们不幸吗？习惯已经让他们返回了自然，对他们来说，根本就没有苦恼，因为这些事情，他们开始做的时候虽是不得已为之，但久而久之就会慢慢地变成一种乐趣。累了，倦了，哪儿都是家，他们除此没有别的家，别无安身之所；他们吃的东西只适合打发叫花子，而且必须亲手去挣，气候恶劣吓人，却无衣蔽体。这种你认为惨不忍睹的状态，正是众多部落的生活现状。好人须经受锤炼才能坚强起来，你为什么会觉得不可思议呢？不经历风吹雨打，没有哪棵树能根深蒂固；因为风吹雨打可以让树把大地抓得更紧，将根扎得更牢固。长在洒满阳光的山谷之中的树木是弱不禁风的。因此，为了培养大无畏的勇气，多花些时间去从事一些需要胆量的事情，平心静气去忍受那些对忍受不了的人来说才是坏事，对于好人而言其实是有利的事情。

5. 还应考虑这样一个事实：是为了大家的利益，所有最优秀的人才去当兵（比方说吧）和上前线的。天主的目的，也是聪明人的目的，就是要向人们证明，普通人所渴望的东西和所惧怕的东西并非就是好东西，也并非就是坏东西。不过如果这些东西只是赏赐给好人的话，那么就会给人以确实有好东西的感觉；如果这些东西只是用来处罚坏人的话，也就会给人以确实有坏东西的印象。如果除了活该瞎眼睛的人之外谁都不瞎眼睛，那么失明就会遭到人们的诅咒。所以，让阿庇乌斯和梅特路斯[①]见不到光明吧。财富并不是什么好东西，所以，让拉皮条的埃利乌斯也拥有财富吧，这样一来，人们虽然把神庙里的财富看得很神圣，但也可以看到窑子里不乏财富。天主要让我们对所渴望的东西产生怀疑，最好的办法莫过于把这些东西赏给名声最臭的人，而不让最好的人得到。你或许会说："可这不公平，凭什么好人就应该挨刀挨枪，不残也伤，或者枷锁加身，而坏人则可以为所欲为，花天酒地，毫发无损？"可是请你想一想：勇敢的人当拿起武器，彻夜坚守在营房，伤口缠着绷带站在壁垒前，而那些堕落之徒和靠出卖肉体为生的娼妇却在城里高枕无忧睡大觉，这难道就不是不公平吗？再想想，最高贵的修女每天夜里都要从睡梦中被叫醒，起来祭祀，而那些身陷罪恶的女人则可以呼呼沉睡，这难道就不是不公平吗？辛劳召集的都是最优秀的人：元老院常常是整天开会，而与此同时，那些最没用的无用之辈则不是在马尔斯广场[②]寻欢作乐，便是躲在饭馆里大吃大喝，要不就是几个狐朋狗友聚在一起消磨时光。在人类这个大集体中情形也一样：好人工作，牺牲精力，牺牲自己，而且是任劳任怨，无怨无悔；他们不是被命运女神拽着走，而是主动追随她，并与她步调一致；要是认路的话，说不定他们早就将她甩到后面去了。我记得曾听勇敢的德米特里乌斯[③]说过这样一番大义凛然的话："不朽的众位神灵，"他说，"我对你们仅有这么一个抱怨：你们为

① 阿庇乌斯和梅特路斯，两位著名的盲人政治家。阿庇乌斯·克劳狄乌斯·凯库斯（Appius Claudius Caecus，公元前312年任监察官）是他那个时代的杰出政治家，曾负责修建了阿庇亚大道、一条重要的通往罗马的水渠——阿庇亚水渠，并拒绝了与伊庇鲁斯国王皮洛士议和。路奇乌斯·凯奇利乌斯·梅特路斯（Lucius Caecilius Metellus）曾击败迦太基人。

② 马尔斯广场（the Campus Martius），一译"战神广场"，罗马城西北方的一片空地，位于城区与第伯河之间，设有战神马尔斯祭坛。

③ 勇敢的德米特里乌斯，见第6页脚注。

什么直到现在才让我知道你们的旨意，否则我早就听从你们的召唤，达到我目前所处的状态了。你们想要把我儿女带走吗？就是为了你们，我才生养他们的。你们想要取我身上的某个部位吗？请便吧，小小供品，不成敬意，而且过不了多久我就会将整个身体留下来。你们想要取我性命吗？你们将你们给我的东西收回，我有什么理由不让呢？凡是你们索要的，我都会心甘情愿地给出。那么，我苦恼的是什么呢？我宁愿主动献出而不是被迫交出。何必要动武来抢呢？你们大可以像得到礼物一样得到它的，不过就是现在，你们也用不着来抢，因为除非人家不想给，否则就无须强行从人家手里去抢。”

我绝非出于被迫，而是完全心甘情愿的，我追随天主，不是作为他的奴隶，而是作为他的学生，还有一个更重要的原因，那就是我知道万事万物都是按照一条永恒不变的规律不断向前发展的。命运是我们的向导，我们每个人能活多久早在我们出生第一时刻就决定了。原因和原因之间是彼此联系的，所有公共事务和私人事务都是由接二连三的一连串事件导引出来的，故此，我们应该勇敢地忍受一切，因为任何事情的发生，并非如我们所料想的一样是偶然的意外，而是刻意设计的。什么可以让你高兴，什么可以让你哭泣，是早就定好了的；虽然人类个体的生命看上去千差万别，但结局都是一样的。我们得到的都是会毁灭的东西，我们自己也会毁灭。那么，我们为什么还要忿恨呢？为什么还要抱怨呢？我们注定就是为此而生的。物质是造化自己的东西，她高兴怎么用就让她怎么用吧。让我们打起精神，勇敢地面对一切吧，要想到没有任何我们自己的东西会毁灭。好人的义务是什么呢？就是把自己交给命运。跟宇宙生死与共，赴汤蹈火，慰莫大焉。令我们如此而生、如此而死的，无论是什么，也会用同样的必然规律约束众神。人类和神灵都只有一条路，一条无法改变的必经之路。伟大的造物主兼宇宙的主宰亲自签署了命运的判决令，此话不假，不过他严格信守；他永远都依令行事，说一不二。

“可是天主在命运分配的问题上为什么如此不公，将贫穷、伤害和惨死都分配给了好人？”造物主是无法改变材料的，这是必须服从的规律。某些特性无法和另外某些特性截然分开，而是相互联系、密不可分的。那些生性懒洋洋老想睡觉，或者说经常处于似醒非醒状态的人，都是由惰性元素构成的。要有更为轰轰烈烈的命运，才能造就值得一提的人。这样的人是没有坦途可走的，他必须经历坎坷，必须经过风吹浪打，才能驾着自己的小船驶过波涛汹涌的海面。他必须顶住命运女神的压力，坚持自己的航向，他会遇上很多的艰难险阻，但他会亲自排除万难，突破险阻。

烈火炼真金，患难出英雄。一睹贤德之士必须攀登的高峰，你就会明白修行之路定然是险象环生：

开头的一段路很陡峭，我的骏骑
在神清气爽的清晨几乎迈不开蹄；
最高处直插半空，看到
大地和海洋，常令我自己也心惊肉跳。
最后一段陡然直下；这时尤其要
确保驾驭无虞，就连以其万顷波涛
在下面欢迎我的大洋女主宰——
泰西斯也胆战心惊，怕我一头栽下来。①

听了这番话后，那位高贵的年轻人回答说：“我喜欢这样的旅程，我愿意攀登；就算是摔下去，能从如此的景致上面飞越过去，冒这样的险也值了。”但他的父亲还是一个劲儿地想用恐惧来动摇他那颗勇敢的心：

① 引自奥维德（Ovid）《变形记》2.63 行起。太阳神试图说服其子法厄同不要驾驶他的太阳车。

即便你不偏离方向且驾驶得当，
你也会遭遇公牛座，必须对付它的角，
还须面对射手座和饿急了的狮子座。[1]

对此，他的回答是："把马套到你给我的马车上，你认为会吓着我的那些东西恰恰会令我变得勇敢无畏，我要站到连太阳神也会吓得直哆嗦的高空中去。"苟且偷生之辈才会走万无一失的路，德行超群的人志存高远，心追鸿雁。

6. "可是天主为什么容许一些坏事落在好人头上呢？"绝对没有的事。凡是坏事，诸如犯罪与行缺德之事，滋长贪欲的邪念歪想，见色忘义的淫欲发泄，利欲熏心的贪他人之财，他是一样也不会让他们沾边的；他保护和拯救的是好人这个人，当然谁也不会提出额外的要求，说天主还要保护好人行李的安全吧？好人自己是不会劳天主关心此事的，因为他视身外之物为粪土。德谟克利特[2]就曾摈弃财富，认为财富对于有德行的心灵来说是一个负担。那么，对于天主允许好人经历一些有时候是他自己选择的事情，你为什么要惊讶呢？好人丧子，为什么就不可以呢？须知，他们有时候甚至亲手杀死自己的儿子呢。好人遭流放，为什么就不可以呢？须知，他们有时候会自愿离开自己的故土，一去不归呢。好人被处死，为什么就不可以呢？须知，他们有时候还会选择自我了断呢。好人为什么会吃某些苦呢？原因就在于他们可以借此教育别人学会吃苦，他们生来就是要给别人做榜样的。所以，想象一下，天主在说："你既然选择了美德这条路，那你还能抱怨我什么呢？我在别人身边堆满了虚假的幸福，可以说

---

① 引自奥维德（Ovid）《变形记》2.79 行起。

② 德谟克利特（Democritus），苏格拉底前的一名哲学家，其物理和伦理学说都对伊壁鸠鲁的学说产生过重要影响。

是用一个骗人的长梦愚弄了他们空虚的心灵。我用金银象牙打扮他们的外表,但里面没有一样好东西。你视为幸运儿的那些人,只有在他们的内心深处你才能看到,他们并不是像你表面看上去的那样,而是很可怜、很龌龊、很丑陋的,就像他们自家房子的墙一样,只装饰了外面。这样的好运是长不了的,也不是真正的好运,只是一层灰泥,而且是抹得很薄的一层灰泥。所以,只要它们一天不掉下来,而且能尽其所愿地显摆自己,它们就会耀眼一天,骗人一天;而一旦哪天出点儿什么事,将它们撕开和揭掉,那么大家就可以看到它们借来的光彩背后所隐藏的真正的丑陋是何等深厚。我赐予你的是货真价实且注定可以持久的幸福,是越翻来覆去从各个角度加以审视就越好越大的幸福。我已经让你具备了鄙视恐惧和藐视欲望的能力;外表上你并不光彩照人,你的幸福是指向内心的。这也是宇宙的一贯作风,鄙视外在的东西,欣赏自身。我赋予了你一切内在的好东西,你的好运就在于不需要好运。

"'可是很多严酷的事情确实降临在我们头上,既可怕又难以忍受。'由于我无法将你从它们的路上拽开,所以我就武装你的心灵去跟它们搏斗:勇敢地忍受。这便是你有可能胜过天主的地方:天主无需遭罪受苦,而你则战胜了艰难困苦。鄙视贫穷吧:谁穷也穷不到自己生下来时那样的程度。

"鄙视痛苦吧:痛苦不是被你解脱就是给你解脱。鄙视死亡吧:死亡无非是给你画上一个句号,要不就是让你转世投生。鄙视命运吧,我没给她任何武器,供她打击你的灵魂。最重要的是我留心确保,谁也不能违背你的意愿强留你,出路一直敞开着:如果你不想战斗,可以跑。这就是在我看来你必须经历的所有事情中,我偏偏让死亡比什么都容易的原因。我将生命放在了一段下坡上:如果说它拖得很长,只需稍稍观察你就会发现通往自由的那条路是何等的短,何等的容易。我没有把你告别生命的过程弄得跟你进入生命的过程一样缓慢和乏味,不然的话,如果人们的死亡和出生一样慢慢吞吞,那么命运女神早就把你治得服服帖帖了。让所有的时光、所有的地方教教你吧,拒绝造化的要求,当面将她的馈赠扔回给她是多么容易;当你在祭坛之间和祭祀的仪式上为生命而祈祷之际,好好熟悉熟悉死亡吧。膘肥体壮的公牛只是受了一点轻伤便倒下了,力大无比的畜牲,一个人一掌下去就被放倒了;一把薄薄的刀片就将脖子断开了,而只要那连接脑袋和脖子的关节一经切断,整个庞大的身躯也就散了架。

"灵魂并未藏于深深的凹处,无需用刀就可以将其连根拔除;不见得非要扎得很深才能伤到要害部位:死亡就在手边。我没有明确规定哪儿是一击致命的部位:你希望是哪儿就是哪儿,出口是敞开的。我们所说的死亡,也就是灵魂离开我们的躯体这件事情是非常匆促短暂的一个过程,快得难以察觉:无论是用绳结勒喉咙,还是用水堵呼吸,或是一头栽到坚硬的地上摔破脑袋,又或是呛进嘴里的火焰切断了呼吸过程,不论是什么,你生命的尽头都会来得很快。你难道不因羞愧而脸红吗?因为这个眨眼间就完事的事情,你居然怕了这么久!"

论愤怒

卷　三

致诺瓦图斯

1. 诺瓦图斯[①]，下面我将尽力做一件你特别渴望的事情——驱除心中的愤怒，或者起码控制住它，不让它发作。这件事情有时候应该公开进行，不需要遮遮掩掩，如果怒气不是太大，有这种可能的话；有时候则应偷偷地进行，如果怒气太大，任何阻碍都只会是火上浇油的话。得视愤怒的强烈程度，才能决定我们究竟是该给它来个迎头痛击，迫使它退却，还是应该闪到一边，等第一轮风暴平息了再说，省得它把用来治它的法子也给卷走了。

每个人都有自己的性格，务必对症下药，采取相应的措施。有的人服软不服硬，靠恳求就可以争取过来；有的人欺软怕硬，会踩着屈从者的身体走过去；有的人我们要给点厉害瞧瞧，才能叫他们老老实实；有些人只要受到一点责备，就可以叫他们改弦易辙；有些人只要跟他们认个错，就不会再计较；对于有些人，靠羞辱就可解决问题；对

① 阿奈乌斯·诺瓦图斯（Annaeus Novatus），塞涅卡的哥哥，见第 100 页脚注。

于另一些人，则要采用“拖”的办法——给他们来一个急病慢治，而且只能作为最后一招。尽管别的激情可能经得起这样的拖延，而且就是再慢一点也没准可以治好，而愤怒这种病，由于来势猛并且会自我加剧，不是缓缓加重的，而是一发病就是重症。跟别的病不一样，它不是蛊惑人的心智，而是强行掳走人的心智，驱使那些缺乏自制力的人丧心病狂，恨不得所有人都死光光，不单是把满腔怒火撒向锁定的对象，还会伤及无辜，逮谁咬谁。别的恶习驱使人的心智，愤怒则是将心智鲁莽地扔到一旁。就算一个人不去克制自己的激情，激情自己起码也有可能会停止，愤怒则不然，它会越来越猛烈，像闪电、飓风及其他一切如脱缰野马般袭来的现象一样。别的恶习背弃的是理性，来得缓和，加重的时候也不知不觉；愤怒背弃的则是理智，心智被扔进了愤怒之中。所以最让人心神不宁的狂躁情绪就莫过于愤怒了，再没有哪样激情如此依仗自己力量，成则如此狂妄自大，败则如此气急败坏。就是吃了败仗，也打不掉它的气焰，如果敌人侥幸得逃，它便会掉转牙齿扑咬自己。这跟诱因的大小没多大关系，再小的诱因，也可以诱发冲天的怒火。

2. 它不会放过生命的任何一个阶段，不会饶过任何一个民族。有些民族是穷人自有穷人福，不识骄奢为何物；有些民族常年迁徙游牧，才未成懒散一族；生活在蛮荒时代的民族从来就不知道什么叫坑蒙拐骗，对诞生于法庭的种种罪恶也是概不知晓。但不被愤怒激怒的民族一个也没有，它在希腊人中的威力与在野蛮人中的威力一样强大，它带给尊重法律的人的威胁，丝毫不亚于它带给凭自身力量来量度权利的人的威胁。简而言之，别的病，患上的是个别的人，而愤怒却是一种激情，有时候会感染整个国家。一个民族的所有男子全都痴情于一个女人，这样的情况是绝对不会有的；举国上下全都把希望放在金钱或利益上，这样的国家也是不会有的；野心一次只能让一个人沦为它的俘虏，一个民族不会人人都缺乏自制力；愤怒却是一种群情激奋性的冲动。无论男女老幼、尊卑贵贱，大家全都一样，只要几句话一激，就会勃然大怒，比说那些话的人还要激愤；他们会立刻操起家伙，向邻邦宣战或跟自己的同胞兵戎相见。所有的房子都付之一炬，连屋带人全都化为灰烬，前不多时还因口才而备受钦佩与尊敬的那个人，转眼间却因为出言不慎而激怒了自己的追随者，成了他们愤怒的牺牲品。当兵的把矛头对准了自己的指挥官。所有的平民都跟贵族势不两立；为国家提供决策的元老院，等不及征齐兵和任命指挥官，就急火火地临时挑了几个领头的来替他们出气解恨，还要挨家挨户地搜查惹怒了他们的贵族，亲手进行惩罚。国际法遭到践踏，来使受到凌辱，举国上下一片疯狂，到了无法用语言形容的地步，公众的火气根本就没有时间消，舰队立马就开拔了，满载着一支由乌合之众组成的杂牌军。这些人没受过惯常的训练，也不问吉凶，在愤怒的支配下，抓到什么就拿什么当武器，直到撞得头破血流，不得不为自己愤怒而莽撞的行为付出惨重代价时才回头。这就是野蛮人随意卷入战争的后果：每当他们觉得自己吃了亏而心浮气躁时，就会马上采取行动，憎恨让他们昏了头，以雪崩之势一窝蜂似的向我们的军团扑来，毫无阵法，了无畏惧，不计后果，完全是在自取灭亡；他们喜欢被人打倒在地，喜欢往刀口上撞，喜欢往我方战士的长矛上扑，喜欢飞蛾扑火，自取灭亡。

3. “毫无疑问，”你会说，“这样的力量是不可小觑，而且是致命的，所以，还请你告诉我应该如何根治。”不过，正如我在前面的两卷中说过的那样[①]，亚里士多德对愤怒是持拥护态度的，不让我们将其除掉。他认为愤怒对德行有鞭策作用，如果剥夺了愤怒，那么人类理智便不能自卫，且会因此而对各种伟大的努力懒惰怠慢，漠不关心。所以，我们必须首先证明愤怒是一样多么可恶、多么野蛮的东西，让人们目睹一个人对另一个人发泄怒火时是何等凶神恶煞，看一看他

① 见 1.9.2, 1.17.1, 2.13.1（指《论愤怒》的前两卷）。

是以怎样的暴力横冲直闯，在自己粉身碎骨的同时，也要力争摧毁那些只能以同归于尽的方式才能摧毁的事物。所以，告诉我，如果一个人就像遇上了暴风雨一样，自己不往前走，而是被赶着往前走，且把狂怒的魔鬼当主子；一个人不委托别人去办而非要自己去报仇，从而成为一个从思想到行为都极其野蛮的人，最终变成亲手杀害骨肉至亲，亲手毁掉自己失去后马上就会抱头痛哭之物的罪魁祸首，有谁会管这样的一个人叫神志正常的人呢？难道有人能指派这种激愤之情去做德行的助手和朋友吗？要知道，这种激情只能起到巨大的破坏作用，使德行丧失必不可少的决心，从而一事无成。

一个人发高烧时所获得的力量是短暂而有害的，且只能给自己造成伤害。因此，你没有理由以人们对愤怒的价值持有异议这样一个假定为依据，认为我对愤怒进行责难是在庸人自扰。须知有人，还是一位确实有相当名气的哲学家，就赋予了愤怒一个功能，此人认为愤怒有用，可以给人鼓劲，因而号召人们发挥其在战争、商务及一切需要热情的事业中的作用。为了不让人上当受骗，误以为愤怒有时候在有的地方也管些用，必须对其肆无忌惮的疯狂性加以揭露，必须给它来一个以其人之道还治其人之身，将泄愤的手段——施拉肢刑的马、绳索、监狱、十字架、套在半截埋入土中的活人身上的火圈、拖尸体的钩子、五花八门的链子和刑罚、拉裂四肢、额上烙印、丢入猛兽出没的坑穴——统统都还给它，且把愤怒置于那些刑具之中，发出阴森可怖的尖叫，让它比所有那些听任它发泄怒火的刑具更令人讨厌吧。

4. 尽管就其他方面而言，对于愤怒也许会有一些疑问，但有一点可以肯定，没有哪种激情的表现会坏过愤怒的表现，这种表现我们在前几卷中已经描绘过：时而粗暴凶狠，时而又因血液回流分散而苍白，然后当体内所有的热量和能量导往脸上时又会红头涨脸，像泼了血似的，青筋暴鼓，两眼一会儿外凸滴溜溜乱转，一会儿又生了根似的死死盯着一个地方不动；还有那咬牙切齿的声音，听上去像要吃人似的，跟野猪磨牙的声音别无二致；外加那双手狠狠地拧在一起时关节嘎嘎作响的声音、咚咚敲打胸口的声音、急促的呼吸声和长吁短叹、抖个不停的身体、语无伦次的大呼小叫，两张嘴皮子骂骂咧咧，时张时合。我想就是野兽饿极了或者被利器捅到了要害，乃至到了半死，扑向猎人作最后的撕咬时，其表现出来的样子也不会像一个怒火中烧的人这样可怕。唉，要是你得闲去听一个人的叫骂和威胁，从那个受了折磨的灵魂里冒出来的都是什么样子的语言啊！

意识到了愤怒往往以伤害——且首先伤害的是自己——而开始的话，那么无疑，谁都会愿意克制任何愤怒的冲动。有些人对愤怒持放任态度，把愤怒视为实力的证明，认为能报仇雪恨是天赐良机，是莫大的福气。对于这样的人，难道你不希望我告诫他们，一个在自己的愤怒面前束手无策，只能乖乖就擒的人，不要说强大，就连自由也谈不上吗？为了让每个人更加警觉，始终注意自己的言行举止，难道你不希望我告诫他们，虽说别的乌七八糟的激情只影响到最坏的坏蛋，而愤怒却会殃及在其他方面都很清醒的文明人吗？的的确确，有些人把愤怒说成坦率的证明，而且很多人都相信一点：最古道热肠的人尤其容易发怒。

5. 你会说："你说这话是什么意思呢？"哪怕是天性温文尔雅的人，愤怒也能让他们干出残酷的暴行来，既然是这样，那么谁也不要自以为能不动怒。正如身强体健、注意健康无助于抵御瘟疫一样（它才不管你是体弱多病还是身强体壮呢），沉着冷静、遇事想得开的人动怒的危险丝毫不亚于更容易激动的人，而且愤怒在这些人身上引起的变化越多，带给他们的耻辱和危险也就越多。不过，由于首要的是不发怒，其次是息怒，再次才是治愈别人的愤怒，所以我先谈一谈我们如何才能不动怒，然后谈一谈如何从愤怒中摆脱出来，最后再来谈一谈一个人动怒时，我们如何才能抑制他，让他冷静下来，恢复到神志清醒的状态。

我们只需时时将愤怒的种种缺点摆在眼前，并对愤怒形成恰如其分的评价，便可以防止自己动怒。对愤怒的审判和定罪，必须在我们自己的心灵组成的陪审团面前进行；必须彻底清查其种种罪行并公之于众；为了揭露其真实面目，应将它与种种臭名昭著的罪恶加以对比。人类的贪婪可以敛聚财富，为某个较好的人所用；而愤怒则是一个挥霍的主儿——鲜有沉溺于愤怒而无须付出代价的人。主子一怒，令多少奴隶逃亡，多少奴隶死于非命！与惹人动怒的那件事情相比，因发泄愤怒而蒙受的损失要惨重多了！愤怒带给做父亲的是失子之痛，带给做丈夫的是夫妻分手，带给官员的是民怨公愤，带给候选人的是名落孙山。愤怒比放纵还要恶劣，因为放纵是从自身的享受中获得乐趣，而愤怒则是从别人的痛苦中获得乐趣。愤怒的危害与恶意和嫉妒相比，有过之而无不及，因为恶意和嫉妒是希望人家自己成为倒霉蛋，愤怒则是希望亲手把人家变成倒霉蛋；恶意与嫉妒是看到别人走霉运而幸灾乐祸，愤怒则等不到人家走霉运的那一刻，希望亲手加害于自己所恨的人，而不是假他人之手。没有什么比仇恨更歹毒的了，而孕育仇恨的不是别的，正是愤怒。没有什么比战争更致命的了，而在战争中得以发泄的恰恰是有权有势者的愤怒；不过普通百姓或者说私人之间的愤怒也是一种战争，一种没有武器或者军队的战争。而且，撇开愤怒造成的诸如经济损失、阴谋及因相互争斗而导致的无休止的忧虑等直接后果不说，愤怒还要为其肆虐付出沉重代价。愤怒是彻头彻尾背弃人类本性的，人类本性激励人们去爱，而愤怒则煽动人们去恨；人类本性倡导人们去帮助他人，而愤怒则怂恿人们去祸害他人。此外还有一点，虽然恼羞成怒的根源在于自尊心太强，貌似热血满腔、豪气干云，实则是小家子气和心胸狭隘的表现，因为凡自认为被别人瞧不起的人，没有一个能不在贬低自己的人之下的。但心胸真正伟大的人，对自己有一个恰如其分的评价的人，之所以不去报复所受到的伤害，原因只有一个，那就是他并不觉得自己受到了伤害。飞弹碰到坚硬的表面会弹回来，同样，击打坚硬物体的人往往会有击打带来的疼痛感，所以说，没有哪样伤害能让心胸伟大的人感受到其力量，因为它比它的伤害对象还要脆弱。对于可谓任何武器都奈何不了的心胸来说，以藐视的态度抵抗一切侮辱与伤害，是多么更加了不起啊！报复等于承认伤到了痛处，在伤害面前低头的人不是好汉。伤害你的人无外乎两种人，不是比你强大的便是比你弱小的：如果比你弱小，就放他一马；如果比你强大，就放你自己一马。

6. 无论发生什么事情，你都能心不烦意不乱，这才是证明你伟大的最可靠证据。宇宙中位置较高的区域，由于更加有序而且距离星星更近，所以不会结成云团，不会卷入风暴，也不会卷进旋风，可以免受一切混乱之苦：位置较低的区域则是闪电交加的地方。同样，心灵崇高的人总是沉着镇静，始终安身于平静之所，能够遏制一切引起愤怒的东西，因而性格温和，有条不紊，令人肃然起敬；在一个怒火中烧的人身上，这样的东西你是一样也找不出来的。因为动不动就向痛苦和愤怒投降的人，哪个不是转眼就把羞耻感抛诸脑后的？气急败坏、暴跳如雷，恨不得冲上去揍人的人，哪个不是把自己身上可敬的东西抛得一干二净呢？有哪个激动不已的人记得自己所担公务的总数与次序呢？有谁能管束自己的舌头呢？谁能约束自己身体的任何一个部位呢？一旦把自己放开了，谁能控制住自己？我们将会发现，德谟克利特的那个言之有据的学说对我们是有益的，他表明了一个观点，认为只有在我们把很少的时间投入个人或公共事务的情况下，或者至少是把很少的时间投入那些我们力所不能及的事情上时，心态才有可能平静。一个身兼数职、日理万机的人，永远也别想过如此快乐的日子，没有哪一天不会遇上某个因人或因形势而引发的问题，从而令他心烦，大光其火。正如一个匆匆穿过繁忙市区的人必定与许多人相撞，免不了在某些地方失去平衡而摔倒，在另外一些地方受阻，在又一些地方溅一身水一样，在这五花八门而又瞬息万变的生活活动中，也会遇到很多阻碍，也不乏牢骚满腹、怨声载道的理由。对于我们期望的事情，甲是糊弄过去，乙是推三阻四，丙则是让它化为泡影；我们的计划往往都不会一帆风顺地按原来所设想的那样进行。没有哪个人会发现命运能乖乖地听自己的话，每次都有求必应。因此便会出现这样的结果：当一个人发现自己的某些计划未能如愿实现时，他就会对人们和这个世界不耐烦，只要稍稍有一点点借口就会气不打一处来，一会儿是生某个人的气，一会儿是生自己职业的气，一会儿是生自己住所的气，一会儿是生自己运气的气，一会儿是生自己的气。所以说，要想心平气和，就不可让自己心绪不宁，或者如我前面所说，不可让诸多生意场上的活动把自己搞得身心疲惫，亦不可勉为其难地去从事那些吃不消的活动而把自己弄得心力交瘁。肩上的担子轻，挑起来不费劲，而且可以轻而易举地换肩，担子也不至于滑落。可是由别人的手放上去的担子，我们会发现很难承担得起，承认自己不行之余，我们便会将自己身上的负担推给旁人；就算站在这副担子下面，我们也会两腿发颤，心里发虚，觉得自己力不胜任，难担此重担。

7. 可以确信，在公共和私人事务中也存在着同样的情形。简单轻松的事情做起来得心应手，尽在掌握之中，而力所不逮的重活儿则难以驾驭；如果勉力为之，则势必不堪重负，难以招架。就在那人貌似驾驭住了它们时，它们会轰然倒下，连累他也跟着一败涂地。所以，不尝试容易的事情，却希望自己所尝试的事情易如反掌的人，常常会大失所望。每当你尝试某件事情时，都要掂量一下你自己，并且同时掂量一下你所要尝试的事情，也即要把你所欲为之事和你所能为之事都掂量清楚了再说；因为要是事情没办成，由此而产生的遗憾势必会令你痛苦。一个人是天性热情，还是冷静或者温顺，这一点还是有些影响的:失败会让一个有志气的人愤怒,却会让一个天性懒散消极的人悲伤。因此,我们做事情既不能太过小家子气,又不能好大喜功,过于野心勃勃。让我们把自己的希望保持在一个明智的范围内,别试图去做那些就算能成功,也会令我们对自己的成功感到惊讶的事情。

8. 既然我们不知道如何忍受伤害,那就让我们尽力不受到伤害吧。我们应该与一个非常冷静而又百依百顺,一个无忧无虑,一句牢骚都不发的人生活在一起;我们跟什么样的人交往,就会养成什么样的习惯,而且,就像某些身体上的疾病通过接触可以传染给别人一样,心灵上的毛病也可以传染给离自己最近的人:酒鬼可以让他的酒友好上未掺水的纯酒,伤风败俗的同伴甚至可以把一个有着钢铁般意志的人引向堕落,贪婪之徒会感染自己的邻居。这一原理也适用于美德,只是效果正好相反罢了,也就是说,凡是接触美德的人,美德都会对其施加好的影响。适宜的场所或者更有益于健康的气候带给病人的益处,远不及与良友交往给内心不够强大的人带来的益处大。如果你留意到,就连野生动物和我们待在一起也会变得温驯起来,你就会明白这样的影响是多么强大。再凶猛的野兽,跟人朝夕相处久了,也会改掉其凶暴的本性:它身上的那股子凶狠劲儿会因此变钝,久而久之,在和平的环境里待惯了,便会一点一点忘掉。人也一样,跟心平气和的人待在一起,不仅会因为有了榜样而变得更好,而且会逮不到发火的机会,因为他根本就找不出让他的弱点一显身手的理由。所以,凡是你明知道会惹你动怒的人,你就得躲远点儿,别与他们为伍。你会问:"这些人都包括谁?"很多人都有可能触怒你,原因也许不同,但结果都一样:傲慢自大的人会因为态度轻蔑而触怒你,尖酸刻薄的人会因为出言不逊而得罪你,粗鲁无礼的人会因为公然侮辱而冒犯你,居心不良的人会因为对你心怀恶意而激怒你,生性好斗的人会因为与你争吵而惹恼你,空话连篇的人会因为夸夸其谈而气坏你；你不能容忍受一个多疑的人的猜疑，被一个固执的人击败，为一个纨绔子弟所小瞧。选择坦诚、随和而又有涵养的人吧，这样的人不会惹你动怒，而且还会忍受愤怒；而更为有益的还要数那些通情达理、心地善良、讨人喜欢，但又没到阿谀讨好那个份儿上的人，因为喜欢动怒的人往往会被点头哈腰的奉承所激怒。反正，我就有过一个朋友，此人什么都好，就是太容易动怒了，而且奉承他并不比辱骂他来得安全。

凯利乌斯[①]是一个众所公认脾气极为火爆的演说家。据传，一个特别能忍的门客常在此公房间里一同用膳，但每次门客都发现如此近距离接触时，与这位同桌伙伴之间很难不争争吵吵；于是他认定最好的解决措施就是无论对方说什么，他都一概表示同意，迎合几句就是了。可是凯利乌斯容忍不了这样的随声附和，大声嚷道："别我说什么你都同意，这样我们才能是两个人！"就连这样一个因为无脾气可发而发脾气的人，找不到出气筒的时候，火气很快也就消了。所以说，如果我们知道自己脾气大，那就宁可选择那些看我们的眼色行事，对我们言听计从的人为伴。没错，这些人会把我们惯坏，纵容我们养成不听逆耳之言的坏习惯，但是能有助于让我们的缺点稍得缓冲。哪怕是那些天性苛刻，又臭又硬的家伙，对于和风细雨般的调教还是能忍受的：任何动物，只要你抚摸它，都不会凶猛可怕。每当讨论迟迟不能结束且有可能以双方大打出手而告终时，一开始出现这样的苗头，我们就应该果断加以制止，而不要等它成了气候再去想办法。冲突一般自行就会愈演愈烈，会让深陷其中的人不能自拔；避免争端要比退出争端容易。

9. 易怒的人还应避免从事费劲吃力的研究工作，或者至少是，不

① 马库斯·凯利乌斯·茹福斯（Marcus Caelius Rufus，约公元前84—前48），公元前56年被指控犯有破坏公共秩序罪，西塞罗和马库斯·克拉苏为其辩护，他也进行了自我辩护。西塞罗尚存的《为凯利乌斯辩护》中也有提及。

从事那些最后有可能把自己搞得精疲力竭的工作;人不应该满脑子装的全是艰巨的任务,而应该为令人愉悦的文学艺术留出一些空间:让它通过品读诗歌作品而平静下来,为历史故事所陶醉;让它得到一定程度的关爱与呵护。毕达哥拉斯[①]心烦意乱时,常常会用竖琴弹奏一曲来平静自己的心情;谁不知道号角与喇叭令人心潮澎湃,正像有些歌曲具有抚慰作用,能让人心情放松一样?绿色的东西对病眼有好处,对于视力差的人而言,有些颜色赏心悦目,有些颜色则很鲜亮刺眼。同样,愉快的追求能抚慰烦恼的心灵。我们必须远离论坛,远离法庭,远离审判以及一切使我们的弱点进一步加剧的事情。我们同样必须注意身体,防止筋疲力尽。因为身体一垮,我们内心的和善与平静便会毁之殆尽,荡然无存,从而令我们痛苦不堪。正因为如此,怀疑自己消化功能有问题的人,才会在要从事压力特别大的工作之前,靠吃东西来控制自己的坏脾气。须知疲惫不堪特别能诱发坏脾气,原因要么是疲惫之后人体的热量就会往中央集中,污染血液,堵塞血管,阻碍血液循环;要么是身体疲惫虚弱时,心情也会因此而沉重。无疑的是,正是由于这个原因,老弱多病的人才比其他人更容易动怒。所以,也应该力求不让自己挨饿受渴;饿了渴了,心里就会着急上火。老话说得好,"人累了,就想找架吵";不过,人饿了渴了,或者害病了,也会这样。正如溃烂的地方哪怕是轻轻一碰也会痛,尔后甚至连看到别人有点儿碰他的意思也会痛一样,有过心灵创伤的人遇到屁大一点小事儿也会大动肝火,因为一个招呼、一封信、一句话或者一个问题就非把人家告上法庭不可:只要碰了痛处,就不会不引起抱怨。

10. 因此,上上之策就是病一发就马上治疗,而且要尽量克制自

---

① 毕达哥拉斯(Pythagoras),公元前6世纪具有传奇色彩的哲学家和数学家。他建立的社团在公元前1世纪曾东山再起。塞涅卡的好几个哲学老师似乎都对他的学说很感兴趣。

己，少说话，别冲动。再者，一个人的激情，在刚刚萌生的时候，还是不难察觉的：生病之前一般都会出现相应的病征。正如暴风雨到来之前必有先兆一样，愤怒、爱情以及一切冲击心灵的暴风雨袭来之前，也都会有某种先兆。癫痫病频繁发作的人都知道，如果手脚发凉，眼睛发花，肌肉抽搐，记忆丧失，头脑发晕，病就又要发作了；于是，他们便会尝试着用一些常用法子，及早预防疾病的发作，譬如，通过嗅闻或是品尝某种东西来驱除令他们失去知觉的东西，或者用热敷来对付发凉和发僵；如果这种法子不管用，他们便会从人群中走开，找个没人看得见的地方躲起来。知道自己的毛病，不给它渐成大患的机会，及早灭掉它的气焰，是很有好处的。且让我们来留意一下特别容易激怒我们的是什么吧：侮辱性的言辞容易激怒甲，侮辱性的行为则容易激怒乙；丙地位高，渴望人家对他另眼相待，丁相貌好，渴望人家对他另眼相看；甲希望人家视他为翩翩君子，乙希望人家视他为饱学之士；丙见人家傲慢就来气，丁见人家死板就上火；甲觉得自家奴才不值得他发怒，乙在家里凶神恶煞在外面慈眉善目；丙认为自己被推上某一职位丢人，丁认为自己没被推上某一职位丢脸。大家不会在同一个部位受伤，所以，你应该清楚自己的哪个部位比较弱，以便予以最多的保护。

11. 无所不见、无所不闻对人并无好处。很多不顺眼的事情都可以糊涂过去，眼不见心不烦；令人不快的事情，不知道，反倒是伤不着你，能让你落个耳根清净。你想不发火吗？那就克制冲动，别去刨根问底。那些想搞清楚别人说了自己什么坏话的人，想把流言蜚语查个水落石出的人，哪怕是私底下偷偷摸摸地去查，也是在亲手破坏自己平静的心境。有些话琢磨不得，一琢磨就会像是侮辱之词；所以，有些话应当充耳不闻，有些话应当一笑置之，有些话则应当谅解而不宜计较。应该想方设法不让自己动怒；多数侮辱不妨坦然面对，权当逗乐子和开玩笑好了。据说，有一次苏格拉底让人扇了一耳光，他只说了一句话：出门散步的时候，不知道什么时候该戴头盔，这是一件很讨厌的事情。人家是怎样侮辱你的并不重要，重要的是你是怎样忍受人家的侮辱的。我看不出来自我克制有什么难的，因为据我所知，就连那些由于其特权地位缺乏制约而内心膨胀的暴君，也有收敛自己残暴本性的时候。的确流传下来了这样一个故事，说的是雅典僭主庇西特拉图①的事儿：一个有了些醉意的客人在饭桌上细数他的残暴，当时很多人都愿意以手中的剑来捍卫他们主子的荣誉，满屋子的人都在那儿火上浇油，而他的反应却很冷静，对那些在一旁推波助澜的人，他的回答是，他对此人并不怎么生气，就像某个戴眼罩的人冲撞了他，他并不会生多大的气一样。

12. 有很多人都是自己在没罪找罪受，他们不是对一些莫须有的事情疑神疑鬼，就是对芝麻大一点儿的小事夸大其实。愤怒常常会自己找上我们的门来，但更多的时候是我们自己送上门去。我们切不可去把它请来，即便它缠上我们，也应该把它甩掉。谁也不会在心里想："这件让我生气的事情是我自己干的，或者有可能是我自己干的。"谁也不会考虑行为者的初衷，而只会考虑行为本身。然而，我们的注意力恰恰应该放在做这件事的人身上，放在他是故意还是无意为之，是迫不得已而为之还是明知故犯，是出于仇恨还是因为贪图报酬，是为了自己的一时之快还是替别人帮忙这样的问题上。冒犯者的年龄、地位也比较重要，需要考虑进去，这样，忍耐其行为就成了仁慈或是权宜之计的问题。我们不妨站在惹我们动怒的人的角度来换位思考一下：实际上，触怒我们的原因不是别的，一是因为我们对

---

① 庇西特拉图（Pisistratus，约公元前600—前527），公元前560年左右夺得雅典政权，但很快就被迫下了台，不过十年之后又再次成为雅典的统治者，直至去世。虽然僭主政治后来饱受诟病，但庇西特拉图最初建立的僭主政治，用亚里士多德的话说是"有如黄金时代"。史学家们认为庇西特拉图是以铁的手腕，独裁的形式完成梭伦的历史使命，推进了民主的进程。

自身价值估计不当,一是因为不能忍受某些我们很乐意施于他人的待遇。谁都不会让自己久等,而治疗愤怒的最佳良药恰恰是等待,等待可以让激情从迸发之初慢慢减弱,可以让蒙蔽理智的浓雾消退或者变得稀薄。有些气得你暴跳如雷的侮辱,不用一天,一小时后就会锋芒不再,有些则会消失殆尽。就算你寻求的这种拖延产生不了任何效果,起码有一点是明确无疑的,那便是,此时左右你的是判断力,而不再是愤怒。如果你想看清一件事情的本质,就得假以时日:大海波涛汹涌的时候,你什么也别想看清。有一次,柏拉图生自己的一个奴隶的气,按捺不住,当即命令奴隶脱掉外衣,露出肩膀,打算亲手鞭打他;等意识到自己是在生气后,他将举起的手停在了半空,站在那里,像是要揍人的架势。这时一个朋友赶巧走了进来,问他在干什么,得到的回答是:"我在让一个愤怒者受到惩罚。"他呆若木鸡似的保持着那个姿势,没有一点儿哲学家的样子,倒是一副要大发雷霆的架势,此刻他早已把那个奴隶忘到了脑后,因为他已经找到了另一个更想予以惩罚的对象。

于是,他剥夺了自己在家中当家作主的权利。一次,一件事搞得他特别不高兴,他说:"斯珀西波斯[①],你拿根鞭子去惩罚这个狗奴隶,因为我在气头上。"他不动手打人的原因,恰恰是换了另一个人可能早就动了手的原因。"我在气头上,"他说,"会做出过头的事来,还会太觉得解气了。这个奴隶不应该交给一个自己都管不了自己的人来处理。"连柏拉图都剥夺了自己的这一权利,难道还有人希望把惩罚权委托给一个愤怒的人吗?生气的时候,不能由着自己恣意妄为。为什么?因为这个时候,你所希望的就是能够为所欲为。

13. 你务必同自己做斗争:如果你有战胜愤怒的决心,愤怒就战

① 斯珀西波斯(Speusippus,约公元前 407—前 339),哲学家,柏拉图的外甥,柏拉图去世后继任学园园长。

胜不了你。如果能不动声色，隐而不发，那么你就已经迈出了胜利的第一步。我们不可怒形于色，而应尽可能地将其深藏，不为人知。要做到这一点绝非易事，因为愤怒总是急于跳将出来，令两眼冒火，令面部扭曲，可如果我们任其形于色，那接下来就只有任其摆布的份儿了。应该将愤怒藏到内心的最深处，不能任其驱使，而应让它受我们驱使。此外，还应给愤怒的所有征兆来个彻底颠倒：让我们面部表情放松，说话轻言细语，走路慢条斯理；外在气质变了，内在气质也会慢慢随之改变。就苏格拉底来说，愤怒的标志就是话少，声音小；这种时候，他显然是在与自己做斗争。于是，好朋友就会察觉出来并且责备他，但说他想掩饰自己的愤怒并不会令他不高兴。很多人都意识到了他的愤怒，但谁也没有领受他的愤怒，他干吗要不高兴呢？不过，要是他有权批评自己的朋友，却不允许朋友同样有权批评他自己的话，那他们就会领受它了。我们何尝不更应该这样做啊！我们不妨把所有最要好的朋友都请来，让他们随心所欲地对待我们，尤其是在我们最受不了这样的待遇时；还要让他们丝毫也不容忍我们的愤怒。趁我们还没丧失理智，还能控制住自己的时候，我们不妨寻求帮助，来对付强大且常常为我们所纵容的恶。经不住劝，一喝就把不住酒量，担心自己酒后失态做出莽撞和粗鲁之举的人，往往都会吩咐朋友把自己从酒宴上弄走；知道自己生病时蛮不讲理的人，往往都会告诉身边的人，自己有恙在身时吩咐的事情都可以不予理会。最好的办法就是注意对自己身上已知的弱点设防，而最重要的是要命令自己保持这样一种心态：即便遇到最严重和最出乎意料的事情，要么不要生气，要么就把因突然蒙受奇耻大辱而产生的愤怒深深埋在心里，或者不承认受到了伤害。我只消从我所掌握的大量例子中随便举出几个，就可以清楚地证明这一点是能够做到的。从这些例子中，我们可以体会到两点：愤怒一旦控制住手握极权的人，让他们的权力为己所用的话，愤怒中所固有的恶该有多大，此乃其一；其二，当愤怒慑服于更强大的恐惧影响而有所抑制时，它又是多么能克制自己。

14. 波斯国王冈比西斯[①]嗜酒成性，他最亲密的一位朋友普雷克斯佩思一直劝他要节制一些，说当国王的受万众瞩目，喝得醉醺醺的有失体面。对此，冈比西斯的回答是："为了让你明白我从来就没到控制不了自己的程度，我这就让你看看，喝了酒以后，我的眼睛和双手照样能履行自己的职能。"说完，他端起巨深的杯子，喝得比之前更凶了，等喝得头晕脑沉、酩酊大醉后，他命令批评他的普雷克斯佩思的儿子走到门槛外边，左手举过头顶站在那里。然后拉开弓，一箭射出去，不偏不倚射中了小伙子的心脏（这是他之前定好的靶标），接着他剖开小伙子的胸腔，让人们看到了扎在心脏上的箭头。然后他转向小伙子的父亲，问自己的手是不是够稳。而这个父亲的回答却是阿波罗也不可能射得比这还准。居然有这样的人，愿众神在这个身份上是奴隶，骨子里更是奴隶的家伙死后将他打入地狱吧！对于一个任何人都觉得惨不忍睹的行为，他竟然大加赞赏。当他儿子的胸口被剖成两半，心脏在伤口下颤抖时，他却把这一刻看作逢迎讨好的机会。这个人本该不买冈比西斯的账，跟他的吹牛唱反调，要求他再射一箭，也好让国王获得一下满足，在这个做父亲的人自己身上证明他的手更稳。多么残忍的一个国王啊！他多么活该成为他所有臣民的众矢之的！我们可以诅咒他以置人于死地的惩罚来结束宴会，但是，赞扬那一箭比射出那一箭更为可耻。我们将会看到做父亲的站在自己儿子的尸体旁，目睹这一起自己亲眼看到又是自己一手造成的谋杀时，该有怎样的表现。我们这里所讨论的要点是一目了然的，那就是：愤怒是可以克制住的。他没有咒骂国王，甚至连一句悲痛的话也没说，虽然他看到自己的心和儿子的心一样被刺穿了。可以说，他把话咽进了肚子里不说是对的，因为就算他说了什么气话，作为一

---

① 冈比西斯（Cambyses），波斯国王（公元前529—前522年在位），居鲁士（Cyrus）之子。其统治与衰落在希罗多德《历史》第三卷中有记载。

个父亲他还是什么也得不到。要我说，他在那种情况下的表现，比起他去向一个只有双手端着酒杯忙不过来才意味着和平，喝酒而没喝人血就算不错了的家伙进谏饮酒要适量，可以认为还是比较明智的。因此，在用惨痛的不幸证明了无数国王是如何不重视朋友忠告的那些人队伍中，又多出了他这么一位。

15. 我深信哈帕古斯[①]也对自己的主上提出过一些这样的劝告，深深地得罪了这个波斯国王，结果国王把哈帕古斯几个儿子的肉当作筵席上的一道菜端到了他面前，还一个劲儿地问这道菜做得合不合他的口味。见他饱餐了一顿自己可怜的亲骨肉之后，国王命人将他们的头颅拿进来，问他对自己所受到的款待作何评价。这个可怜虫并没有无言以对，他的两张嘴皮子还真找到了话说："在皇家的餐桌上，"他说，"吃什么都香。"这番谄媚之辞为他换来了什么呢？他逃过了要他将盘子里剩下的东西吃完的邀请。我并不是说，一个做父亲的在自己的国王面前就应该忍气吞声，对国王的行为不加谴责；我并不是说，对于这般可恶的魔鬼，他不应该设法给予其应得的惩罚。不过，我暂时得出的结论是，即便是令人发指的暴行而引发的愤怒，也是可以掩藏起来的，而且可以强颜欢笑，说出一些言不由衷的话来敷衍过去。这种抑制悲伤的做法是完全必要的，尤其是对于那些命中注定要过这种生活，要跟国王在一张桌子上吃饭的人而言，这是他们吃、喝、回话的条件。面对自己家人的死亡，他们不得不报以微笑。这样的生活究竟值不值，我们将会看到；那是另外一个问题。我们不是要去同情这帮用链子拴着的可怜家伙，也不是要去鼓励他们忍受自己的刽子手的命令：我们所要表明的是，在任何形式的奴役中，通往自由的路都是畅通的。一个人如果灵魂有病，而且由于自身

---

① 哈帕古斯（Harpagus），按照希罗多德《历史》第一卷第108节及后面的几节中的描述，哈帕古斯未按波斯王阿斯提阿格斯（Astyages）的命令弄死襁褓中的居鲁士，于是国王杀掉了哈帕古斯的几个儿子并让人把他们的肉端上来给他吃掉。

的缺点而痛苦,那他大可以一死了之,以此来结束自己的悲伤。对于在一个把箭瞄准朋友胸膛的国王手里沦为受害者的人,对于其主子让做父亲的饱餐亲生孩子血肉的人,我要问:“你疯啦,干吗要哼哼唧唧的?干吗要等敌人摧毁你自己的国家来替你报仇呢?或者说,干吗要等一个势力强大的国王大老远地跑来帮你雪恨呢?你只消放眼看一看,哪里不可以结束你的苦难呀!你看见那处断崖了吗?断崖下面就是通往自由的路。你看见那片海,那条河,那口井了吗?自由就在那里,在它们的底部。你看见那棵矮小、枯萎,光秃秃没有一片叶子的树了吗?自由就挂在它的枝头上。你看见你的喉咙、食道或心脏了吗?它们都是摆脱奴役的途径。我给你指出的这些解脱法子,既要巨大的勇气,又要巨大的力气,太棘手了吗?你是问通往自由的捷径吗?只要你喜欢,你身上的任何一根血管都是。”

16. 那么,只要我们觉得还没有让人实在忍受不了,不得不放弃生命的困难,无论我们在生活中处于什么位置,都要让自己远离愤怒。对于处于屈从地位的人来说,愤怒具有破坏性作用,因为任何委屈的感觉都会变成自我折磨,而且一个听命于他人的人越是不满,就越是会发现这些命令很烦人。所以,野兽挣扎的结果是把自己越套越紧,黏上了黏鸟胶的鸟儿惊慌失措地想挣脱开来,到头来却是所有羽毛全都会黏上胶。枷锁套在脖子上并没紧到那样的程度,只要你老老实实地戴着,肯定不会比抗拒它的人遭的罪大。减轻巨大痛苦的办法只有一个,那就是乖乖地忍着,逆来顺受。不过,虽然控制自己的激情,尤其是控制这一疯狂而又抑制不住的激情,对于做臣子的可能不无好处,但对做国王的来说好处更大:如果命运允许一个人有火可以想怎么发就怎么发的话,其结果就是天下人都会遭殃,而任何权力,但凡行使起来就意味着很多人势必遭罪的话,都是长不了的。因为一旦那些各自在痛苦中呻吟的人由于某种共同的恐惧而联起手来,再大的权力也会有岌岌可危之虞。所以,当一种共同的义愤迫使人们把各自的愤怒合到一起时,很多统治者便成了暴力的牺牲品,有时候是个人暴力的牺牲品,有时候是团伙暴力的牺牲品。然而,很多国王都把愤怒当作王室的标志一样来使用,譬如,诛除穆护高墨达[①]之后成为波斯及东方大片地区第一个君主的大流士就是一例。因为在他对威胁到东边边界的斯基泰人[②]宣战之后,曾受到一个叫欧约巴佐斯的贵族的请求,让他给老人留下三个儿子中的一个来安慰父亲,另两个为他去服兵役。大流士答应的比老人家要求的还多,说他会把他们三个的兵役全给免了,然后他就下令把他们杀死,扔到那位父亲的眼前,因为把他们全部带走可能太残酷了,他说。薛西斯[③]可是讲理多了!当有五个儿子的披提欧斯请求免去一个儿子的兵役时,薛西斯允许他挑出他希望获免的那一个,然后便下令将挑出来的这一个劈成了两半,分别放在道路两旁,献祭给众神,以博取众神对其大军的偏爱。于是,这支大军最后得到了应得的下场:吃了败仗,被人打得落花流水,溃不成军,目睹着自己的全面溃败,在自己士兵的两排尸体中间艰难地逃窜。

17. 这就是野蛮的国王们愤怒时所表现出来的残忍,这些国王从来就没接触过学问或文化教育。不过,下面我将给你举出一个亚里士多德教出来的国王的例子,这个国王就是亚历山大,他在一次宴会中亲手刺伤了一个他最亲近的朋友克里图斯,原因是这个跟他一起长大的朋友拒绝拍他的马屁,而且不肯由一个马其顿的自由民变成

---

① 穆护即火袄教(亦称拜火教)僧人,而这个叫高墨达的穆护又牵涉到一桩千古之谜:真假司美尔迪斯(Smerdis)之谜。司美尔迪斯乃大流士之亲兄弟。大流士与人同谋刺杀了他,随后使计冒充神意登上了国王的宝座,并把他们所诛除的说成伪司美尔迪斯——穆护高墨达。此事在希罗多德《历史》第三卷第67节及随后几节中有记载。

② 斯基泰人(Scythians),又译西徐亚人或赛西亚人,是公元前8世纪—前3世纪中亚和南俄草原上的游牧民族。

③ 即薛西斯一世,波斯帝国的国王(公元前485—前465年在位)。大流士一世与居鲁士大帝之女阿托莎的儿子。

波斯人的奴隶。吕喜玛科斯[①]也是他的一个心腹之交,却被他扔给了一头狮子。而这个侥幸从狮子的牙缝中死里逃生的吕喜玛科斯,等他自己当上了国王时,他的那段经历是不是就让他变得仁慈一些了呢?其实不然:此人将自己的朋友,罗得岛的泰勒斯佛鲁斯,残害得面目全非,而且在割掉了他的耳朵和鼻子之后,还像关某种奇怪陌生的动物一样将他关在一个笼子里,令他长期生活在对自己的恐惧之中,因为他那张残缺不全、面目全非,让人不寒而栗的脸已经毁得没有一点人样了;再加上饥饿和肮脏的折磨,他的身体都结了一层脏壳,还得继续在自己的粪便里打滚;除此之外,他的膝盖和手掌都结了茧,因为狭窄的环境迫使他拿它们当脚用,而且他的两肋由于摩擦全都溃烂了,见过他的人无不感到可怕,无不感到恶心;由于国王的惩罚已经将他变成了一个怪物,他甚至失去了别人的同情。不过话又说回来,虽然受尽折磨的这个人没有一点儿人样了,那个一手造成这种折磨的人则更没有一点儿人样。

18. 我多么希望这般残忍的例子只限于外族人,多么希望这种野蛮的酷刑和发泄愤怒的方式,没有连同国外的其他种种恶习一起,引进到我们罗马的习俗中来呀!人们在每条街上都竖起了纪念马库斯·马略[②]的塑像,像敬奉神明一样用乳香和美酒敬奉他,想当初,路奇乌斯·苏拉曾下令打断此人的脚脖子,剜出他的眼睛,割掉他的舌头和双手;不仅如此,还一点一点、一截一截地将他撕成了碎片,仿佛每伤他一下都能让他多死一回似的。执行这个命令的是谁呢?不是

---

① 吕喜玛科斯(Lysimachus,约公元前 361—前 281),亚历山大大帝帐下的一名马其顿将军,曾为色雷斯国王。

② 马库斯·马略(Marcus Marius),苏拉政敌盖乌斯·马略的外甥,曾以护民官的身份于公元前 87 年告发了对自己的舅舅盖乌斯·马略不忠的昆图斯·卢塔提乌斯·卡图卢斯,并逼得他自杀。苏拉获胜后如此处所述,在卡图卢斯之子的煽动下将马略处死。

那个练就了一双毒手、无恶不作的喀提林[①]，还能是谁呢？他在昆图斯·卡图卢斯的坟前杀害了马略，亵渎了那个最文雅的人的遗骸，英雄的鲜血一滴一滴地洒落在坟上；马略这个英雄也许有着恶劣影响却深受人民喜爱，人民爱戴他不是没有理由，只是过了头。马略受到这样的惩罚，苏拉下达这样的命令，喀提林下这样的毒手，都还是相称的，但是，罗马的胸口上居然会同时被自己的敌人和守卫者捅上一刀子，这就让人匪夷所思了。

我干吗要去翻古时候那些陈芝麻烂谷子的罪行呢？前些年，盖乌斯·恺撒同一天就用鞭子毒打和拷问了塞克斯图斯·帕皮尼乌斯[②]（其父曾当过执政官）、贝提里埃努斯·巴苏斯[③]（他自己的财务官，同时也是他自己的副执政官的儿子），及其他一些人，既有元老院议员也有骑士，目的并不是为了取证，而是为了解气；而且他很不情愿推迟自己的享乐，一种他的残酷本性要求立马得到、丝毫不能耽搁的巨大享乐，为此，他与几位贵妇和元老院议员在他母亲园子的梯台上溜达时，也就从柱廊到河边那么一点儿距离，都会借着火炬的亮光砍下其中几人的头颅。他为何如此着急？耽搁一个晚上，能带来什么样的公共或私人危险？只要等到天亮，别穿着晚宴礼鞋去杀掉罗马人民的元老院议员，这能给他造成多大一点损失呀！

19. 注意他那股子预示了其残暴的傲慢劲儿，并不是不相干的事情，虽然有人可能会认为我们偏离正题扯到一边去了。这股子傲慢劲儿一旦发展成一种异乎寻常的野蛮劲儿，就会成为残暴的一个助

---

① 路奇乌斯·塞尔吉乌斯·喀提林（Lucius Sergius Catilina），因公元前 63 年企图夺取罗马政权而声名狼藉，挫败其阴谋的主要是时任执政官的西塞罗。

② 塞克斯图斯·帕皮尼乌斯（Sextus Papinius），公元 40 年遭到鞭打和拷问，下达命令的是卡利古拉皇帝（盖乌斯·恺撒，公元 12—41，罗马帝国第三任皇帝，典型暴君。请勿与罗马共和国末期杰出的军事统帅、政治家恺撒大帝混淆）。

③ 卡西乌斯·狄奥（Cassius Dio）所著《罗马史》（59.25.6）中提到过一个叫贝提尔里努斯·卡西乌斯（Betillinus Cassius）的人被杀之事，似乎是指的同一件事。

长因素。他鞭打过很多元老院议员，而他自己使得人们能把这说成“区区小事”。他曾用人类所知道的各种最恐怖的方式——绳子、带节瘤的骨头、肢刑架、火，还有他自己的那张脸——折磨过他们。可即使如此，他还是会得到这样的回答：“还真不是不足挂齿的小事儿！三位元老院议员被一个考虑过要谋杀整个元老院的人，像对待分文不值的奴隶一样，用鞭子和火整成了残废。这个人老巴望着罗马人民只长一个脖子，好让自己把铺天盖地、前前后后的罪行集中起来在一日之内一下子全部犯完。”有什么像在夜间行刑那样闻所未闻？也许偷盗行为通常都是在黑暗的掩盖下干出来的，但是惩罚越是公开，越是能起到以儆效尤的作用。在此，我也会得到这样的回答：“令你如此惊讶的恰恰是那个畜生日常的行为；他为此而活，为此而残更不寐，为此而把黑夜当他的白天来过。”无疑，再也找不出第二个人会发这样的话下去：凡是他下令处决的人，嘴里都得塞上海绵，连喊一声的机会也不给他们。有哪个被判处死刑的人连最后哼一声的那口气都叫人给堵回去了的呢？这个皇帝是怕此人在临终的痛苦中把话说得太坦白了，怕自己听到不愿意听到的话；而且他知道自己犯下了无数的罪行，而他的这些罪行，除了临死的人，是谁也不敢指责的。如果找不到海绵的话，他就会下令将这些可怜人的衣服撕成碎条塞进他们的嘴里。这是怎样的残忍啊？让人喘完最后一口气吧，给他即将离去的灵魂留出一条通道吧，让他将自己的灵魂从伤口之外的别的开口送上路吧。再往下细说，可能十天半月也说不完，譬如他如何派百夫长们去包围他所处决掉的那些人的家，又如何于同一夜将那些人的父亲干掉；那是因为，作为一个有同情心的人，他把他们从悲痛中解救了出来。我这样做的目的并非为了描绘盖乌斯的残忍，而是要描绘愤怒的残忍，它不仅仅把自己的怒火发泄在了个人身上，而且把整个国家撕成了碎片，把鞭子打在了城市、河流以及一切不会有痛感的无生命的东西上。

20. 于是乎，那个波斯国王割掉了叙利亚所有人的鼻子，叙利亚因此而落了个"残鼻人之国"的称号。因为他没把他们的整个脑袋都砍下来，你就认为这是仁慈的行为吗？非也，他从一种新奇的惩罚形式中得到了乐趣。寿命特别长而有"长寿者"之称的埃塞俄比亚人可能也会倒这样的霉，因为他们没有张开双臂去接受奴役，而是派出使节，以国王们称之为侮辱性语言的自尊言辞做出了回答，从而激怒了冈比西斯[①]。于是，他在没有做好补给供应，没有勘查行军路线的情况下，就匆匆发兵，让自己的全部兵力穿过一片无路的沙漠打了过去。在第一天的行军中，他的供应就跟不上了，而那片人迹罕至的不毛之地又什么都没有；一开始他们还可以靠吃树芽和树叶最嫩的部分充饥，后来就只好吃用火烤软的皮革和任何不得不吃的东西了；连树根和草皮都没得吃了，茫茫沙漠中，放眼望去，就剩下一片毫无动物生命的荒野以后，他们便抽签选出十分之一的人来，权当食物，这比饥饿还要残忍。都这样了，这个国王还是照样在愤怒的驱使下一个劲儿地往前冲，直到他失去了一部分军队，又吃掉了另一部分军队，担心别人要求他自己也参加抽签选择，这才下令撤退。而整个这期间，各种名贵品种的家禽都一直给他留着，他酒宴上所需的供应品都是拿骆驼源源不断地给运过去，尽管他的部队都在抽签决定谁该悲惨地死去，谁该更加悲惨地活下去。

21. 这个帝王对一个自己不了解的且不该受到惩罚的国家发怒，不过对方还能感觉到他在发怒；而居鲁士[②]却把怒火撒在了一条河流上。当时一心想灭掉巴比伦的他正在火速推进，因为在战争中战机起着至关重要的作用，他打算涉水渡过涨满了水的金德斯河，尽管就算在领略了夏季的炎热，河水降到最低水位时，这么做也不是很安

---

① 冈比西斯（Cambyses），见第 35 页脚注。冈比西斯征讨埃塞俄比亚人的情形在希罗多德《历史》3.17 节及之后的章节中有描述。

② 即居鲁士二世。此事在希罗多德《历史》1.189 节中有描述。

全。在这种情况下,一匹老给国王拉战车的白马被河水卷走了,令国王非常恼怒,发誓要狠狠地杀一杀这条夺走了国王御马的河流的威风,让妇女都能过得去,并能把它踩在脚底下。于是他放下所有的战事准备,把全部精力都转移到了这件事上,为此耽误了很长的时间,在河床两边各开了 180 道口子,把河水改道引入了 360 条流向四面八方的小河,原来的河床于是彻底变干。因而,既牺牲了时间——对于大行动而言这可不是小损失,又牺牲了部队的士气,让毫无意义的努力给挫伤了,同时还坐失了攻敌于不备的良机,本该对敌宣战的时候却跟一条河干上了。这种疯狂——不叫疯狂你还能叫它什么?——也影响过罗马人。因为自己的母亲曾一度被囚禁在赫库兰尼姆附近的一座十分漂亮的别墅里,盖乌斯·恺撒就把这座别墅夷为平地了,而他的这一行为让她的不幸引起了每一个人的注意;因为别墅好端端立在那儿的时候,我们往往会不经意间就从它旁边走过去了,而既然被毁掉了,我们就不免要问一问毁掉它的原因。

22. 这些都应该当作前车之鉴而加以避免,另一方面,下面我要讲到的这些人,却应该当作榜样来效仿,因为他们都是善于克制自己、行事温和的楷模,对他们来说,丝毫不愁找不到动怒的理由和报复的机会。对于安提柯[①]而言,确实没有比下令处决两名普通士兵更容易的事了,这两个士兵靠在他们国王的帐篷上,根本不把国王放在眼里,大谈特谈国王的不是。说这种话,嘴上倒是特痛快,但同样也极危险。他俩的谈话,安提柯一句不漏全听到了,因为说的人和听的人之间就隔了一层帆布。安提柯轻轻地晃了晃帆布说:“去远点儿,免得国王听到了。”有天晚上,他无意中听到了自己的几个士兵在用五花八门的骂人话骂他们的国王,骂他把他们带上了这样一条路,让他们陷入了无法摆脱的泥淖之中。于是他走到了最困难的几个人跟

① 安提柯(Antigonus),很可能是指马其顿国王安提柯一世(约公元前 382—前 301)。

前，将他们拉出了泥淖之后，并没有告诉他们自己是谁，而是说：“要骂就骂安提柯吧，是他的愚蠢把你们带进了这一惨境，不过你们可要祝福把你们救出泥沼的人哟。”他在忍受敌人的咒骂时也表现出了忍受自己同胞的咒骂时那样的容忍。所以，有一次他在围攻一个小小的要塞里的几个希腊人时，那些个希腊人仗着自己占据着有利位置，根本不把敌人放在眼里，一个劲儿地取笑安提柯长得丑，一会儿嘲笑他个子矮，一会儿嘲笑他是个塌鼻子，只听他说：“要是我营中有西勒诺斯[①]，那我就很高兴，而且可望得到好运气了。”用饥饿驯服了这帮骂人高手，俘虏了他们以后，他做出了如下处置：适合当兵打仗的，招进了自己的军团，其余的都当奴隶拍卖了，而且他说如果对于有这么恶毒的舌头的人来说，给他们自己找一个好主子不是好主意的话，他是不会这么做的。

23. 这个人的孙子就是那个动不动就给自己宴请的客人一矛的亚历山大，而且对于我前面描述过的两位朋友，他还把其中一位扔到一头愤怒的野兽面前，把另一位暴露在他自己的愤怒之下——可是这两人当中，活下来的却是扔到狮子口下的那一位。这并不是他的祖父遗传给他的一个毛病，甚至不是他父亲传给他的；因为如果说他父亲腓力[②]还有一些德行的话，那么能够忍受侮辱就算其中之一了，这一点对于保住王位可谓功莫大焉。德摩卡里斯因为心直口快、说话不怕得罪人而被人称为“直筒子”，他曾同其他雅典人的使节一道拜会过腓力一次。亲切地听完了使团的发言后，腓力说道：“告诉我，为了让雅典人民高兴，我能做点儿什么。”德摩卡里斯接过话头就说：“绞死你自己。”这么无礼的回答，旁人听了都愤愤不平，而腓力却要

① 西勒诺斯（Silenus），一个无人不知的长相丑陋的老半人半兽神（satyr），在艺术作品中常常与狄俄尼索斯（Dionysus）相伴出现。因为在希腊神话中，西勒诺斯是酒神狄俄尼索斯的师傅。

② 马其顿国王腓力二世（公元前359—前336年在位）。

他们冷静，并把这个忒耳西忒斯[①]似的家伙毫发无损好端端地放回去。“不过其余的诸位使者，”他说，“有劳你们替我给雅典人捎句话：说这种话的人，比起听到这样的话而不以牙还牙的人来，要傲慢得多。”

神圣的奥古斯都也说过很多值得记住的话，做过很多值得纪念的事，说明他不是一个受愤怒所左右的人。历史作家提马盖奈斯曾经说过一些诋毁奥古斯都皇帝本人、皇后及其全家的话，而且这些话并没有失传；因为轻率的俏皮话往往更容易流传，且广为人们所引用。奥古斯都皇帝曾在好几个场合警告他说话要负责任一些，可他就是不听，最后只好将他扫地出门。后来提马盖奈斯在阿西尼乌斯·波利奥[②]的屋檐下活到高龄，受到全罗马的赞美：他被逐出了皇宫，但所有其他人向他敞开了大门。他为自己在此事之后所写的历史著作举办过多场朗诵会，却将那些详细记载奥古斯都·恺撒所作所为的书付之一炬。他依旧对皇帝保持敌意，但谁都不怕成为他的朋友，没有一个人像躲贱民似的躲着他，而且尽管他失宠到这样的地步，还是有一个人毫无保留地接纳了他。正如我前面所说，皇帝耐心地忍受了这一切，甚至都没有因为自己的名声和功绩受到这个人的诋毁而心烦；他从来没有抱怨过款待自己敌人的人。他对阿西尼乌斯·波利奥只说了一句话：“我看，你的动物园又多了一只畜牲。”然后，当波利奥准备为自己的态度辩护时，他就会加以阻止，说：“请自便，我亲爱的波利奥，请自便！”而听到波利奥说：“恺撒，只要你一句话，我立马不让他住在我家。”他就说：“你以为我会这么做吗？当初要不是我，你们两个能重归于好吗？”因为波利奥曾与提马盖奈斯吵过一架，而后与他握手言和的唯一理由就是皇帝已经跟他闹

① 忒耳西忒斯（Thersites），围困特洛伊城的希腊联军中的一个长相丑陋、好骂人的士兵（《伊利亚特》卷二，第212行起）。

② 盖乌斯·阿西尼乌斯·波利奥（Gaius Asinius Pollio，公元前76—公元4），政治家兼演说家，恺撒的追随者，后来又成为安东尼的支持者，对文学有着浓厚的兴趣。公元前30年代初退出政治舞台。

崩了。

24. 因此,每当一个人被激怒的时候,都应该问一问自己:“我比腓力还要权大势大吗?可他还骂不还口呢。我在自己家里的权力比神圣的奥古斯都在全世界的权力还大吗?可只要不跟诽谤自己的人在一起,他也就知足了。”我有什么理由因为我的奴隶回话嗓门太大了一点,或者太倔强地盯着我,或者声音太小地嘀咕了几句听不清的话,就打他一顿并把他铐起来呢?我算老几,对我说几句不顺耳的话,就成了罪行?很多人都饶恕过自己的敌人,我就不能饶恕懒惰、粗心或唠叨吗?小孩子应该因为其年龄而得到原谅,女人应该因为其性别而得到原谅,外地人应该因为其独立而得到原谅,仆人应该因为亲密的情谊而得到原谅。有人是破天荒第一次令我们不悦,那就让我们想一想他令我们快乐过多久了吧;有人已不是第一次而是经常令我们不快,那就让我们忍受已经忍受了很久的东西吧。他是朋友的话,那他就是一时糊涂做了并非存心要做的事情;他是敌人的话,那他就是做了有权做的事情。让我们信赖分得清好歹的人,谅解傻头傻脑的人吧;无论这个人是谁,都让我们站在他的立场上对自己说:最聪明的人也有很多缺点,谁也不会机警到对芝麻大一点的小事儿也不偶尔疏忽一下的地步,谁也不会老练到能保持镇定自若而不会在不幸之下采取过激行动,谁也不会因为特别怕得罪人,就能在力求避免这种事时,不一失足而跌进得罪人的事情之中。

25. 即便是伟人,命运也具有不确定性,这一点已经给地位卑微的不幸者带来了安慰,一个住窝棚的人,要是看见宫殿里面也会走出一支悲惨的送葬队伍,那么他的丧子之痛就会减轻一些。因此,一个人如果经过深思,明白了什么权势也不可能强大得可以不受伤害,那受到他人的伤害或奚落时,他就会更容易忍受一些。可是,如果就连最聪明的人也会做错事的话,那么谁不能为自己的过错找到好的借口呢?让我们好好想一想,年轻时我们恪尽职守过几次,谨言慎行过几回，又有几次饮酒能有节制啊？如果一个人生了气，那我们就给他时间，让他认识到自己做了些什么，他会做自我批评的。假令最后他该受到惩罚，那我们也没有理由去犯同等的错。毋庸置疑，谁能藐视折磨自己的事物，谁就能从普通人中脱颖而出，出类拔萃：真正伟大的标志是挨了一击之后没有任何感觉。所以，巨兽会从容不迫地转过身来打量汪汪乱叫的小狗，所以，波涛拍打巨崖会毫无效果。不动怒的人往往能岿然屹立，不为伤害所动摇；动怒的人则容易失去平衡。而我刚刚将其归入不会受到任何伤害之列的人，可以说是，怀抱着最高的善，他不仅可以对人，而且可以对命运女神本身做出这样的回答："你爱怎么着就怎么着吧，你无法破坏我的宁静。这是理性所不允许的，我已经拜托理性来为我指引生活方向了。我的愤怒，比起你可能做的任何一件对不起我的事来，更有可能会对我构成伤害。为什么就不会呢？因为伤害的限度是确定的，而愤怒会让我发作到什么样的程度，就不好说了。"

26. 你或许会说："我可忍受不了，受了委屈还得忍气吞声可不是什么容易的事情。"你这就言不由衷了吧，忍受得了愤怒的人，哪有不能忍受委屈的？而且，你现在所提出的是既要忍受愤怒又要忍受错误的问题。你为什么要忍受一个病人的疯癫行为、一个疯子的胡说八道或者孩子们任性的打架呢？当然是因为他们似乎不清楚自己在做什么。是什么样的毛病让一个人不对自己的行为负责，这有何分别？无责任感者无罪，这种说法可以用来为任何人的行为进行辩护。"如此说来，"你会说，"这个人就可以不受到惩罚吗？"就算你希望是这样，也不会这样；因为对于不法行为的最大惩罚就是干了不法之事，没有人会受到比备受痛悔折磨的人更为严厉的惩罚。再者说，我们要想在一切事情上都秉公执法，就应该把我们人类处境的局限性考虑进去。因为人类共有的某个缺点而责罚个人是不公正的。在自己的同胞中，埃塞俄比亚人的肤色并不显眼，而在日耳曼人中，男人将略带红色的头发扎起来并无不妥:一个人身上的任何特征,只要在他的整个民族中很常见,就不能算作奇怪或可耻的特征。就连我前面提到过的那些例子,也可以用世界上某一特定地区或角落的风俗习惯来加以辩护:现在想一想,原谅整个人类都不罕见的那些品质,理由岂不是要充分得多吗?我们大家都不体谅他人,都不谨言慎行,都不可靠、不知足而又都野心勃勃——为什么要用委婉的说法来掩饰这块感染了我们大家的烂疮呢?我们全都是腐化堕落的。因此,每个人都会发现自己所谴责的别人身上的缺点,自己的内心深处一样都不少。你为什么老挑人家的不是,不是嫌这人白,就是嫌那人瘦?这些东西会像瘟疫一样相互传染。所以让我们更加善待彼此吧:我们之所以生活在坏人堆里,就是因为自己心眼坏。只需要一样东西就可以给我们带来和平,那就是大家达成协议,善待彼此。你或许会说:"那人已经伤害了我,可我还没有回敬他呢。"可是你也许已经伤害了某个人,而且还会伤害另一个人呢。别只盯着此刻或者今天,而要审视你的整个心灵倾向:即使你没干过坏事,但你是能够干得出坏事来的。

27. 医治一起伤害比报复一起伤害要好得多!报复往往很花时间,而且受了一次伤害就耿耿于怀要去报复,那就等于要自己去面临多次伤害。气总是要过很长的时间才能消,而疼痛往往一会儿就过去了。改变一下我们的方针,别以牙还牙、冤冤相报要好得多!倘若还了骡子一脚,或者说反咬了狗一口,谁也不会觉得自己心理上完全平衡的。"这些畜牲,"你会说,"哪里知道自己在干坏事呀。"首先我要说,觉得是人就不能得到宽恕的人是多么不公正啊!其次,如果所有其他动物因为缺乏判断力,你就可以不生它们的气,那么你就应该把缺乏判断力的每一个人也归入这一类;因为如果他与不会说话的动物,在不管怎么冒犯也可以得到原谅的一个理由上确实很相像,也就是说都有一颗不开窍的心灵,那么在其他方面不像又有什么关系呢？他的确做了错事，那么，这是他的初犯吗？会是他的最后一次吗？即使他说“我再也不会了”，你也没有理由相信他。因为不仅他会冒犯别人，而且别人也会冒犯他，于是整个生活都将是一个错来错去的循环。不厚道的行为应该显示出我们的厚道来。对一个悲伤的人说的最管用的话对于一个生气的人也会有同样的效果：“你还有完没完哪？还是永远没完啊？如果有完，那就趁早把气消了，总比等到气把你消了要好得多吧！还是说这种内心的烦乱要永远继续下去？你看到了吗，你在让自己陷入多么混乱的生活啊？一个人如果老是怒气冲冲，那他的生活会是个什么样子？再说，一旦你真的怒火中烧过了，激怒你的原因也已重温过多少回，火气自己就会消了，时间会让它慢慢减弱：由你来战胜愤怒，比让愤怒来战胜它自己要好得多！”

28. 你先是冲这个人发怒，接着就会冲那个人发怒；先是冲奴隶，接着就会冲自由民；先是冲父母，接着就会冲子女；先是冲熟人，接着就会冲陌生人：因为除非心灵介入调解，否则到处都不愁找不到发怒的理由。盛怒会让你像疯狗一样四处乱咬，逮着谁咬谁，一个都不放过，而且还会一再地冒出新的可以激怒你的东西来延长你的疯狂。我说，你这可怜的老兄，你就不能给爱腾出点儿时间来吗？哎呀，你在一些毫无意义的事情上浪费了多么宝贵的时间啊！现在，广结良缘，化敌为友，服务国家，关心私事，会比寻机为害他人，败坏人家的名声，斩断人家的财路，伤害人家的人身好得多，更何况即使对手不如你，你也不可能轻而易举、无惊无险地实现这一目标！我们不妨假设他束手就擒落到了你手里，而且你有权要他乖乖地忍受各种考验：可很多时候打人者力气使得太大，不是关节脱了臼，就是一条筋嵌在它弄碎的牙齿里；即使自己的受害者对这样的招待都乖乖顺受了，很多人也因为自身的愤怒把自己给废掉了，成了残疾。再者说，没有哪种动物会弱到对自己的索命者构不成任何伤害威胁：有时候，疼痛或者一次意外事故会让最弱小的动物与最强大的动物有得一拼。还要考虑到一点,绝大多数令我们愤怒的事情给我们带来的恼怒往往要大于实际的伤害。不过,一个人是存心阻挠我的愿望还是未能助上一臂之力,是抢我的东西还是仅仅不能给我东西,这两者之间可是大有差别啦。我们却往往将他们等量齐观——偷我们东西的人与只是拒绝给我们东西的人,令我们的希望彻底破灭的人与只是将我们的希望往后推延的人,存心跟我们作对的人与只是出于自身的利益考虑,或者出于对另一个人的爱,又或者因为对我们的恨才不站在我们一边的人。不错,有些人有不仅正当而且体面的理由站在我们的对立面:一个在保护父亲,一个在保护兄弟,一个在保护自己的国家,还有一个在保护一位朋友;然而,我们往往不原谅这些人做了一件他们不做就会受到我们谴责的事情。事实上,尽管难以置信,我们常常会高度评价一个行为,对行为者却嗤之以鼻。不过,毫无疑问,伟大而又正直的人敬重那些最为勇敢、为自己国家的自由与安全而不遗余力的敌人,而且还会祈祷自己可以有幸拥有这样的同胞和战友。

29. 恨一个值得你称赞的人是可耻的;而恨一个值得你同情的人,而且你恨他不是因为别的,恰恰就是因为他值得你同情,则还要可耻得多。如果一名俘虏,突然一下子贬成了奴隶,身上还带有他自由时的痕迹,磨磨蹭蹭不愿干那些没面子的苦差事;如果他以前懒散惯了,拖拖拉拉的跑不动,跟不上主人马车的速度;如果他因为每天值夜而疲惫不堪,昏昏欲睡;如果放着城里有节假日的奴隶生活不让过而被抽过来干苦力活以后,他拒绝干农活或者出工不出力——如果是这样的话,那就让我们做一个区分,先确定他是力所不逮呢还是心有不愿。如果动怒之前先动脑子判断判断,我们就会宽容很多人。可实际上,我们往往是跟着自己最初的冲动走的,接下来呢,虽说激怒我们的都是一些鸡毛蒜皮的小事儿,但我们还是会一直愤怒下去,这样就可以不让人觉得我们一开始就没有理由发脾气。而且,最说不过去的是，我们生气本来是理亏的，却使得我们越发固执了；因为我们非但不息怒反而还变本加厉，仿佛愤怒得越厉害越能证明愤怒的正义性似的。

30. 仔细分析一下它最初的苗头要好得多——当初它们是多么小，多么无害呀！你会发现，你所看到的发生在不会说话的动物身上的事情也会发生在人类身上：我们往往会因为一些无聊而又可笑的事情心烦意乱。公牛会被红色激怒，角蝰[①]见到影子就会发起攻击，熊和狮子看到一块手帕就会被激怒：所有生性凶猛的动物都会被一些不起眼的东西吓一跳。人也是这样，无论是急性子还是慢性子都不例外：都容易疑神疑鬼，有时候疑心病可以重得让他们把温和的善意行为称为不义之举，而这些正是愤怒最常见，无疑也是最痛苦的根源之所在。我们往往会因为自己最爱的人送的礼物比预期的少，或不及别人的多，就生他们的气，然而，有一个现成的法子可以治好这两个棘手的毛病。别人受到了更加慷慨的款待，那就让我们享受自己已得到的东西所带来的快乐，而不要去攀比。要是看到别人比自己更快乐心里就不舒服的话，那么就永远也不会快乐。我拥有的比我期望的少，可也许是我期望的太多，超过了我应得的呢。这正是我们最需要担心的态度，这会引发最致命的愤怒，而这样的愤怒则会亵渎一切最神圣的东西。

刺杀神圣的尤利乌斯[②]的人当中，占多数的不是他的敌人，而是他那些贪得无厌，希望没有得到满足的朋友。恺撒确实很想满足他们的希望——因为没有哪个人获胜之后像他那么慷慨的，他除了要求有权馈赠礼物之外，自己什么也没要——可是他们每个人都恨不能想要多少就得到多少，他怎么可能满足这种无底洞似的欲望呢？于是他看到自己的战友们刀剑出鞘，聚到了自己的座椅周围，有前不

① 角蝰，一种主要分布在北非地区的有角的毒蛇。

② 神圣的尤利乌斯，即尤利乌斯·恺撒，因其死后被尊为神。

久拥护他的事业最起劲儿的提留斯·辛布尔，还有几个在庞培已死时才声明拥护庞培的人。正是这种心理，才使得这些人倒戈来对付他们的国王，才使得那些最忠诚的追随者挖空心思，想方设法置自己曾当面发誓为其献出生命的人于死地。

31. 眼馋别人财产的人，没有哪个能从自己的财产中得到快乐：由于这个原因，我们甚至会生诸神的气，因为有人在我们前面，就忘了多少人在我们后面，就忘了在那些只有几个人值得自己羡慕的人后面还跟着多大一群羡慕者。但人类就是这样的骄横，无论他们已经得到了多少，要是也许还可以得到更多的话，他们就会生气。"他让我做了副执政官[①]，可我本来是希望当上执政官的；他给了我十二名携束棒的扈从[②]，却没让我当上正式的执政官；他愿意以我的名字来为这一年命名，却没让我如愿以偿成为祭司；我被选为这个长老会的成员，可为什么只是一个长老会的呢？他当着全罗马授予了我荣誉，可并没给我增添任何财产；他给了我他必须给出来的东西，但他并没从自己的腰包里拿出任何东西来。"你倒不如感谢已经到手的东西，等待剩余的东西，庆幸自己的杯子还没有满：留下一点儿盼头是一种乐趣。你一马当先，超过了所有其他人，那就为自己成了朋友眼里的第一名而高兴吧。很多人超过了你，那你就得想开些，在你后头的比在你前头的还要多呢。你问你身上最大的缺点是什么吗？你的账记得太成问题：你把付出的估高了，却把收入的估低了。

32. 我们应该在不同的情况下用不同的考虑来约束自己：对有些人，我们不妨用对他们的畏惧来制怒，对有些人，不妨用对他们的敬

---

① 副执政官（praetor），古罗马共和国一年一度选出来的行政长官，位列执政官之下，主要职能是司法，亦译"司法官""裁判官"或"民选官"。

② 直译就是他给了我十二根束棒，束棒（fasces）是用皮带捆扎的一束棍杖，中间常夹有一柄锋刃向外的斧头，象征着国家最高长官的权力。古罗马的每一个执政官都有十二名扈从，出行时每个扈从都会肩扛一根束棒跟随。众所周知的"法西斯"便是由此词音译而来的。

重来制怒，对另一些人，则可以用自尊心来制怒。如果我们把某个可怜的奴隶送进了牢房，对于我们而言，这无疑是一次了不起的行为！为什么要急急忙忙地当场鞭打他，迫不及待地打断他的腿呢？难不成往后推一推，我们就会没这个力气了？还是等一等，等到我们能亲自下命令的时候吧：眼下我们是在遵照愤怒的命令说气话；等气消了，我们就会看到造成的损失有多大了。因为这期间我们尤其容易犯错误：我们会动用刀剑，动用死刑，而且还会用枷锁、监禁、饥饿惩罚一个犯了一点小事，本来挨上轻轻的几鞭子就可以了事的犯人。你或许会说："你怎么让我们去认识到，我们自认为遭到的种种冒犯都是些多么不足挂齿的孩子气的区区小事呢？"就我而言，说真的，我只能建议你拿出一种真正伟大的气魄来，认识到所有那些让我们请律师，东奔西跑，累得喘不过气来的事情都是多么微不足道和毫无价值；按说，只要是有一点崇高志向或高尚目标的人，谁都不会去理会这样的事情。

33. 最声嘶力竭的叫嚷一般都是围绕着钱：搞得法庭精疲力尽，致使父子不和的就是这个东西；调制出各种毒药，把刀剑交给刺客和军团的也是这个东西；这个东西上面沾满了我们的血汗；为了它，夫妻良宵之夜大吵大闹；为了它，人们潮水般涌向法官席；还是因为钱，诸侯变得野蛮凶残，大肆掠夺，为了从城市的废墟里翻找出金银，不惜推翻千百年辛辛苦苦建立起来的国家。瞅一瞅堆在角落里的钱袋子能让人乐开怀，可这些东西会让人们大喊大叫到眼珠子都掉出来，会让法庭响起审讯的喧嚣，会把陪审员们从千里迢迢之外召来陪审，裁定哪个人的贪婪要求更合法。而如果让一个眼看就要断气的无后老人把肺都气炸了的，甚至不是一袋子钱，而只是奴隶记入账本的一把铜板或者一枚银币呢？如果只是为了区区1%的利息就让一个浑身是病、瘸腿跛脚、双手连数钱的力气都没有了的放债人大嚷大叫，哪怕是病入膏肓，为了自己的那么点儿小钱都还要求保证金呢？就算你把我们眼下拼命开采的所有矿上挣来的钱全都给我，就算你把一度被贪婪丑恶地榨取，贪婪又使其重归泥土的地下宝藏中所有的钱都扔到我脚下，我也会认为这些钱财全积到一起都不如好人皱一个眉头值钱。我们该以怎样响亮的笑声来笑对这些现在令我们掉眼泪的东西！

34. 好了，现在我们来捋一捋愤怒的其他原因——吃的、喝的以及为了摆谱而为之设计出的各种优雅场面，还有侮辱的言辞、蔑视的手势、倔强的牲畜、懒惰的奴隶，外加对他人之言的猜疑与恶意曲解，结果使得人类的语言天赋也被算作造化的一桩过错。相信我，激起我们不小愤怒的确实都是一些无足轻重的小事，就跟那些让孩子们吵架乃至动手的鸡毛蒜皮事儿差不多。我们如此当回事的这些事情当中没有一样是大不了的，没有一样是有一点价值的。要我说，你把一些无关紧要的小事看得太重，这就是你动不动就生气上火的根源。这个家伙想夺走我的遗产，这个家伙在我打点了很久，指望成为其继承人的人士面前诬陷了我；这个家伙想睡我的情妇：渴望得到同一样东西，这本该成为爱的纽带，却成了离间和仇恨的理由。路窄，过路人就可能大动干戈；路宽，就算是一大群人，也不会发生摩擦。由于你急于得到的东西虽微不足道，却是不从一个人手里夺取就休想到另一个人手里的，所以，渴望得到同样东西的人之间就难免发生打斗和争夺。

35. 一个奴隶，或者一个自由民，或者你老婆，或者一个食客顶了你的嘴，你会很生气。接着你又抱怨国家已经没有了自由，而你家里的人正是被你剥夺了同样的自由。而且，要是一个人接受盘问时什么也不说，你就会说他顽固不化。让他讲话，或者保持沉默，或者大笑吧！“在他的主子面前吗？”你也许会问。对，而且是在一家之长面前。你嚷什么？你咆哮什么？你干吗吃着吃着饭要人拿鞭子来，就因为奴隶们在说话，就因为一间宾客多得可以开大会的屋子里没有沙漠般的寂静吗？你的耳朵并不只是用来听演奏得娴熟、优美、和谐的悦耳动听之音的：你也应该听一听笑声和哭声，听一听奉承话和刻薄话，听一听欢乐和悲伤，听一听人类的话语和动物的粗吼狂叫。你这可怜之人呀，你为什么听到奴隶的叫喊声、铜器的碰撞声、关门的哐当声就发抖呢？虽然你很敏感，但你还是得听听霹雳之声。上面说的这些都是就你的耳朵而言的，同样用到你的眼睛上面去吧。如果没有受到过硬的锤炼，眼睛也会对很多东西不适应：看到一点污渍，或者一点灰尘、生锈的银器、一池不清澈见底的水，眼睛就会很不舒服。事实上，这双看不顺眼色彩单一而又没有擦得光可鉴人的大理石的眼睛，这双看到一张纹路不多的桌子就不舒服的眼睛，这双在家里只愿脚下的地板比黄金还珍贵的眼睛，同样还是这双眼睛，一到了外面，却可以很冷静地去看那些杂草丛生的泥泞小路，去看遇到的大多数人那脏兮兮的样子，去看那些破破烂烂、千疮百孔、歪歪斜斜的房屋墙壁。那么，这些人出门之后看什么都顺眼，在家里看什么都不顺眼，除了在大街上我们心态平静随和，而在自己家里时却暴躁挑剔外，还能有什么原因呢？

36. 我们的所有官能都应该历经磨炼，变得强大起来；只要心灵，这个每天都应该要求其对自身作一个说明的东西，不执意去损害它们，我们的这些官能天生就是能忍耐的。塞克斯提乌斯[①]有这样一个习惯，每到一天终了就寝安歇时，他都会问自己的心灵这样一些问题：“你今天纠正了什么不良习惯？抵制了什么缺点？在哪方面有所改善？”如果清楚自己每天都得接受法官的询问，那么愤怒就会有所收敛并变得较为克制。还有什么比这种把一整天都梳理审查一遍的习惯更值得赞赏的吗？经过这样的一番自我评估，心灵要么自我表扬要么自我批评了一通，这位不事声张的自我调查者

① 塞克斯提乌斯（Sextius），活跃于公元前 1 世纪上半叶的哲学家。

兼自我批评者对自己的性格做出了评判后，该睡得多香，多踏实，多无忧无虑呀！我也经常利用这一特权，每天都会在我自己这个法官面前为自己进行辩护。等人把灯从我的视线中拿开，还有对我的这一习惯已经不再陌生的老婆安静下来以后，我便会把我的一整天仔细梳理一遍，把我做过的事、说过的话都回顾一遍。我对自己毫无隐瞒，也不放过任何一件事。“注意没有下一次，这一次我就原谅你了。在那场讨论中，你话说得太冲了。今后，别跟没经验的人一般见识，那些从不学习的人是不愿意当学生的。你批评那个人时，话也不该说得那么直，结果是你得罪了他，而不是让他得到了提高。以后说话的时候，不仅要考虑到自己说的是不是真话，还要考虑到对方听不听得进去真话。好人欢迎批评，而人的品质越差，就会越是怨恨批评自己的人。”我都能这样告诫自己了，为什么还要怕自己所犯的错误呢？

37. 宴会上有些人说些俏皮话和难听之言，是为了让你痛苦的，达到了他们的目的。记住要避免跟一些出身低微的人吃喝玩乐；他们喝了酒以后就放纵得太离谱了，因为他们哪怕清醒的时候都没有羞耻感。你看到你的一个朋友冲某个小气的律师或富翁的看门人发了一通火，因为他想进门的时候，看门人把他推了出来，于是你自己也替你的朋友鸣不平，冲这个最低贱的奴才发起火来。那么请问，你会对他拿链子拴着的那条看门狗发火吗？就算是狗，狂吠一阵之后，扔给它一点儿吃的，也会平静下来。后退几步，仰天一笑吧！此刻看门的那家伙认为自己很了不得，因为他把守着一个被一大群诉讼当事人围着的入口呢；此刻悠闲自在地躺在屋里的那位正怡然享受好运，把门难进当作一个人有钱有势的标志呢：他不知道最难打开的门是牢门。你要从心底里相信，有很多东西你必须忍耐：冬天受点儿冷，出海有点儿晕船，路上受点儿颠簸，有谁会当回事儿呢？心理上做好了准备，遇事就能勇敢面对。酒桌上没能坐到上座，就开始生主人的气，生写请柬的人的气，甚至生坐在你上首的人的气。你疯啦，坐席哪一块承受了你的重量，有什么差别吗？一块坐垫能给你增添荣耀或耻辱吗？一个人说到你的才能时略带了一点贬抑的意思，你就用带偏见的眼光去看人家，莫非你把这个当成了一条原则？按照这样的逻辑，恩尼乌斯[①]就会因为你不喜欢他的诗而恨你，霍腾西乌斯[②]也会宣称憎恨你，而且如果你嘲笑其诗作，西塞罗也不会成为你的朋友。你参加竞选时，愿意平静地忍受你获得的票数吗？

38. 有人侮辱了你，可你受到的侮辱能大过斯多葛派哲学家第欧根尼[③]所受的吗？正在他就愤怒的问题发表演说时，一个狂妄自大的年轻人朝他脸上吐了一口唾沫，他忍受了这一公然侮辱，婉转而又机智地说道："其实，我并不生气，但是呢，我还是倾向于认为我应该生气。"而我们自己的加图，采取的办法则要高明多了！他在替一个案子辩护时，伦图鲁斯[④]这个我们父辈记忆中唯恐天下不乱，无法无天的家伙，倾尽全力攒了一大口稠稠的唾沫，啐在了加图的脑门中间。加图揩掉唾沫后说道："要是有人说你没长腮帮子，伦图鲁斯，我一定会告诉他，他错了。"

39. 诺瓦图斯，现在我们已经成功地给心灵带来了平静，既不会愤怒，也不会受到愤怒的影响。下面我们来看看怎样去减轻别人的

---

① 昆图斯·恩尼乌斯（Ennius，公元前239—前169），诗人，尤以其《编年纪》而闻名。这部史诗叙述的是罗马从诞生到有史时期的历史，是维吉尔的《埃涅阿斯纪》之前的一部论述罗马人身份的奠基之作。公元1世纪的好几位作家都表示不喜欢恩尼乌斯，认为他幼稚而又浅陋。

② 昆图斯·霍腾西乌斯·霍塔鲁斯（Hortensius，公元前114—前49），著名的雄辩家兼律师，最终因为西塞罗而星光不再。

③ 斯多葛派哲学家第欧根尼（Diogenes），很可能是指巴比伦的第欧根尼（约公元前240—前152），斯多葛主持/讲席。请勿与犬儒派哲学家第欧根尼混淆。

④ 伦图鲁斯（Lentulus），很可能是指路奇乌斯·科尔内里乌斯·伦图鲁斯·克茹斯，曾于公元前任副执政官，内战中追随庞培，且于庞培亡命埃及的次日殒命。

愤怒吧,因为我们不仅希望自己获得治愈,而且希望治愈别人。

我们不会贸然用言词去平息第一阵愤怒,它什么也听不进去而且不讲道理;我们会给它一些空间。病情消退时,药物才有效果。眼睛肿大时,我们不要急于去处理,因为眼睛在僵硬的情况下是动不得的,否则就容易造成刺激。身体的其他部位也是这样,发炎时不要急于去治疗。对待前期疾病,最好的办法就是静养。“你这开的是什么破方子啊?”或许你会说,“等愤怒自行消退时才去平息!”首先,它可以确保愤怒迅速止息;其次,它可以防止愤怒复发;而且虽然它不敢贸然地去平息气头上的愤怒,但它可以挫败这阵愤怒的爆发。它会消除一切复仇的办法,它会假装愤怒,摆出一副助手兼战友的架势,从而让自己的建议更有分量和影响力,它会想出一大堆拖延的法子来,而且它会趁着寻求更为严厉的惩罚之机,缓一缓,避免立即进行惩罚。它会使尽浑身解数暂缓狂怒的发作:如果生气的人气得越来越狠的话,它就会给他施加一种无法抗拒的羞耻感或恐惧感;如果他冷静一些了,它就会找一个受欢迎或者新的话题跟他聊一聊,激发他的好奇心,进而分散他的注意力。有这么个故事,说一个大夫不得不给一位公主治病,而要治这病吧,还非得动刀子不可。趁着轻轻地给公主肿胀的乳房敷药时,他将一把藏在海绵里的手术刀插了进去。这个手术如果公开做的话,公主肯定会反抗的,但由于她没有料到,所以也就忍受住了疼痛。有些疗法只有瞒着病人进行才能收到效果。

40. 你可以对一个人说:“小心别让你的愤怒令仇者快。”对另一个人,则要说:“注意不要失去你心灵的伟大和你在很多人心目中坚强的名声。相信我,我自己就很愤怒,而且我的恼怒没有限度,可是我必须等待时机,他逃脱不了惩罚的。要牢记这样一点:到了时机成熟的时候,你会让他为这延迟也付出代价。”而斥责一个在气头上的人,而且还冲他发火,只会火上浇油,进一步激怒他:你要做的就是以各种方法接近他，恭维他，除非你也许是个很有影响力的大人物，能够像神圣的奥古斯都在与维狄乌斯·波利奥[①]共进晚餐时那样，压住火气。维狄乌斯的一个奴隶摔破了一个水晶杯，于是他便下令将这个奴隶抓起来，并以非同寻常的方式将其处死：扔给他养在鱼池中的那些巨大的七鳃鳗。谁不认为他这样做是为了炫耀自己的财富？这简直就是残酷。那个奴隶从抓他的人手中逃脱，直冲到奥古斯都皇帝的脚下，只求换一种死法，别喂鱼就行了。这一罕见的残酷形式令奥古斯都皇帝很是厌恶，他于是下令把那名奴隶放了，将维狄乌斯的所有水晶杯当着它们主人的面统统砸碎，并将其鱼池填平。由此可见，皇帝谴责自己的朋友是合适的，他充分利用了自己的权力："你要下令将人们从宴会上匆匆拖出去处死，还要用一种闻所未闻的酷刑将他们撕成碎片吗？如果你的杯子打破了，一个人的五脏六腑就要分家吗？你在自己的皇上面前下令处死某个人，未免也太放肆了吧？"因此，如果一个人权力极大，可以居高临下地攻击愤怒，那就让他粗暴地去对待愤怒吧，不过只限于我刚刚描述过的那种凶猛、残忍、嗜杀，而且是除非让其面临某种更为强大的事物的威慑，已经无可救药的愤怒。

41. 让我们赋予心灵安宁吧，这种安宁可以通过不断地学习有益的教诲，通过高尚的行为和只一心渴望高贵之物的心灵来获得。让我们满足自己的良心，别去为名誉操心吧；只要我们实际上无愧于得到好名声，甚至不妨让我们背上一个坏名声吧。"可是人们欣赏勇敢的行为，欣赏敢于赢得荣誉的人，而那些含蓄的人则往往会被认作软弱无能之辈。"乍一看也许是这样；可与此同时，当这些人用波澜不惊的生活历程证明了自己所表现出来的是平静的心态，而

① 普布利乌斯·维狄乌斯·波利奥（Publius Vedius Pollio）乃一自由民之子，曾任奥古斯都的侍从武官，据说奥古斯都对其爱慕奢华的做派很是不屑（参见塔西佗《编年史》1.10.5）。

不是闲散懒惰时，公众就会改变看法，对他们肃然起敬。所以，在这种怪异而又危险的激情中，有用的品质一种也找不到，相反倒是可以找到各种各样的恶、火和剑。愤怒这种激情将羞愧踩在脚下，会用谋杀来玷污人们的双手，把孩子们的肢体撒得遍地都是，不留下一块没有犯罪的净土，不顾名声，不怕羞耻；愤怒一旦演化成为恨，就不可救药了。

42. 让我们摆脱掉这种恶习，让我们从心灵里清除它并将它连根拔起，因为稍有残留，它就会死灰复燃。我们不要试图去控制愤怒，而要设法彻底根除愤怒——因为恶的东西能有什么控制办法呢？而且，只要我们尽了力，这一点还是可以做到的。在这件事情上，能给予我们最大帮助的莫过于思考我们的必死性。让每一个人都对自己，对自己的同伴说："我们为什么总喜欢显示自己的愤怒，仿佛我们注定会永生似的，浪费自己短暂的有生之年呢？我们为什么总喜欢把本来可以用于追求高尚乐趣的白天拿来给某个人造成痛苦和折磨呢？生命的益处不是拿来挥霍的，你也没有多余的时间可以浪费。我们为什么要仓促地与人发生冲突呢？为什么要自找麻烦呢？为什么要承担仇恨的重负，全然忘记了自己是多么弱小；自己那么容易受损，却为什么还要起来去损坏东西呢？用不了多久，我们如此残酷地发动的这场仇恨的战争就会因为一场高烧或者身体的某种其他疾病而画上句号了；用不了多久，最勇猛的那对斗士就会被死神分开了。我们为什么要闹事撒野，为什么愿意用争吵去破坏我们的生活呢？命运高踞在我们头顶上方，数着我们流逝的日子，越来越逼近我们；你给别人选定的死期或许离你自己的很近。"

43. 你为什么不反其道而行之，将你短暂的生命聚集起来，以一种平静的状态呈献给你自己和别人呢？你为什么不反其道而行之，让自己活着的时候受到所有人的喜爱，死后有人怀念呢？你为什么想把那个以那样居高临下的姿态对待你的人拉下来呢？你为什么要拼尽全力去揍扁那个大声辱骂你的人呢，不就是一个出身低微、卑鄙到家，却会说几句刻薄话，让人讨厌的家伙，犯得着吗？你干吗要跟你的奴隶、主人、庇护人和食客动怒呢？忍耐一点儿，瞧，死神很快就会让你们平起平坐。我们常常在竞技场上午的表演中看到绑在一起的公牛与熊捉对搏斗。它们猛烈攻击对方时，指定的屠夫正等着它们呢。我们的情况也一样，我们总是跟某个与自己紧密联系在一起的人过不去，让他生活得不愉快，然而，死亡的威胁很快就会来临，胜利者和失败者都逃不掉。还不如在安详和平静中度过剩下的那一点点时光呢，不要让人在我们变成一具尸体躺在那里时还对我们充满仇恨！往往附近一声救火的大喊就能结束一场争吵；往往一头野兽的到来就能让游客免遭抢劫：面临更严峻的恐惧时，就没有时间去理会小一点儿的不幸了。我们为什么要操心打斗和设置陷阱的事儿呢？惹恼你的人，你能希望他遭遇比死亡还要大的不幸吗？可就算你不动怒，他照样也会死的。如果你想去做那些你做不做都注定会发生的事，那你不就是在白费力气嘛。“我根本不想杀他，”你说，“只是想惩罚惩罚他，让他遭到放逐，让他名声扫地，让他倾家荡产罢了。”我更同情希望给自己的敌人一个伤口的人，而不是希望让其得一个水疱的人，因为这样的人不仅心坏，而且没胆量。不管你所想到的是最严厉的酷刑还是轻微一些的拷问，无论是对方经受惩罚的痛苦也好，还是你从别人的痛苦中获得幸灾乐祸的快感也罢，时间都会很短！我们很快都会交出这个小小的灵魂。与此同时，只要一息尚存，只要还活在自己的同胞中间，就让我们的行为举止有个人样儿吧；让我们别成为任何人恐惧或危险的根由吧，让我们蔑视损失、冤枉、侮辱和批评吧，让我们以伟大的心灵忍受短暂的不幸吧：俗话说得好，就在我们回首转身间，死神就会逼近我们。

与玛西娅告慰书

1. 玛西娅[①]，我知道对你来说，女性心灵的脆弱就像所有其他恶习一样陌生，而且我知道你的性格在人们眼里就是古老美德的楷模，否则我是不敢冒昧对你的悲痛说三道四的，这种悲痛之情就是男人也会深陷其中而不能自拔。此外，在这样一个不合时宜的时刻，命运女神在给你造成了损失之后，面临着如此可怕的指控，她的裁判受到如此强烈的反对，我也不会心存幻想，觉得自己能够劝说你原谅命运女神。好在你心灵坚强，之前已经得到过检验，加上你经历过一次严峻考验而备受称赞的勇气，这才让我有了信心。

你善待令尊，克尽孝道是家喻户晓的事情，你对令尊的爱丝毫不逊于对儿女的爱，除了你不曾渴望令尊活得比你长之外。不过我还是倾向于认为你可能连这样的愿望都有，因为伟大的天伦之爱有时候能超越自然法则。你竭尽全力最大程度地推迟了令尊奥卢斯·克里穆提乌斯·科都斯[②]

---

① 玛西娅（Marcia），奥古斯都妻子莉薇娅的密友，她在儿子梅蒂利乌斯（Metilius）死后一直悲哀不已，久久不能自拔。

② 奥卢斯·克里穆提乌斯·科都斯（Aulus Cremutius Cordus），奥古斯都和提比略统治时期的历史学家，他拒绝歌颂奥古斯都，反倒颂扬如西塞罗和布鲁图斯等重要的“共和主义者”。塞扬努斯控告了他（见塔西佗《编年史》4.34—35）。他于公元25年自杀。

的大限。令尊发现自己身陷那些拍塞扬努斯[1]马屁之人的围困，觉得要想免遭奴役，唯一的法子就是一死了之；你看清这个情况后，虽不赞成他的计划，但只好认输了。在公开场合你强忍住了泪水，咽下了悲泣，你虽然强作欢颜，但还是难掩悲痛之情，而这一切都是在一个只要避免不孝行为就是孝亲之爱的时代发生的事情。而当时代变化给了你一个机会时，你便从人类的利益出发，让令尊那曾经把他推上绝路的才智重见了天日，从而拯救了他，使他没有走向唯一的真正死亡，让这位英雄豪杰用自己鲜血写成的著作，重新回到了国家的馆藏。这是你对罗马学术做出的一项杰出贡献，因为令尊的大部分著述早已焚毁了；也是对子孙后代的一项杰出贡献，因为他们可以一睹原原本本的历史记录，为此作者曾付出了极大的代价；同时对令尊本人也是一项杰出的贡献，因为只要学习罗马历史还有价值，只要有人还想重温我们祖先的丰功伟绩，只要有人想知道成为罗马英雄要具备什么样的品质，怎样才能在所有人都低三下四、被迫忍受塞扬努斯之流的枷锁时昂首挺胸，如何才能成为一个在思想上、精神上和行动上自由的人，令尊就会且永远会活在人们心中。相信我，要不是你拯救了令尊大人，他可能早就因为世上两样最高贵的天赋——口才和自由——而落得湮没无闻，那样的话，我们的国家将会蒙受多大的损失呀。人们读他的著作，就会想起他，而让同胞们捧在手里，记在心里，他就不惧时间的流逝；至于那些刽子手，他们唯一可以值得人们说说的就是些缺德事，就连那些，说上几天后人们也会懒得再挂在嘴边了。

你的精神这么伟大，令我不禁把你的性别，乃至把你那张自从第一次为愁云所笼罩，这么多年来便一直蒙着一层悲伤面纱的脸都忘到了一旁。请注意，我并未蹑手蹑脚地接近你，也不打算剥夺你任何

① L. 埃里乌斯·塞扬努斯（L. Aelius Sejanus），提比略手下的禁卫队长官，他曾权倾朝野，但最终被提比略皇帝铲除。

痛苦的感受:我让你想起了那一幕幕不堪回首的往事,而且为了让你明白哪怕是如此沉痛的创伤也必定会愈合,我还让你目睹了一块同样沉痛的创伤所留下的伤疤。因此,和颜悦色、轻言细语地安慰你,这样的事还是让别人来做吧,我决计与你的悲伤开战;你如此疲惫,泪水都哭干了却还在哭的双眼,如果你想听实话的话,我要说,现在的哭,更多的是因为习惯,而不是因为丧亲之痛。我要用一种法子治一治你眼睛的这一毛病,你喜欢要治,不喜欢也要治,哪怕违背你的意愿,哪怕你死死抱住你的悲伤不放,紧紧地将它搂在怀里,拿它代替你的儿子养活着。否则能有什么结果呢?所有的办法都试过了,不起任何作用:朋友们的安慰话都说尽了,你那些德高望重的亲戚语重心长的劝告话也都说光了;看书,本是令尊留给你的一笔令人愉悦的财富,现在这笔财富对你也没有丝毫的吸引力了,因为看书无济于事,根本起不到安慰作用,哪怕是片刻的兴趣也提不起来;就连时间这个可以医治最大悲痛的大自然的治疗师本身,也对你的痛苦无能为力。现在时间都过去三年了,可你最初的那一阵悲伤风暴依然不见减弱:你的悲痛每天都在自我更新而且有增无减,就这么耗着耗着,挥之不去反倒成了继续悲痛下去的理由,如今已到了不再悲痛就觉得很丢人的地步。正如所有的恶习一样,如果不在萌芽阶段将它们根除,它们便会根深蒂固;这种郁郁寡欢和痛苦不堪的状态,由于其苦恼往往都是自己造成的,最终会因为自身的痛苦而加剧,而这种郁郁寡欢的心灵感受到的痛苦,则会变成一种病态的愉悦。所以,我应当在你刚刚出现悲痛的苗头时,就想到开始对其进行治疗的;在其未成气候之前,采取某种较为温和的治疗手段便有可能遏制住其势头,但不管什么恶习,一旦耽误,等到恶化后再去治疗,那就得下猛药了。这一点对于伤口的治疗亦然:尚在流血的新创伤口容易治疗,而一旦伤口感染,变成危险的溃疡,那就得施以烧灼术、刮骨术和探通术了。事实上,对于如此根深蒂固的悲伤,我无法用一种温柔体贴的方式去处理，必须彻底将其粉碎。

2. 我知道凡是想给别人忠告的人都会以教诲始，以实例终。但有时候改一改这一惯例也不无益处，因为不同的人应以不同的方式来对待：有的人受理性支配，有的人则需要面对一大堆响当当的名字和权威——如果一个人折服于冠冕堂皇的表面功夫的话，权威就会让其失去主见。我仅给你举两个例子，这两个人都是你们女性中也是你的同龄人中的佼佼者：其中一位任由自己沉浸于悲痛而不能自拔，另一位，遭遇的不幸虽几近相同但蒙受的损失更大，她却没让自己的不幸长久地左右自己，而是很快便让自己的心态恢复了正常。奥克塔维娅与莉薇娅，一位是奥古斯都的姐姐，另一位是他的妻子，她俩都痛失了自己正当英年的儿子，而这两个小伙子都是十拿九稳可望登上帝位的。奥克塔维娅失去了玛尔凯路斯[①]，他的舅舅兼岳父奥古斯都已经开始倚重他，正在将帝国的重担移交给他了。他是一个有雄才大略的小伙子，不仅如此，他知道节俭，懂得自律，对于如此年轻、如此富有的小伙子来说，这是十分令人钦佩的。他吃苦耐劳，从不贪图享乐，而是准备担负舅舅可能希望交予自己的重担，或者说舅舅希望在自己身上建造的一切——他早已选好了一个任何重压都压不垮的基础。奥克塔维娅在余生中从未停止过哭泣和哀叹，听不进任何的好言相劝，甚至不让自己有丝毫的分心，一门心思沉浸在一件事情中，整个余生都跟在她儿子的葬礼上别无二致。我不是说她缺乏振作起来的决心，而是说她拒不让人帮她振作起精神来，而且，谁要是不让她哭，她都会看作又一次夺去了她儿子的性命一般。她拒绝任何对她爱子的描绘，不允许任何人提起他。她憎恨所有的母亲，对莉薇娅尤其怒不可遏，因为那一度非她莫属的好运似乎转到了莉薇娅儿子的身上。她成了黑暗与孤独的知己，而且连自己的弟弟

---

① 马库斯·克劳狄乌斯·玛尔凯路斯（Marcus Claudius Marcellus，公元前42—前23），维吉尔在其《埃涅阿斯纪》6.860—866中提到过他。

也抛诸脑后了,对颂扬缅怀玛尔凯路斯的诗句和其他文学作品嗤之以鼻,无论什么样的安慰,她一概充耳不闻。她置身事外,将所有的例行义务推得一干二净,就连因自家弟弟的伟大而笼罩在她周围的耀眼夺目的好运,她也痛恨不已。她将自己完全孤立起来。虽然儿孙满堂,她却终日丧服裹身,轻慢所有的亲人;尽管子孙都还健在,她却把自己想象成孑然一身的一个孤老婆子。

3. 莉薇娅失去了自己的儿子德鲁苏斯[①],他是可望成为一代明君的,而且去世时已经是一位了不起的将军了。他已经深入日耳曼地区,并在这个几乎不知道世上还有罗马人的地方树立起了罗马规范。他死在了沙场上,就连敌人对他也敬畏有加,在他病倒之际,主动与我们罢兵修睦,不敢为了自己的利益而轻举妄动。他为国捐躯后,他的同胞、各个行省乃至整个意大利都悲痛万分,人们纷纷从各个城镇和属地涌来表示深切的哀悼,将他的灵车一直护送到都城,这样的场面看上去更像是凯旋而不像是吊唁游行。他的母亲未能得到儿子最后的亲吻,也未能听到他临终前深情的遗言。她伴随爱子德鲁苏斯的遗体走过了漫漫长途,沿途只见意大利处处都燃起了无数祭奠的火堆[②],这些火堆令她椎心泣血,因为每看到一个火堆,她都觉得自己又一次失去了儿子。不过,自打将儿子安葬的那一刻起,她便把悲伤与儿子一起放下,压抑自己的悲痛,以免对皇帝不敬或不公,因为他还活着。而及至最后,她从未停止过对自己的爱子德鲁苏斯这一名字的颂扬,也从未停止过在各种公开和私人场合描绘他的形象,她最大的快乐就是谈论和听别人谈论他:她活在对他的回忆中。可无论是谁,一旦将某段回忆变成了个人的痛苦之源,那他是不可能珍藏这

---

① 尼禄·克劳狄乌斯·德鲁苏斯(Nero Claudius Drusus,公元前38—公元9)。其长子是日耳曼尼库斯·尤利乌斯·恺撒(Germanicus Julius Caesar,公元前15—公元19),即卡利古拉的父亲。

② 古罗马人有在祭坛和火葬上焚烧乳香的习俗,他们认为神话中的长生鸟(也称不死鸟等,相当于我们所说的凤凰)是用乳香和没药等给自己造出火葬柴火。

段记忆的。

因此，请你从这两个例子中选出你认为更值得称道的一个来。如果你愿意仿效第一个，那么你就会把自己从活着的人中抽离，因为你不仅会置自己的孩子于不顾，而且会置别人的孩子于不顾，甚至会置你所哀悼的那个人于不顾。普天下做母亲的就会看到你身上有一种凶兆。你会唾弃体面正当的消遣娱乐，认为它们与你的不幸格格不入；你会在你已开始讨厌的白天中苟延残喘，并把你的年纪视为你最大的敌人，因为它不把你匆匆打发走，不以尽快的速度结束你的生命；你会做出极不光彩且与你那明显倾向于择善而从的性格背道而驰之事，也就是，你所表现出来的就是不想活，但又不能死。可是，倘若你表现出一种更为理性、更为和缓的精神，欣然以第二位非常令人钦佩的女士为榜样的话，你就不会与悲伤朝夕为伴，或者说用痛苦来折磨自己了，须知，因不幸而惩罚自己并使自己愈发悲伤，这是多么荒唐，甚至是多么有害的事啊！此外，在这样的情形下，你还会一如既往地表现出自己保持了一辈子的品行端正、自我克制的性格；因为即便是表达悲痛之情，也存在着一个适度的问题。至于那个一提及他的名字，一想起他就应该给你带来喜悦的小伙子本人，如果他每次浮现在母亲的眼前时，还是生前那个始终兴高采烈的儿子模样，那你便会将他摆在一个更适当的位置上。

4. 我无意要你接受那种更为苛刻、不近人情的指示，不会要你以非人的方式去忍受人的命运，不会在一个母亲掩埋掉自己儿子的当天就去擦干她的眼泪。我会与你一道去请求公断，这是我们之间的分歧：悲痛该不该沉重万分或者永无休止。我坚信你引为挚友的朱莉娅·奥古斯塔[①]的例子留给你的印象会更为深刻：她是召唤你以其品行为榜样的女人。在悲伤刚刚爆发，痛苦之情特别猛烈难以控制

① 朱莉娅·奥古斯塔（Julia Augusta），即莉薇娅，按照奥古斯都的遗嘱，她被列入朱莉娅家族，并被赠予奥古斯塔这一尊敬的头衔。

之际，她主动找到丈夫的朋友哲学家阿瑞乌斯[①]，寻求安慰之词，并且她后来承认自己从这一经历中受益匪浅，超过了从罗马人民那儿获得的助益（她也没想用自己的悲伤去让罗马人民感到悲伤），也超过了她从奥古斯都那儿获得的助益（奥古斯都失去了德鲁苏斯这一得力的臂膀之后，自己都晕头转向不知所措，根本就不堪再承受亲人的悲痛），同时也超过了从她的儿子提比略那儿获得的助益（提比略在那场令各国都为之落泪的沉痛葬礼上对她尽心尽力，令她觉得自己只是在儿子的数目上蒙受了损失）。我想，阿瑞乌斯采用的是这样的方法，对一个向来不肯放弃自己意见的女人，他是这样开口的："迄今为止，朱莉娅，就我所知——况且，作为你丈夫的至交，我不仅知道所有公之于众的事情，而且知道你内心深处更隐秘的想法——为了尽量不让人找到任何批评你的理由，你一直都兢兢业业，谨言慎行；你不仅在大是大非的问题上，而且在一些相当细微的小事上也是这样做的，以免自己做出需要乞求得到民意宽恕的事情来，而民意乃是最直言不讳的圣裁。在我看来，没有什么比这样一种原则更令人钦佩，这就是身居要职的人对于许多冒犯得罪之处都应宽恕原谅，但决不应因一事而乞求宽恕。因此，在目前的情形下，你也应该保持你的这一习惯，即不做任何可能让你后悔，或者说希望以另一种方式来做的事情。

5. "此外，我还要恳求你别为难你的朋友，别不愿跟他们说话。因为你想必非常清楚，他们谁都不知道如何是好，不知道自己在你面前是该谈点德鲁苏斯的什么好呢，还是该只字不提的好。不提吧，怕对这个出类拔萃的年轻人不义，提吧，又怕对你不仁。我们离开你身边聚到一起的时候，都会满怀对他应有的景仰之情赞扬他的言行；在你面前，我们则闭口不提他半个字。于是，你便错失了一桩最大的乐

① 阿瑞乌斯·迪狄慕斯（Arius Didymus），斯多葛学派哲学家兼奥古斯都的顾问。

趣:听到人们对你儿子的赞颂,我相信要是你办得到的话,你一定会让这颂扬一直延续到时间的尽头,哪怕是付出你自己的生命也在所不惜。所以,你就允许,说得更确切一点,你就请求人们谈论他的事迹,张大耳朵听人们念叨你儿子的名字和对他的回忆吧,不要像有些人把听安慰之言当作坏事那样,将这一行为视为冒犯之举。照目前情况看来,你已经完全倾向于截然相反的另一面了,你将命运中好的方面统统抛诸脑后,只注意到它坏的一面。你没把思想集中到你与儿子相遇和与他共享天伦的愉快时光上去,也没集中到他孩子气的亲昵行为和学业的进步上去;你只是一味地记住了命运最后的样子,仿佛那样子本身还不够恐怖,你还要竭力给它增加一些恐怖成分似的。我恳求你,不要决意获取那种很变态的名声——天底下公认的头号不幸的女性。同时也请你想一想,生活一帆风顺的时候显得有勇气并没有什么了不起:波澜不惊、顺风顺水也显不出舵手的本事;必须面临一些艰难困苦才能考验一个人的决心。所以,不要低头,相反你要站稳脚跟、挺直腰杆,无论什么样的重担压下来都只在听到它刚落下的响声时略显害怕,然后就要扛住。在显示对命运之神的藐视这一点上,什么都比不过临阵不乱的精神。”说完上面这番话后,他让她把注意力转到她还活着的儿子身上,转到她失去的那个儿子的孩子们身上。

6. 玛西娅,这个例子谈的是你的问题,是阿瑞乌斯坐在了你的身旁。换一下角色——设想他试图安慰的是你。玛西娅,就算你失去的比任何一个做母亲的都多——我这么说并不是要宽慰你,也不想低估你遭遇的不幸:如果眼泪能够战胜命运,那就让我们尽情地流吧;让每一天都在悲伤中度过,让每一夜都在不眠的忧郁中耗尽;让拳头雨点般地落在我们滴血的胸口上,让我们的脸尝尝拳头的厉害,如果悲伤顶用的话,那就任由悲伤想怎么发泄就怎么发泄吧。但如果无论怎么痛哭也不能令死者复生,无论什么悲痛也无力改变一个人永远无法改变的命运，无论什么东西只要到了死神手里就休想挣脱，那就让悲伤尽早结束吧。因此，我们自己的船，还是让我们来掌舵吧，不要让这股力量驱使我们偏离航向。只有蹩脚的领航员才会让巨浪夺走他手中的舵、让狂风左右他的帆，让他的船任由风暴摆布；但即使在遭遇海难的情况下，对于不畏海水的肆虐，依旧牢牢把住手中的舵，与恶劣天气顽强做斗争的舵手，我们还是应该予以称赞。

7. "可是对于亲人的去世，表示哀悼也是人之常情啦。"只要适度，谁又说不是呢？因为即使我们的至亲只是与我们分别，更不要说永别，我们也不免会感到难受，哪怕是最坚强的人也会揪心。不过，观念加在我们悲痛上面的东西超出了自然的规定。想一想我们从不会说话的动物身上看到的悲痛吧，它们的悲痛之情是多么强烈却又是多么短暂：母牛的悲哞不过一两天，母马狂奔乱跑的时间也长不到哪里去；野兽循着幼崽被偷走的踪迹，在森林中乱穿一通，又多次返回遭劫的巢穴之后，便会在短时间内平息自己的愤怒；鸟儿们会尖声怪叫着绕自己的空巢叽叽喳喳地飞上几圈，但很快就会平静下来，恢复到它们习惯了的飞法。除了人类之外，没有哪种动物会因为失去了自己的后代而长时间地悲痛不已，只有人类才会培育自己的悲伤，也只有人类不以自己的真实感受，而以自己决意感受的东西来衡量自己的痛苦。

此外，为了让你明白并非自然有意要让我们悲痛欲绝，首先请你注意一点，尽管遭遇了同样的丧亲之痛，女人所受到的伤害比男人要深，野蛮人比平和文明的人要深，未受过教育的人比受过教育的人要深。而从自然那儿获取力量的各种情感对所有人的支配作用都是一样的；显然，强弱不一的情感并不是自然规定的。火能将人烧死，不分老幼，不分国别，不分男女；钢能割裂所有的肉体。为什么？因为自然赋予了它们力量，这种力量不会因人而异。然而，对于贫穷、悲伤和志气，不同的人会有不同的感受，这取决于习惯和成见对他们心灵的影响，而成见可以让人惧怕不应该惧怕的东西，使人变得软弱而又冷漠。

8. 其次，任何源于自然的东西都不会因为其自身的持续时间而衰弱，然而悲伤，时间一久，便会化为乌有。悲伤也许会很顽固，日盛一日，尽管我们想方设法加以抑制，它却照样会爆发，不过时间能挫掉其锐气，因为时间是驯化野性最好的利器。玛西娅，时至今日，你心头依然装着深深的悲伤，而且这种悲伤似乎已经硬结成团，不再是头几天那种撕心裂肺般的，而是顽固不化的悲伤了。不过，即便如此，时间还是会把这种悲伤从你那儿一点一点打发走的：每当你转而他顾时，你的心灵就会得到慰藉。目前你把你自己监护起来了，但是，是允许还是命令自己悲痛，这是有很大差别的。与其预见自己悲痛的结束，还不如主动结束自己的悲痛，而不要坐等它违背你的意愿自行结束的那一天，这要与你高雅的性格相称得多！现在就自愿地结束悲伤吧！

9. “如果不是出于自然的意旨，我们为什么会对自己所钟爱的人如此哀悼不已呢？”那是因为，任何不幸，在真正降临到我们头上之前，我们都是无法预见的。相反，我们总以为自己是可以免遭不幸的幸运儿，所走的是一条危险性比别人小的路似的，不能从别人的不幸中吸取教训，认识到这样的不幸会影响我们所有的人。那么多送葬队伍打门前经过，我们却从不思考死亡的问题；那么多人生禄未终，过早夭亡，我们却一心想着孩子的未来——他们穿上托加袍，服兵役，继承父亲家业的那一天；我们目睹那么多的富人突然间变得一贫如洗而备受折磨，却从未想到过我们自己财富的基础同样也不牢固可靠。因此，我们必定会更易于崩溃，可以说，我们是在毫无戒备的情况下遭受打击的；早有预见的打击会来得轻一些。你希望有人告诉你，说你随时都有可能受到各种打击，刺穿别人的那些箭已经在你身边瑟瑟作响了吗？就如同你在进攻某座城池或者半副武装登上有大量敌人把守的一处制高点一样，你得有受伤的心理准备，而且务必清楚一点，那就是从上面飞泻而下的那些石块，连同那些箭矢和标枪，都是冲着你的身体而来的。每当有人在你身旁或身后倒下，就大声说："你不会骗到我的，命运女神，也不会趁我信心满满，粗心大意而偷袭到我的。我知道你打的是什么算盘：你也许击中的是另一个人，你的目标却是我。"有谁考虑自己的财产时，想到过自己会死？你们当中有谁曾敢于思考过流放、贫穷和悲伤？如果有人劝他非考虑这些事情不可，有谁不会把这样的想法当作不祥之兆而加以摒弃，并希望这些诅咒落到自己敌人的头上甚或那个给他出这馊主意的人的头上？"我认为这事儿不会发生。"你明知这事儿会发生，而且亲眼看到它已经发生在很多人身上了，你还认为有不会发生的事吗？有一句无与伦比的诗句，比我在任何一部戏中能找到的都好[1]：

> 无论什么样的命运，能发生在一个人身上，就同样能发生在我们所有人身上。

那人失去了自己的子女，你也会失去你的子女；那人获了死刑，你的清白也会命悬一线。在遭遇一些我们从来不曾预见到会降临在自己头上的不幸时，正是那样的谬见欺骗了我们，令我们变得软弱。对麻烦的来临早有预见的人，等到麻烦真的来临时，是可以削弱其力量的。

10. 玛西娅，所有那些来自上天，在我们周围熠熠生辉的馈赠——子女、荣誉、财富、大厅、挤满了不请自来的食客的前院、鼎鼎

---

① 作者很可能是普布利柳斯·西鲁斯（Publilius Syrus），曾经当过奴隶，生活在公元前 1 世纪。塞涅卡在别处也引用过他的话，此外也有人怀疑塞涅卡将他的部分警句加以改写融进了自己的悲剧里。

大名、貌美如花或出身高贵的妻子，以及所有一切取决于变化无常的机遇的东西——都是借来的饰物，不是我们自己的；这些当中，没有一样是白送给我们的礼物。我们占据了一方舞台，上面装点着各种道具，而这些道具都是借来的，最后必须还给道具的主人。其中有一些当天就得还回去，另一些则可以第二天还，只有少数几样可以拖到大幕落下时再还。所以，我们没有理由自我欣赏，仿佛四周都是我们自己的财物一样，其实这些东西都是人家暂时借给我们的。我们可以使用和享用它们，但能租赁多久，得由放租人说了算。我们义不容辞的责任是把人家借给我们的没有确定时限的礼物随时准备好，主人一开口，就及时无怨地将其奉还，借了人家东西反过来还骂借东西给自己的人，这是很不像话的人才干得出来的事情。所以，我们应该爱所有的亲人，既爱我们指望能活得比我们长的晚辈，也爱那些有充分的理由祈祷自己先我们而去的长辈，但应该始终意识到一点，那就是从来没人保证他们永远属于我们，不，应该说，甚至没人保证他们长时间属于我们。必须常常提醒自己的心灵，切不可忘记我们所爱的人终将离去，甚至已经行将离去了。你应该接受命运赐予的一切，但同时又应该认识到命运所赐是没有安全保障的。珍惜子女带给你的乐趣，同时也让他们从你身上得到快乐，并及时将杯中的快乐一饮而尽。今天晚上如何，你并没有得到任何允诺——我给出的延期已经太长了——眼下的这一刻如何，你都没有得到任何允诺。我们必须抓紧，敌人已逼近我们身后，这些同伴很快就都将被驱散，冲锋陷阵的呐喊声很快就会响起，同志情谊将被割断。一切都难逃一劫，可怜的人们呀，在这场劫难中，你们不知道活路何在。

你若为自己的儿子之死而感到悲伤，那就等于是在责难他出生的那一刻。因为他降生之时就宣告了他的死亡，他生就了要步入这一处境，这是他打娘胎里一出来就伴随着他的命运。我们已经进入了命运女神的王国，她的统治很严酷而且不可战胜，她一时心血来潮,该忍受的和不该忍受的,我们都得忍受。她会以粗暴、残酷和侮辱的手段虐待我们的肉体:有些人,她会拿火烧他们,目的是为了惩罚,也有可能是为了治疗;有些人,她会给他们戴上锁链,时而将这一权力委与敌人,时而又委与同胞;有些人,她会将他们赤身抛进汹涌澎湃瞬息万变的大海,在其与风浪搏斗之后,她甚至不会将其抛上沙滩或海岸,而是将其葬身于某些巨怪的腹中;还有一些人,她则会以各种各样的疾病折磨他们,让其长时间地徘徊于生死之间。如同一个不可捉摸、任性固执,对自己的奴隶漠不关心的女主人一样,她在奖惩赏罚上都会表现得反复无常。

11. 何必为人生的片段而哭泣呢?整个人生都值得我们为之泪下:老问题还没解决掉,新问题又迫在眉睫了。因此,你们这些悲伤起来就没个度的妇道人家尤其应该养成节制的习惯,利用人的心力去应对你们的众多忧伤。再说了,你怎么就记不住个人与人类共同的命运是什么了呢?你生来就是终有一死的凡人,你所生的也是终有一死的凡人。你自己都是一个一天天走向衰亡和腐朽,且常常受到各种疾病侵袭的血肉之躯,难道你还指望如此虚弱的躯体上能结出什么坚实而不朽的果实来吗?你的儿子已经死了,也就是说,他已经走完了自己的人生旅程,到达了那些在你看来比你儿子幸运的人此刻正匆匆奔往的终点。此刻所有在广场上唇枪舌剑的人,在剧场里鼓掌喝彩的人,在神殿里祈祷的人,他们无不在以不同的速度奔向这个终点:你所钟爱或崇敬的人与你所鄙视的人都将同样化为一堆灰烬。这显然是特尔斐神谕中那句名言"认识你自己"的含义。人为何物?一艘轻轻一晃、微微一碰就会破裂的船。无需大的风暴便可将你吹得偏离航向:不论你撞到什么上面,毁灭的都将是你。人为何物?一具孱弱易碎的躯体,赤条条处于其自然状态时,了无防护,须得仰仗别人的帮助,随时都有可能受到命运女神的各种凌辱,而一旦练就了一身好肌肉,又会成为野兽的食物,人人追逐的猎物;一件由薄弱而又易变的部件拼起来的拼缀物，仅有一副外表还算看得过去，却既怕冷，又怕热，还怕吃苦，而只是饱食终日无所用心又注定会腐朽；惧怕为其提供营养的食物，此一时因为食不果腹而险些饿死，彼一时又因为食物过量而几至撑死；成天诚惶诚恐担心自身的安全，断断续续地呼吸，吃力地维持呼吸，因为突如其来的惊吓或听到一声意外的巨响就会背过气去，老是一个劲儿地庸人自扰，纯粹一个有毛病而又没用的东西。对于这样的东西，里面蕴藏着只需一声叹息便可得到的死亡，我们也用得着惊奇吗？难道令其完蛋是如此艰巨的一件事情吗？气味、味道、疲乏、失眠、饮料、食物，以及他赖以生存的一切必不可少的东西都能置他于死地；无论走到哪里，他都能立即意识到自身的脆弱，对各种气候都忍受不了，而陌生的水土或一阵不习惯的风、最微不足道的诱因和不适，都可以让他染病且不治身亡；他以啼哭开始了人生，一生中这个可鄙的家伙闹出了多大的动静，怀抱着多大的想法，全然把他必须来到的尽头忘在了脑后！人老想着不朽和永恒的东西，替自己的孙辈和曾孙辈描绘蓝图，而就在他深谋远虑之际，死神却给他来了个突然袭击，而就连我们算作高寿的这段光阴也不过几年，一晃而过。

12. 你之所以这么悲痛，假设有一定理由，是因为你自己的不幸呢，还是因为死者的不幸呢？你失去了爱子后，是因为想到你没从他那儿得到快乐而悲伤呢，还是因为想到他要是活得久一些，你有可能得到更大的快乐呢？如果你说你从没得到过什么快乐，那你忍受丧子之痛就该来得更容易一些才对呀；因为对于没给自己带来过任何快乐和幸福的东西，人们是不会怎么怀念的。你要是承认获得过巨大的快乐，那你该做的就不是对已经失去的东西心存抱怨，而是对已经得到的东西心存感激；因为你光是抚养了他一场，付出的辛劳便已经得到了足够的回报，除非，那些精心养小狗、小鸟和其他傻乎乎的宠物的人可以从看到、摸到这些哑巴动物以及它们讨好的亲昵中获得某些乐趣,而那些养育子女的人却不能从养育过程本身中获得回报。所以,虽然从他的付出中你并没得到什么,虽然他的细心并没给你保住什么,虽然从他的睿智中你没学到什么,但你拥有过他,爱过他,这便是你所得到的回报。“可这种回报本来是可以持续得更久,可以更丰厚的。”不错,可是命运待你已经很不错了,已经让你有过一个儿子了;因为,如果让我们在宁可高兴一小会儿还是压根儿就没有高兴过之间做出选择的话,能享上一会儿福,哪怕这福分稍纵即逝,也总比压根儿享不上福要好一些。你是宁愿有一个有辱门庭、徒有儿子名分的不肖子呢,还是宁愿有一个与你自己的本性一样好,早早就显示出辨别力和责任感,早早就为人夫为人父,早早就勤勉于各种公务,早早就成为神父,仿佛从来不曾停下来喘口气的儿子呢?冥冥之中,没有哪个人得到的福分是巨大而又持久的;只有缓缓而来的幸福才会细水长流,伴我们走到人生的尽头。不朽的众神本就没打算赐给你一个长命百岁的儿子,从一开始他们赐予你的就是一个只能活这么久的儿子。

甚至连下面这样的话,你也不能说:诸神挑选了你,就是为了不让你享有儿子。四下看看所有你认识和不认识的人吧,你会发现苦难比你大的人比比皆是。传说中哪怕是神也不能免遭不幸,之所以如此,我想,是为了让我们知道即使是神也有可能死掉,从而可以减轻我们对死者的哀悼。我说,看看周围的每个人吧,你找不出哪一家可怜到如此程度,以至于都无法看到有更可怜的人家能使自己显得略微好过些。不过我并不认为你的品质有这么差劲——苍天不准!——差劲到我觉得,如果我给你拉出一长串哀悼者的名单来,你对自己的不幸就更容易忍受一些:让你置身于一群不幸的人中间来获得安慰,以这样的形式来给人宽心未免有些下作。然而,我还是要引用一些例子,倒不是为了让你明白这样的灾难经常降临在人类头上——因为搜集人终有一死的例子将是很荒唐可笑的事情——而是要让你看到，有很多人都是因为能泰然忍受自己的苦命，最后才苦尽甘来的。

我先以最幸运的一个人为例。路奇乌斯·苏拉失去了一个儿子，但这一不幸既未削弱他的怨恨以及与夙敌和同胞对抗到底的强烈斗志，也未让人觉得他不配把那个著名的称号安在自己头上——因为他在失去儿子后采用了那个称号，既不惧人们的怨恨，虽说他的巨大成功是用人们的不幸换来的，也不畏众神的嫉妒，虽说众神由于让苏拉成了如此之"幸运者"[①] 而备受指责。我们姑且把苏拉的品质等有待商榷的问题先放到一边（就拿起武器和放下屠刀而言，哪怕是他的敌人也会承认他的表现还是值得称道的），我们眼下所探讨的这一点应当说无可置辩：哪怕是最幸运的人所遭遇的不幸也不是最大的不幸。

13. 希腊曾经有一位很有名的父亲，在主持祭祀的当口接到了儿子的死讯，他只是让笛手停止演奏，自己将花环从头上取了下来，接着便继续进行尚未主持完的祭祀仪式，对于这名父亲，希腊无法给予太多的赞美。这是因为，有一位叫帕尔维鲁斯的罗马祭司，在卡比托奈山丘上主持神殿献祭仪式，尚抓着门柱之际却得到了儿子的死讯。他装作没听到这一噩耗，照常重复念诵着祭司应有的祈祷之词，硬是没让自己哼一声，打断自己的祷告；虽然儿子的名字如雷在耳，他却仍在祈求朱庇特的恩泽。人家虽身为人父，但噩耗传来的第一天，祸从天降的第一击，都没让他置自己在公众祭坛上的职责于不顾，也没让他在天主面前口出恶言，目睹这一切，难道你不认为这样的悲痛应该有个尽头吗？他对得起，的确完全对得起那个了不起的献祭仪式，完全堪当最高贵的祭司一职，这个哪怕在众神发怒时，也一如既往敬神的人。而一回到家里，此人却早已泪水盈眶，放声痛哭，悲不自胜了；然而一旦对逝者尽到了习俗所规定的礼数之后，他便再次呈现出

---

① 幸运者，见第 7 页脚注。

早先在朱庇特神殿时的表情。保路斯[①]在取得了他那著名的大捷，把柏修斯绑在自己的战车前驱来赶去的那段日子里，将两个儿子送给别人收养，埋葬了留在自己身边的两个儿子。当你得知他送掉的一个儿子便是西庇阿时，你是否想过，他留下的是何等才干的人呢？罗马人看到保路斯的战车如今空空如也，难免感慨万千。然而，他发表了一个公众演说，感谢众神恩准了他的祈祷；因为他曾祈祷，倘若嫉妒之神非要他为自己的巨大胜利而付出什么代价的话，那也应该是由他自己的损失而不是人民的损失来偿还这笔债务。你注意到了他言行举止背后的高尚精神了吗？他庆幸自己失去了孩子。有谁比他更有资格震惊于如此的命运变故呢？他在失去精神安慰的同时，也失去了得力的左膀右臂。可是柏修斯从不曾有机会一睹保路斯的悲伤。

14. 此时此刻，我何以要引领你历览无数伟人的例子，苦苦搜寻那些不幸者，仿佛找到幸运者的难度不在其之上呢？有几家是一个人不少全都活到最后的？有几人是一辈子无病无灾的？随便你挑哪一年，把这一年的执政官拎出来看一看。如果你愿意，我们就来看看路奇乌斯·毕布路斯和盖乌斯·恺撒[②]吧：你会看到，无论这两个同僚彼此有多大的仇恨，他们的命运却是如出一辙。先说说路奇乌斯·毕布路斯的情况吧，他是一个嘴上说起来头头是道，实际做起来却缺少章法的人，他的两个儿子同时死在埃及军队的手上，而且死之前还受到了百般嘲弄与羞辱，所以令他老泪纵横的并不仅仅是丧亲

---

① 路奇乌斯·埃米利乌斯·保路斯（Lucius Aemilius Paullus，公元前182年任执政官，卒于公元前160年），公元前168年凭着在皮得那（Pydna）一役的胜利，结束了第三次马其顿战争；也正是在此役中他的两个儿子阵亡。

② 塞涅卡这里想说的肯定是马库斯·卡尔普尔尼乌斯·毕布路斯（Marcus Calpurnius Bibulus），盖乌斯·尤利乌斯·恺撒公元前59年与之一同当选执政官。苏维托尼乌斯在其《尤利乌斯·恺撒传》20.2节讲述的那则笑话道出了毕布路斯无所作为的情况，说他俩的执政年不是毕布路斯和恺撒的执政年，而是尤利乌斯和恺撒的执政年。

之痛。然而,这个因为对同僚心存妒忌而整整在家里耗了一年没有问过政事的毕布路斯,在得到了两个儿子双双遇害噩耗的次日,便出来一心扑在地方总督应履行的例行公务上了。谁能只拿出不到一天的时间来悼念自己的两个儿子?这个为了执政官一职悲痛了一年的人,就这么快地结束了自己对孩子的哀悼。

就在尤利乌斯·恺撒横越不列颠,连大海也不能阻挡其成功道路之际,他听到了自己女儿去世,共和国的厄运也随之注定的噩耗。此刻恺撒清楚地意识到格涅乌斯·庞培[①]是不会眼睁睁地看着别人在共和国中坐“大”的,很可能会阻挠自己的前进步伐,即使这种前进对他们都有利,对方似乎也怀恨在心。然而,不出三天,恺撒便像习惯于战胜一切一样,迅速地战胜了自己的悲痛,重新担起了统帅的重任。

15. 我何以要跟你提起恺撒其他家人的丧亡呢?在我看来,命运女神有时候似乎跟他们过不去,目的是让他们在这方面也可以有益于人类,好让人们看到,即使那些据称乃神所生且注定要为神之父的人,虽可以主宰别人的命运,却主宰不了自己的命运。在儿孙尽失,恺撒家族后继无人后,神圣的奥古斯都便采用收养的方式来填充自己无以为继的家室;不过,他拿出了一个将这种损失视为个人私事的人的气度,忍受了这样的损失,而他最为关切的则是谁也不应抱怨众神。提比略·恺撒不仅失去了自己的亲生儿子,还失去了养子[②]。尽管如此,他还是亲自在讲坛上为自己的儿子宣读了一篇祭文,当时他就站在儿子那一眼可见的遗体旁,而且只让在遗体上盖了一层薄纱,以免最高祭司的目光直面尸体;罗马人民痛哭之际,他面色都没变

---

① 格涅乌斯·庞培·马格努斯(Gnaeus Pompeius Magnus,名中的 Magnus 意为“伟大的”),尤利乌斯·恺撒最大的政治对手。恺撒的女儿嫁给了庞培,但死于难产。在法萨卢斯战役中败给恺撒之后,庞培逃到了埃及,被刺身亡,据说是让一个奴隶给刺死的。

② 德鲁苏斯(公元 23 年为塞扬努斯所毒死)和日耳曼尼库斯。

过。他给站在自己旁边的塞扬努斯上了一课，让其领教了他忍受痛失爱子的耐心。

瞧见了没，出类拔萃、卓尔不群，但亦未能幸免于这种灭顶之灾的人大有人在，这种灾祸能毁掉一切，包括那些天资极高，在公众和私人生活中很风光的有头有脸的人物。不过谁都能明白，灾祸是轮转着袭击的，它会一视同仁地毁掉一切并当作战利品来为它开道。让所有人都分别对一对账：没有谁可以有幸来到人世走了一遭而无须为之买下罚单的。

16. 我知道你会说："你忘了你是在安慰一个女人，而你所举的全都是男人的例子。"可有谁说过，造化在赋予女人本性时很抠门，不让她们拥有很多美德呢？相信我，只要愿意，她们有同样的精力、同样的天赋去行高尚之举；只要习惯了，她们可以和我们一样吃苦耐劳。天哪，我们说这话的城市是一座什么样的城市呢？这是一座见证了卢克蕾提亚和布鲁图斯[①]将独裁者的枷锁从罗马人脖子上卸掉的城市：多亏布鲁图斯，我们才有了自由，而多亏卢克蕾提亚，我们才有了布鲁图斯；这是一座见证了克黎莉娅[②]藐视敌人和河水的城市，一个女人用自己的勇敢令我们心悦诚服，几乎将她列入豪杰之列：矗立在罗马城最繁华的圣路上的那尊克黎莉娅骑在马背上的雕像，对于我们的年轻小伙子们来说是一种嘲讽——当他们坐到铺有软垫的轿子上，在这座连女人也可以策马驰骋的城市居然以这样的方式出行。话又说回来，如果你要举女人勇敢面对丧亲之痛方面的例子，我也用不着挨家挨户地去找，从一家人中就可以给你举出两个来，这两

① 卢克蕾提亚（Lucretia）是一名美丽的少妇，公元前509年遭到国王的儿子强暴，在向父亲、兄弟及丈夫等和盘讲出真相后当众自杀身亡，遂导致了一场兵变，领导这次兵变的是她的一名亲戚布鲁图斯（Lucius Junius Brutus）——罗马共和政体的创建者之一。

② 克黎莉娅（Cloelia），一位被送到伊特鲁里亚王波尔杉纳（Porsenna）那里当人质，游过台伯河而逃回来的罗马姑娘（见李维《罗马史》2.13）。

个女人都叫科妮莉亚：第一位是西庇阿的女儿，格拉古兄弟[①]的母亲。她记得自己生了十二个孩子，也记得自己丢了十二个孩子；别的几个不说也没关系，他们的生卒情况国人都不清楚，可提比略和盖乌斯则大不一样，哪怕是不承认他们是好人的人，也会承认他们是伟人。她不仅目睹了他俩被人杀害的情形，而且见到了他俩暴尸荒野的惨象。但她对那些说她很不幸，想安慰她的人说："我，格拉古兄弟的生母，决不会说自己不太幸运。"另一位科妮莉亚是李维乌斯·德鲁苏斯的妻子，她也失去了一个儿子[②]，一个大名鼎鼎的青年才俊，他在效法格拉古兄弟的做法，且有诸多措施都还没来得及提出之际，被一个无名刺客刺死在了自己的家里。然而，尽管儿子英年遇害，且报仇无门，她在忍受丧子之痛时所表现出的刚毅，却一点也不逊于儿子在倡导变法时的刚毅。玛西娅，现在就算命运女神没有手下留情，而是任由伤过西庇阿一家的男儿及其母女数人，且攻击过恺撒一家的利箭也射向你，你会结束自己对她的敌意吗？

人生充满了各种不幸，给人生带来灾祸，没有哪个人可以长享太平而免遭不幸，事实上，片刻的安宁也几不可求。玛西娅，你已经让四个孩子来到了这个世界。常言说得好，敌人密密麻麻，一标枪投过去，总会伤着一个半个的。你那么一大家子人，没能不遭嫉妒，无缺无损地活下来，这有什么好大惊小怪的呢？"可更不公平的是，命运女神不仅夺走了我两个儿子，而且是专跟他们过不去。"可要是你被迫去跟一个比你强大者平分某样东西的话，你绝不可说这是不公平

① 格拉古兄弟，公元前2世纪晚期的社会改革家，作为保民官，哥哥提比略·格拉古（Tiberius Sempronius Gracchus）发起了一场旨在将贵族及大地主多得的地产分给平民的改革，最终导致其被元老院的保守势力支持者杀害。弟弟盖乌斯·格拉古（Gaius Sempronius Gracchus）继承其事业，在十年后当选保民官，进行了一场更加彻底也更加激进的改革，其中包括扩大罗马公民权授予范围，但最终还是重蹈了其兄死于保民官任上的不幸命运。

② 小马库斯·李维乌斯·德鲁苏斯（Marcus Livius Drusus）公元前91年被杀于保民官任上。

的。命运女神已经给你留下了两个女儿和她们的儿女了；而且就连你特别悼念的那个儿子（忘了前面失去的那个），她也并没完全从你身边夺走，你还有他留下的一对女儿。这对女儿，你软弱，就会成为你莫大的负担；你勇敢，则会给你带来莫大的安慰。你当抱有这样的心态：每当你看到这对女孩，令你想到的是你的儿子，而不是你的悲伤。一个农夫看到自己的果树毁于一旦，或被大风连根拔起，或被突如其来的飓风摧折，就会培育老树留下的幼株，同时不失时机地播种插枝，取代损失掉的果树；而转眼之间（因为时间扶植起东西来与它摧毁东西同样迅速快捷），新树就会比老树长得更加枝繁叶茂。所以，现在就用你儿子梅蒂利乌斯的这对女儿来替代他，填补他留下的空缺，用从两个人那儿得到的安慰来缓解你对一个人的悲伤吧。诚然，凡人的本性会让我们把什么都看得远不如失去的东西那么珍贵：对已经失去的东西的渴望往往会让我们对尚存的东西有失公允。不过，你若是愿意好好盘点一下命运女神即使在暴虐心情下也是怎么善待你的，你就会发现她给留下的不止是安慰：看看你的孙子孙女们，看看你的两个女儿吧。玛西娅，你还应对自己说："要是每个人的命运都与自己的行为相吻合，而且好人从来都不曾遭遇过不幸的话，那我肯定会很不好受；而事实上，我所看到的情况是，厄运对于好人和坏人都是一视同仁的。"

17. "可是辛辛苦苦拉扯大的孩子，好不容易成人了，眼看着就要成为父母的依靠和骄傲，却说没就没了，这样的事搁在谁身上，都是一个沉痛的打击。"谁说不是呢？可是，是人就难免会经受这样的打击，因为它是人生的一部分。你生来就注定会走到这一步，经历损失和毁灭，感受希望与恐惧，搅扰他人和自己，怕死却又想死，而最为糟糕的是，从来都不知道你是在什么条款下生存。

假如有人对一个动身前往西西里岛的人说："先把你这次旅行的利弊得失都摸清楚了再出发。可能激起你好奇心的有以下几点：首

先，你会看到西西里这座岛，它与意大利仅一峡之隔，且普遍认为它与大陆曾经是连在一起的，是海水突然灌入才

将西西里与意大利隔开。[①]

其次，你会看到因传说而著名的卡律布狄斯旋涡[②]（因为绕过那些胃口极大的旋涡而不被吞噬还是有可能的），只要不起南风，它可以乖乖地待在那儿，然而一旦南边狂风大作，它便会将船只吞进它那巨大而又深不见底的喉咙。你会看到阿瑞图萨泉[③]，这眼因为诗人的吟咏而赫赫有名的泉水，晶莹透亮，清澈见底，冰凉的水流喷涌而出，无论是处于泉水的源头，还是出自一条早已扎入地下的河流，在如此众多的海面之下完好地流淌，都从来不曾被浊水污染过。你会看到天底下最宁静的天然港和人工港，船只可以在这儿安然避风，哪怕是最可怕的风暴也鞭长莫及，休想到这里来肆虐一番。你会看到令雅典势衰之地[④]，数千阶下囚曾被囚禁在那座天然监狱之中，那是在岩石上凿出的一个深不见底的石窟；你会看到这座巨大的城市本身，它的占地面积比许多城市都要广大，这里的冬天最宜人，没有一天不出太阳的。不过等你发现了所有这些大好事之后，冬天气候的种种宜人之处便会被夏天的酷热难耐彻底破坏。你还会发现那里有僭主狄奥尼修[⑤]，他破坏了自由、正义与法律，就连柏拉图也除不掉他对权力的胃

① 典出维吉尔《埃涅阿斯纪》3.418。

② 卡律布狄斯旋涡（Charybdis），西西里海岸附近的一个危险旋涡，位于斯库拉（Scylla）洞穴的对面。传说卡律布狄斯因偷宰了大力神的牛羊，被宙斯扔进墨西拿海峡，由于积愤难平，每日三次吞吐海水，形成一个巨大的旋涡，将经过的船只吞噬。

③ 传说阿卡迪亚的河神阿尔斐俄斯追逐女神阿瑞图萨（Arethusa），漂洋过海来到了叙拉古附近的俄耳堤奎亚岛。那儿的阿瑞图萨泉据说与伯罗奔尼撒半岛的阿尔斐俄斯河在地下有联系。

④ 公元前415年，雅典对西西里岛的叙拉古发动远征，结果以惨败告终。

⑤ 狄奥尼修（Dionysius）二世，公元前367年继位，成为叙拉古的僭主。

口；就连流放也改不了他对生活的贪欲：他会将一些人烧死，将一些人鞭打；一些人对他稍有冒犯，他就会下令砍掉他们的手足；他会下旨将一些男女受害者召来满足他的色欲，他穷奢极欲，令人发指，一次享受两个性伙伴的身体都还嫌不够。令你向往和令你却步的东西都说给你听了，所以，要么扬帆起航，要么不要离港吧。”得到了这样的警告后，如果一个人还是表示希望前往叙拉古的话，那他除了能埋怨自己外，还能埋怨谁呢？因为他不是意外碰上这种境遇的，而是在事先得到过警告并且明知情况险恶却偏要以身犯险的。

造化对我们大家有言在先：“我可把丑话说在前头，假若你要生儿育女，子女可能生得俊俏，也可能生得丑陋。你没准会儿女成群：其中某一个可能会成为拯救国家的救星，同样也可能会成为出卖国家的叛徒。你大可以期望他们会出人头地，备受尊敬，乃至出于对他们的尊敬而没人敢说你半句坏话；不过话又说回来，你也要想到，他们也可能声名狼藉，连他们自己也成为对你的诅咒。没有什么可以妨碍他们为你举行最后的葬仪，没有理由不让你自己的子女来为你致悼词；不过，你同样也应随时做好将自己的儿子放到火葬柴堆上去的准备，无论他是小伙子，壮年人，还是垂垂老者。因为年岁与这个问题无关，因为父母送子女的葬礼无一不是短命而未得善终的标志。”如果听完了这些丑话，你还是要生儿育女，那可就不得怪罪于诸神了：他们并没对你做出过任何明确的承诺。

18. 好了，在你迈进整个人生的大门之前，也想一想这样一幅画面吧。如果你是在为去不去西西里而纠结的话，我已经把你可能喜闻乐见和深恶痛绝的东西一一摆在你眼前了；假定现在我是在你初降人世之时来向你进言献策的：“你马上就要进入一座人神共享的城市，一座包容天下且受着亘古不变的法则约束的城市，守望头顶上的天体不知疲倦、周而复始地运行。你会看到无数灿烂的星辰，你会看到它们无不沐浴着一颗恒星的光辉，这颗恒星便是用自己一天的运行分出白昼与黑夜，用自己一年的运行更加均匀地分配冬夏时间的太阳。你会看到夜间取代其位置的月亮，在她与自己的兄弟相逢时，从他那儿借来一缕柔和的反射光，时而从我们的眼前躲开藏起来，时而又露出整个脸蛋高悬在大地的上空，神情随着盈亏而不停地变换，每次都与上一次的样子不同。你会看到五颗行星都在沿着各自的轨道匆匆运行，竭力遏止天宇飞快的旋转：各个国家的命运就取决于这些行星最细微的运动，而天大的大事和最小的小事都是与某颗友善或不友善的星星的运行息息相关的。你会惊异于聚集的云团和飞泻的雨水，锯齿状的闪电和轰隆隆的炸雷。当你翘首饱览了天上的奇观而垂眼俯视大地时，映入眼帘的将是一番迥然不同的景象，一种别样的奇妙：你会看到一面是辽阔无边的平原，一面则是高耸入云的群山，山脊白雪皑皑，山峰直插云霄；你会看到无数溪流与江河，有的滔滔西去，有的滚滚东流，虽然它们都源自同一个源头；你会看到山顶上婆娑摇曳的片片树林，还有动物栖居其中的大森林，外加以不协调的和声竞相歌唱的鸟儿；你会看到散布各地的城市，因为天然屏障而散居各处的民族，有的撤到了崇山峻岭上，有的则提心吊胆地住在靠近河岸、湖泊和山谷的地方；你会看到一片片需要耕作的庄稼地，还有恣意生长没有人管的果园；你会看到草地间缓缓蜿蜒流动的溪流、迷人的海湾、内凹成港口的海岸；你会看到众多星罗棋布在深海之上的岛屿，它们将大海分割开来，对大海的宽广做出了界定。

“还有那么多璀璨的奇石异宝，和那随奔流的沙子滚滚而下的金子，在陆地间或海洋中央迸发出的熊熊火舌，还有那将陆地粘合在一起的汪洋，用它的三个海湾把毗邻的国家分隔开来，狂怒大作，汹涌澎湃，又是何等景象呢？你会看到这里有比陆地上所有动物个头都大的巨兽，它们游动时会激起波澜，兴风作浪，其中有一些体重极重，需在另一只的带领下游动，有一些则很敏捷，比全速行进的船只还要快，还有一些会将海水吞进后再吐出来，这一吞一吐会给航行经过者带来巨大的危险；你会看到这里有很多船只在寻找它们并不知道的陆地。你会看到胆大之人无所不想征服，什么险都敢冒，而你本人则会成为他们大冒险的旁观者与参与者：你会传授和学到各种技艺，其中有些可供维持生计，有些可以装点生活，还有一些则可以指导生活。不过，也会有许许多多折磨身心的东西，战争、抢劫、毒物、海难、水土不服、丧亲之痛，以及死亡，是未遭任何磨难而死还是饱受痛苦折磨而死，谁也说不准。好好想一想这个问题，掂量一下你想要的东西：要抵达那些奇观之所在，你就必须经历这些危险。”你的回答将会是你希望活下去。你当然希望活下去。可是不，我想，你会避开那条意味着蒙受损失会导致痛苦的路线！因此，按照你认可的条件继续活下去吧。你会说：“没人征求过我们的意见啊。”有人就此征求过我们父母的意见，他们清楚人生的这些条款，将我们抚养成人，就是要遵守这些条款。

19. 不过，还是言归正传，回到慰藉这个问题上来吧，首先，我们要想一想须医治的是什么样的创伤，其次是如何医治。一个服丧的人往往会受对亲人的渴望所左右。这本身显然是可以忍受的，因为他们健在时，我们并不会因为他们没跟我们在一起，或者将很快和我们不在一起而洒泪，虽然我们既见不着他们，也享受不到他们带来的所有快乐。因此，折磨我们，令我们痛苦的是一种观念，任何一种灾祸的大小，完全取决于我们对它的估计。灵丹妙药就在我们自己手中：我们不妨欺骗一下自己，假定逝者只是没跟我们在一起罢了；我们把他们打发走了，或者说得更确切一点，我们派他们先走了一步，很快就会跟他们去会合的。下面的这种想法也会对哀悼者产生影响：“往后没有人保护我，让我免遭轻慢了。”用一句很不动听但是很真实的安慰话来说吧，在我们这座城市，没儿没女所获得的影响力要比失去的大。形单影只、孑然一身，在过去对老年人来说往往是伤害，如今却赋予了很大的权力，以至于有的人摆出一副恨自己儿子的样子并声明与子女脱离关系，亲手将自己变成了无后者。

我知道你会说：“令我苦恼不堪的不是我的损失；说真的，哀叹自己失去了一个儿子就像失去了个奴仆似的，失去了儿子不想儿子却有时间想其他事情，这样的父母是不值得安慰的。”那么，玛西娅，令你烦恼的是什么呢？是你的儿子已经死去还是他未能长寿？如果说是他的死亡的话，那你早就有理由哀痛了，因为你早就知道他是终有一死的。想想吧，人死了就不会再受到灾祸的折磨，那些把阴间描绘得很恐怖，令我们不寒而栗的描述，不过是一些编出来的子虚乌有的故事。根本就没有什么能吓着死人的黑暗，压根儿就没有监狱，也没有什么赤焰溪、忘川河、审判台，不存在什么为自己的罪孽而赎罪的罪人，也不会在那了无拘束的自由中再有什么暴君。这些统统都是诗人们无中生有的想象，他们一直都在拿一些莫须有的恐惧折磨我们。死亡是一种解脱，一切痛苦都可随之一了百了，是我们的苦难无法逾越的界限；它可以让我们回到出生之前所处的平静状态。如果有人可怜已经故去的人，那他也应可怜尚未出生的人。死亡既不是好事也不是坏事，因为只有成其为事情的才能成为好事或者坏事；而本身什么也不是而且还把一切化为乌有的东西，不会把我们交付给命运的任何一边，因为好与不好都是落在某种看得见摸得着的东西之上的。造化已经放行了的东西，命运女神是无法掌控的，而一个不复存在的人又哪有不幸可言。你的儿子已经越过了受奴役的界限，已经为一种伟大而永久的宁静欣然接纳。贫穷潦倒的恐惧、大富大贵的忧虑、纵情于肉体享乐而致使精神痛苦的种种不安，再也休想伤害到他。他既不会因为羡慕别人的幸福而妒火中烧，也不会因为别人嫉妒自己的幸福而郁闷不已；谴责之词再也无法伤及他无辜的双耳，威胁到国家和家庭安危的灾难再也不会呈现在他眼前；他不用对未来忧心忡忡，也无须牵挂着越来越不可靠的结果。最后，他来到了一个没有什么可以将他撵走，没有什么可以令他恐惧的长眠之所。

20. 唉，那些不把死亡视为造化最好的发明而加以赞颂和期盼的人，他们对自己的不幸是何等知之甚少啊！无论是阻断了荣华，还是给老者的厌腻与疲劳画上了一个句号；无论是夺走了尚对更美好事物满怀憧憬的花季少年，还是召回了尚未踏上人生更加艰难历程的男孩，死亡对所有的人来说都是一个终结，对多数人来说都是一种解脱，对有些人来说是祈祷的结果，而福气最大的则莫过于死神不请自来，主动走近他们的那些人。死神可以把一个奴隶解放出来，虽然他的主人百般不愿意；死神可以解除囚徒身上的镣铐，把为暴君的淫威所禁而不得脱身者救离牢笼；流放他乡者总会回望故土，心系家乡，死神则会向他们表明，一个人葬身在哪里都一样；如果命运女神分配公共利益时不公，把一个人交给另一个人来统治，虽然他们生来的权利是平等的，那么死亡可以让一切平等；死了之后，谁也不用再听命于别人。只有死亡才能让谁也意识不到自己的卑微地位；只有死亡才会向所有人敞开大门；只有死亡，玛西娅，才是令尊当年所渴望的；只有死亡，我要说，才没让出生成为一种惩罚，才让我没倒在厄运的威胁之下，才让我得以保护我的灵魂免受伤害且自己做主。我还有最后一个理由。我看到了那里的刑具，不止一种，而是因人而异，五花八门：有将受刑者倒悬的，有用扦子钉穿受刑者的私处的，还有将受刑者的双臂摊开在一个叉状架子上的；我看到了绳索、鞭子，还有精心设计用来折磨所有肢体和关节的器具；不过我也看到了死亡。那里还有残忍嗜杀的敌人和目空一切的同胞；可在那里我同样也看到了死亡。当奴隶并非什么艰难之事，如果当一个人实在无法再忍受主人的束缚，只需一步就可以跨入自由之境。生命啊，是多亏了死亡才使得你在我眼里如此珍贵。

试想一下，死在了恰当的时候，是谓善终，那是多么大的福气呀，多少人因为活得太长而遭罪呀。要是我们的国之荣耀与栋梁庞培早在那不勒斯就一病不起，让病魔夺去了性命，那他无疑会以罗马人民毋庸置疑的、最重要的代表身份而为自己的人生画上一个句号，可事实上，多活的那几年将他从那样的巅峰上摔了下来。他目睹了自己的军团惨遭屠戮，而且从元老院打头阵的那一役中，他目睹了一个苟延残喘者是多么不幸！——身为指挥官的他本人居然幸存下来没有死。他眼睁睁地看到一个埃及人将自己杀害，并把自己昔日在胜利者眼中那不可亵渎的神圣之躯交给了一个奴才。然而即使他逃过了这一劫，他也会后悔自己有这样的好运，因为庞培要忍受的耻辱，还有比靠一个国王的恩典活着更大的吗？要是马库斯·西塞罗当年没有逃过喀提林的刺杀[①]——这一刺杀计划对他的国家造成的威胁丝毫不亚于对他本人的威胁；或者，哪怕是他在目睹自己女儿的葬礼之后不久，才作为解救了国家的救星而死去的话，那他也可以死而无憾了，就见不着有人拔出剑来对无数罗马公民大开杀戒，也见不着暗杀者们瓜分受害者的财物，好像他们杀害了人家，人家反倒要付钱给他们似的；见不着将一位执政官的战利品拿出来公开拍卖，见不着把谋杀都正儿八经地拿出来招标，见不着抢劫、战争、掠夺和越来越多的喀提林了。要是马库斯·加图处理完托勒密国王的遗产[②]后从塞浦路斯返回时，连同他带回来的那些充当内战军饷的资金一起葬身大海的话，那他岂不是受到了命运女神的保佑吗？他要是死了，至少可以将这一点带走：那便是当着加图的面，谁也不敢放肆。而事实上，因为多活了几年，这位生来就是不仅要给自己也要给同胞带来自由的伟人，被迫逃离了恺撒而转投到庞培的麾下。

因此，英年丧命并没给你的儿子带来任何不幸，实际上，反倒是让他免遭了各式各样的不幸。

---

① 指公元前63年西塞罗任执政官期间，曾揭露喀提林的夺权阴谋，因而险些被喀提林刺杀一事。

② 加图于公元前58年被派往塞浦路斯，去执行将其并入罗马版图的任务。加图抵达后不久，塞浦路斯的托勒密国王便自杀身亡，于是就留下这笔遗产。

21. “可是他死得太早了,死在了命不该绝的时候。”首先,就算他活了下来——活到了一个人可以活到的最长年限,终究又能活多少年呢?人生在世,转瞬即逝,注定很快就要给后来者腾出位置,于是我们将我们的生命看作在客栈中的一次羁留。时间老人以如此惊人的速度令生命飞逝,我居然还口口声声“我们的”生命?想一想大大小小的城市哪一座不是几百年的历史,你就会明白即便那些因长寿而自豪的人也不过是匆匆过客,其寿命是何其短暂。人类的一切东西都注定是短暂易逝的,在无始无终、无穷无尽的时间长河里,根本就占不到一席之地。如果我们用宇宙这杆大秤来衡量,这个有着众多城市、民族、河流及环海的大地,我们也许只能把它看作一个针孔:如果同全部的时间相比,我们的生命所占据的空间还不如一个针孔那么大,因为永恒的尺度大于世界的尺度,当然了,世界在时间的流逝过程中是时时自我更新的[①]。那么,将某种无论延长多少却依然几近于零的东西延长,又有什么意义呢?我们活多长时间,只从一个方面来说重要:活够了就行。你可以跟我列出一堆长寿、因为年岁高而名垂青史的人名来,你可以说他们每个人都活到了一百一十岁,可当你转而沉思永恒,如果你在考察一个人所活的年头后,将其与他没活的年头做一比较的话,你就会发现最短的寿命与最长的寿命之间的差别微乎其微,根本算不了什么。

再说了,他撒手人寰,那也是到了瓜熟蒂落的时候,因为他需要活的年头其实已经活到了,而且该他做的事,他也已经全做完了。人和动物一样,步入老年的时间各不相同,而不是整齐划一的。有些动物活到十四岁就筋疲力尽了,对于它们而言,人生的第一个阶段就代表最长的寿命了;每个生命的寿算是不一样的。谁的死期也不会来得太早,因为命中注定他能活多长,他就只能活多长。每个人的界桩

---

① 暗指斯多葛学派的大火学说,这一学说认为宇宙会以循环的方式一次次毁灭在宇宙大火中,又一次次重生。

都是定好的：它会永远固守在自己的位置上，无论费多大的心机或受多大的影响也休想将它挪移。你应该这样想：你之所以失去了儿子，因为那是命中注定的，他活到头了，

> 他已经到了他的大限[①]。

因此，你无须这样折磨自己："他本来可以活得再长一些的。"他的命并没有缩短，而且偶然的意外从来都不会阻断似水流年。命运对每个人所许下的诺言，无论是什么，都是一概履行了的；命运女神一向言出必行，不增不减，不折不扣。我们祈祷也好，努力也罢，皆是枉然：每个人都有自己的寿算，是呱呱坠地的第一天就注定了的。从见到天日的第一刻起，他就踏上了一段通往死亡的旅程，并一步步走近自己预定的终点，就连他增添的那几年青春岁月也是从他的生命中扣除的。我们都会错误地以为，只有老年人和那些已经在走下坡路的人才在走向死亡，然而事实上是，最早的童年时光、中年期、生命中的任何阶段都在把我们引向那个方向。命运女神一直恪尽职守：不让我们意识到自己正一天天走向死亡，从而让死亡更加轻易地悄悄降临在我们身上，死亡就潜藏在生命的名义之下。童年变成少年，少年变成壮年，而壮年则又为老年所取代。算对了的话，我们所得到的恰恰是损失。

22. 玛西娅，你抱怨你儿子命短，没活到本可以活到的年纪，对吧？你怎么知道命长一些对他就有好处呢，又怎么知道这样的死亡对他而言未尝就不是好事呢？现如今你能找到一个命运奇好，一切都尽在掌握，丝毫不惧怕时间流逝的人吗？人世间的事情从来就没有稳定性可言，始终都处于变动不居状态，而且我们生命中最脆弱、

---

① 维吉尔《埃涅阿斯纪》10.472。

最容易受到伤害的部分莫过于带给我们最大快乐的部分。由此可见，最幸运的人恰恰应该祈求死亡，因为人生存在着极大的不确定性和不可预测性，其中我们所能确定的都是已经过去的东西。至于你儿子，虽然他生得如此一表人才，在一个挥霍无度、每只眼睛都盯着他的城市里，他谨言慎行，严守道德底线，出淤泥而不染，然而你无法保证他就可以百病不侵，到老都可以仪表堂堂，风采不减。想一想玷污灵魂的千般污点吧，因为即便是天性正直的人，也难将血气方刚时的种种美好期望维持到垂垂暮年，相反多半会经不起诱惑而步入他途：要么堕入放纵无度的深渊，堕入得越晚越不光彩，进而令他们早年的光辉形象黯淡无光；要么完全沉沦到酒囊饭袋的层次，满脑子想的都是吃什么喝什么。此外，还有大小火灾、房屋坍塌、船只失事，以及医生做去骨手术、将整个手臂伸入我们的内脏、令我们奇痛难忍地治疗我们的私处时，我们所经受的种种痛苦，除了这些之外还有流放（你儿子并不比茹提利乌斯[①]更清白无辜）、监禁（他并不比苏格拉底更聪明睿智），以及刺入心脏的自杀之剑（他并不比加图更有道德气节）。如果你把这些可能性都考虑进去的话，你就会发现造化最慷慨相待的，恰恰是那些她很快就将他们带回到一个安全之所的人，因为这便是生命早已为他们备下的惩罚。没有一样东西像人的生命那样具有欺骗性，那样不可靠。我发誓，生命这个东西若非在我们浑然无知的状态下赋予了我们，谁也不会把它当作礼物收下来。因此，如果说最好的命运就是没有生而为人的话，那么我想，等而次之的便是经历一段短暂的人生后就死去，回到一个人的本初状态。

回想一下那段令你不堪回首的痛苦时光吧，塞扬努斯把令尊当

---

① 普布利乌斯·茹提利乌斯·茹福斯（Publius Rutilius Rufus，约公元前160—前92年之后），斯多葛学派学者、法律专家、军事指挥官兼政治家。他被一个由骑士控制的法庭判定犯有敲诈罪并遭到流放，在流放地写出了若干历史著作。

作礼物送给了自己的附庸撒特里乌斯·谢孔杜斯。他之所以气不打一处来，是因为令尊看到一个破塞扬努斯不但爬到了我们的脖子上，而且居然还骑在上面不下来了，觉得实在无法默默忍受，就痛快直言了一两句。当时正投票表决为塞扬努斯塑一尊像，竖在一场大火后正在为提比略皇帝所重建的庞培剧院里，科都斯听说此事后肺都快气炸了："剧院这下真的完蛋了。"唉，居然会想到在格涅乌斯·庞培的遗骨上面竖一个塞扬努斯，在纪念一位杰出统帅的地方竖一尊雕像来崇敬一个不忠的士兵，这能不叫人怒气填膺吗？他的签名也受到了尊崇，他用人们的鲜血豢养了一群凶猛的走狗，为的是让他们都只对他一个人恭顺有加。而对所有其他人则残忍无比，这群走狗开始围着这位身陷危局也未灰心的伟人嗷嗷乱叫起来了。他如何是好呢？想活命，他就得争取塞扬努斯的同情；想死，他就得争取女儿的同意，而这两个人都是好说歹说都求不动的主儿。他决定欺骗自己的女儿。于是他洗了个澡，而且为了进一步减弱自己的体力，他打着在卧室里用餐的幌子回房，支开奴仆，将部分食物扔到了窗外，给人造成一种已经吃过的印象，然后便借口在卧室里已经吃得够饱了而拒进晚餐。接下来的第二天，他又如法炮制，第三天也是如此，第四天，正是由于身体的虚弱不堪，这才真相大白。于是他将你紧紧地搂在怀里说道："我可爱的女儿，这是我这一辈子唯一瞒过你的一件事情：我已经踏上了我的不归之路，现在已快走到一半，你千万不要，也不能把我叫回来了。"继而，他命人将所有的灯都灭掉，将自己关进了黑暗之中。得知他的计划后，大家都很欣慰，因为这些吃人豺狼到手的猎物又被夺走了。在塞扬努斯的怂恿下，指控科都斯的那帮家伙来到执政官法庭，抱怨科都斯眼看就要不行了，恳求执政官们出面阻止；而科都斯之所以走到这一步，正是他们自己所逼的。这帮人强烈地感觉到科都斯要摆脱他们的控制了。由此引起了一场不小的争论，那便是一个受审者的死亡权应不应该予以剥夺。就在双方相持不下，继续唇枪舌剑时,就在控告他的那帮家伙又一次起诉时,科都斯已经把自己开释了。玛西娅,在险恶的时代里,是什么样的命运剧变突如其来地折磨我们,你明白了吗?你会因为自己的某个亲人必须死去而哭泣吗?须知,他们当中有一个差点儿没有获得这一权利。

23. 未来的一切都是不确定的,而较为确定的是会比现在更糟,此外,还有一点是不争的事实,那就是能迅速从人类社会中获得解脱的人才最容易通往上界,因为他们所受世俗杂念之累最轻,羁绊最少。由于在尚未变得麻木不仁,对俗世的东西沾染还不是太深之前就获得了解脱,所以他们能更轻松地飞回自己的源头,能更轻易地洗掉一切污点与污垢。而且伟大的灵魂从来就不乐意久久地耗在体内,它们渴望离开,渴望迸发,对它们狭隘的范围深感不满,因为它们习惯于飘游在高高的宇宙之上,从至高无上的座位俯首傲视人世。正是因为这一点,柏拉图才宣称贤哲一门心思都放在死亡上,渴望死亡,总是思索着它,并因为渴求死亡而毕生追求生命之外的东西。

再说了,玛西娅,当你从一个年轻人身上看到一个老者的审慎时,当你看到一颗战胜了一切肉体之乐的心灵一尘不染、纯洁无瑕,追求财富却不贪婪,追求荣誉却不张扬,追求欢愉却不放纵时,你认为自己还可以长久有幸让他安然无恙、远离伤害吗?凡事一旦到了登峰造极的境地,也就快到尽头了。完美的德行总是昙花一现,转瞬就会从我们眼前消失;早熟的果实等不到最后时日的来临。火燃得越旺,灭得也就越快:坚硬耐燃的木材燃起的火堆,别看它浓烟弥漫,火光若隐若现,却会燃得更久,木材在为其提供养料时很抠门,但同时也维系了它的长燃不灭。人类也是这样:他们的精神越耀眼,寿命就会越短;因为到了没有发展余地时,也就快要到头了。法比亚努斯讲述过这么一件事情,说罗马曾经有过一个男孩——我们的父母辈还真的见到过他,这男孩有一个高挑的男人那么高,不过他很快就死掉了,而且每一个明白人都说过他活不了多久就会死掉;因为他已经提前发育到了一个年纪,就不可能再活到那个年纪了。事情就是这样的,过度的成熟意味着大难将要临头;成长已不再可能时,末日也就逼近了。

24. 换个角度,不就他活的年头,而就他所具有的品质和才能而论的话,他活得已经够长的了。作为受监护人,他由监护人共同呵护到十四岁,而他的母亲则监护了他一辈子。虽然他自己也成了家,但他不想离开你的家庭,在一个做儿女的没几人肯住在父亲家里的时代,他却坚持与自己的母亲住在一个屋檐下。他打小就高人一头,仪表堂堂,而且体力过人,天生就是一块当兵的料,可他拒绝服兵役,因为他不愿意离开你。玛西娅,你想想,那些分家单过的女人能看到自己的子女几眼,再想想那些儿子在部队当兵的母亲在牵挂中失去和熬过了多少岁月,你就会意识到,你未遭受任何损失的这段时间是很长了。他一刻也未离开过你的视线,在你的眼皮底下,他以出类拔萃的智力修完了自己的学业,若不是受了谦逊这种容易悄然成为很多人进步的绊脚石的品质妨碍,他的智力本来是可以让他与自己的祖父相提并论的。虽然一表人才,且身边有那么大一群可以让男人走上歧途的女人围着,可他从来不让其中任何一个产生非分之想;而且当她们中有几个竟然厚颜无耻地向他大献殷勤时,他还脸红了,仿佛饱了她们的眼福是自己的罪过似的。他品行上的这种纯洁让人们觉得,虽然他还只是一个孩子,但已堪当选祭司之职;这一提议无疑得到了他母亲的支持,不过如果候选人不优秀的话,即使母亲的影响也不可能产生足够的分量。通过回顾这些品质,你会再一次将你的儿子紧紧搂入怀中。现在他有更多的闲暇陪你了,现在没有什么事情将他从你身边叫走了;从今往后,他再也不会让你牵挂担心,再也不会让你悲伤了。你已经经历过一个如此优秀的儿子可以带给你的唯一悲伤了:其他的一切现在都超出了偶然性的范围,都充满了快乐,只要你知道如何享受儿子带给你的快乐,只要你明白他身上最宝贵的是什么。

死去的只是你儿子的一个影子,一个跟他几无相似之处的幻影,他本人则是永生的,而且现在已经到达了一个更幸福的状态,甩掉了外在的累赘,只剩下他自身。你所看到的这些将我们包起来的外壳、骨骼、肌肉、皮肤、脸面、替我们卖命的双手以及我们人类其余的装束,它们所起的作用就是束缚我们的灵魂,将我们的灵魂笼罩于黑暗之中。这些东西压抑、扼杀、污染了灵魂,将灵魂囚禁在虚假之中,割裂了灵魂与其真实自然元素的联系。灵魂一直在不断地与我们背负的这一身重肉搏斗,力图避免被拽回去而陷入沉沦,力争到达它坠落前所在的地方。一旦它摆脱了尘世的混乱乏味而得窥一个清澈纯净的王国后,永恒的安宁就在那里等着它。

25. 因此,你没有理由冲向你儿子的坟墓,躺在那里的是他身上的糟粕部分,是那些困扰了他大半辈子的东西,是如同衣服和其他保护过他身体的东西一样,已不再是其组成部分的骨骼和遗骸。他很完整,没有将其自身的任何东西落在尘世,他已经逃离尘世,全身而退了。他在我们的上空短暂地逗留了一会儿,趁此,他得到了净化,摆脱了尘世生活中粘在身上的各种瑕疵和缺陷,然后,他一飞冲天,直奔那群神圣的灵魂而去,加入其中。他受到神圣之士的欢迎,除了大西庇阿和小西庇阿,还可见到老加图和小加图的身影。玛西娅,在那群蔑视生命,托死亡之福而获得自由的人士中,还有你自己的父亲呢。他让自己的外孙紧随在身边,虽然所有人之间都存在着亲缘关系;当小伙子欣喜地环顾那新奇之光,他还给他讲解相邻星体的运行路径,欣然向他传授大自然的奥秘,不是凭猜测而是凭经验,因为对此他真的无所不晓。而小伙子则像一个外乡客感激有人带着自己游历一座不熟悉的城市一样,在探询天上种种事情的缘由时,聆听一个长辈的教诲,也总是心存感激。老人家还让他把目光投向远在下方的尘世上的事情,因为从高空俯瞰一个人身后留下了什么是令人愉悦的。因此,玛西娅,你说话办事始终应该像有令尊和你儿子在盯着你一样,他们已不再是你过去所知道的那样,而是崇高了许多,住在天国高处的生命了。任由自己抱着平庸的想法,为已经获得了更好改变的亲人落泪,你应该为此而羞愧。他们是无边无际而又自由的永恒空间里的旅行者,没有汪洋大海的阻隔,没有无法翻越的高山,也没有无路可走的山谷,更没有变化莫测的西尔特斯[①]浅滩:那里的一切都是平坦的,由于他们敏捷迅速且没有羁绊,所以很容易为星体所渗透,继而与之合为一体。

26. 所以,玛西娅,设想一下,在你眼里的威信跟你在儿子眼里的威信一样高的令尊,不再以他生前为内战而悲叹、他本人宣判将放逐者永久放逐的那种语调,而是用与他更为崇高的地位相配的更高昂的音调,在天国的城堡里对你说:"闺女,你怎么悲伤了这么久,还没走出来呢?你为什么还执迷不悟,因为他将全部家产完好无损地留下,只身安然无恙地回到了自己的祖先那儿,就认定命运待他不公呢?命运女神掀起的风暴能让一切陷入混乱,你难道不知道这种风暴有多么强大吗?你难道不知道,只有在尽可能绕道而行,避免跟她狭路相逢的人面前,命运女神才显得仁慈和宽容吗?有些国王,要是赶在大难临头之前早一些被死亡带走的话,本来是可以很幸运的;有些罗马的将军,要是让他们少活几年的话,他们的伟大就怎么也不会受到损害了;有些出身高贵、声名显赫的人,毅然将自己的脖子伸到了士兵的刀剑之下,这些还用我跟你一一列举吗?再想想你的父亲和祖父吧,你祖父倒在了一个外国刺客的暴力之下;我容不得别人对我颐指气使,曾绝食明志,表明自己不只是笔底下勇气可嘉,活得也同样有勇气。为什么我们的家庭成员中死得最幸福

① 西尔特斯(Syrtes),北非海岸的一片因为危险而出名的浅滩和沙洲。维吉尔《埃涅阿斯纪》卷一中所描述的特洛伊人所遭遇的海难就发生在此地。

的受到的悼念反倒最长呢？我们大家全都聚到了一个地方，不再为昏暗的黑夜所笼罩，从你们中间我们看不到一样像你想象的那样值得向往的东西，没有一样崇高的东西，没有一样光荣的东西。相反，每一样东西都很乏味、沉重、不安，都只见到了我们光亮中极小的一部分！我为什么要说这儿没有疯狂交火的敌对军队，没有双方都欲置对方于死地而后快的舰队，没有精心设计或策划的弑父者，没有一连数日争吵不休的公会广场，没有遮遮掩掩，相反大家都直抒胸臆，开诚布公，生活都是公开透明的，而即将到来的每一个时代和事情都呈现在我们眼前呢？

"将宇宙中距这儿最遥远的一个地方历史上的、发生在仅仅一小撮人之间的事情记录下来，曾经给我带来过乐趣。在这里，我可以纵观如此众多的世纪，目睹如此众多的时代延续更迭，全部的岁月流转尽收眼底；我可以见证一个个王国的兴与衰，一座座大城市的毁灭以及一轮轮新的海水侵蚀。如果大家共同的命运能够对你的丧子之痛有所慰藉的话，那你就应该认识到，没有一样东西是可以永驻的，时间会毁灭一切，将一切带走。不单单是人类会成为时间的玩物（在命运的王国里，人类是何等区区不足挂齿呀），就是各个地方、国家乃至宇宙的区域也会成为时间的玩物。时间会将整座整座的大山夷为平地，而在别的地方，它又会用新的岩石垒起高耸入云的峭壁；它会将海水吸干，让河流改道，而且，它还会毁掉国与国之间的交通，进而瓦解人类的联系与贸易；在别的地方，它会用巨大的裂缝来吞没城市，用地震来震垮城市，并从地底深处释放出各种可以引发瘟疫的气体；它会用洪水淹没人类栖息的世界，会让地球上洪水泛滥，将所有生物赶尽杀绝；它还会燃起一把大火，将一切凡身肉体化为灰烬。当世界为了获得新生而被毁掉的那一刻来临时，这些事物自身的力量将给自身带来毁灭，星体将与星体相撞，而目前一切井然有序的闪光之物都将在一场大火中燃烧殆尽，就像所有的物质都会毁于火焰之中一样。

“当天主决定重造宇宙时，所有的东西都将灰飞烟灭，我们，我们这些获得了永生的快乐的灵魂也将和它们一样，成为这一巨大毁灭中微不足道的小小一员，进而被重新变回成我们先前的成分。”

玛西娅，你的儿子多幸福啊，他已经洞悉了这一切！

论幸福生活

致加利奥

1. 加利奥兄长[①]，是人都希望生活幸福，可是，说到是什么成就了生活幸福，大家却茫然不知。确实，获得幸福生活是有难度的，难就难在如果一个人把方向搞错了，那么他越是奋力争取，就会越是远离幸福。一旦南辕北辙，疾速飞奔只会令他越来越远离自己的目标。

因此，首先必须确定我们企望得到的是什么，其次必须寻找到达那里的最佳捷径。途中，假定走对了路的话，我们会逐渐心中有数，清楚每天走了多少路，距离我们出于本能愿望的驱动而要达到的目标又近了多少。可是只要我们跟无头苍蝇似的瞎飞乱撞，没有向导，仅仅听从四面八方乱成一锅粥的胡喊乱叫，我们就会在接二连三的错误中耗尽生命。而生命并不长，就算我们为了真才实学没日没夜地钻研，也还是会嫌生命短暂，几乎不够用。所以，我们要把目标和路线都确定下来，此外，还要有一个勘察过我们必经领域的经验丰富的向导，因为这一旅途的情况将很特殊，与大多数旅途上的情况都不

① 塞涅卡的哥哥阿奈乌斯·诺瓦图斯（Annaeus Novatus），后因为被人收养而改名尤尼乌斯·加利奥（《使徒行传》中译作迦流），曾任亚该亚行省总督。他于塞涅卡自杀一年之后的公元66年自杀。《论愤怒》也是献给他的，显然是在他被收养之前。

一样。

在其他旅途上，一则路熟，二则就是不熟也可以找当地人打听，所以你不至于误入歧途；而在这条旅途上，人们走得最多、最频繁的路，事实证明往往最不可靠。因此，需要强调的最重要的一点就是，我们不应该像羊那样，跟在群体的屁股后面，人家去哪里就跟着去哪里，而不是去自己该去的地方。然而，给我们带来最大麻烦的莫过于两样东西：一是我们对传闻的盲从，以为广泛认同的东西就是最好的东西；二是由于有那么多可跟随的好东西，所以我们生活中所遵循的不是理性原则，而是模仿原则。其结果则是，大家都在纷纷奔向毁灭，尸骨一具叠一具，堆成了山。就像一大群人挤作一团，大家你推我搡，谁摔下去都会拽上一个垫背的，前面的遭了殃，后面的也会跟着遭殃，生活中这样的情形比比皆是。谁步入了歧途，害的都不只是他自己一个人，而是会将别人也带入歧途。依附于前面的人是有害的，而且，只要我们每个人都宁愿相信别人的判断而不信赖自己的判断，那么我们在生活中压根儿就没有进行过判断，而是一味地盲从，而一个人传一个人这么传下来的错误往往会把我们大家绕进去，给我们带来灭顶之灾。别人的榜样正是祸害我们的祸根：只要我们洁身自好，别随波逐流，就会恢复健康。不过照实际情况来看，人们在为自己的邪恶行径进行辩护时，总会毫不讲理。同样的事情在选举会上也屡见不鲜，一旦民心这股变幻莫测的风向变了，选举过程中给当选官员投了赞成票的人，又会对这些人的当选感到惊愕：这一刻我们赞成某事，下一刻又会批评这事儿；每一个按照多数人的意愿做出的决定都会是这样的结局。

2. 我们讨论幸福生活时，你没有理由像宣布计票结果那样，对我做出答复："这方好像占多数。"因为这正好说明了这方是错误的一方。人类所关切的事情，并没有安排得恰当到这样的程度：大多数人都偏向好的东西。人数众往往是最糟糕选择的证据。所以，我们应该问最该做的是什么，而不是最常做的是什么；应该问让我们享有无尽幸福的是什么，而不是最不能代表和倡导真理的民众赞同什么。我所说的民众，不只是指平头百姓，同样也指达官贵人；因为我不在乎披在身上的衣服是什么颜色，它只是装饰而已。我看一个人时，是不相信自己的双眼的，我有比眼睛更可靠，可以分辨真伪的法眼：灵魂之善还是交给灵魂去发现吧。如果灵魂可以喘口气，凝神静思一会儿，啊，它就会体会到怎样的自我折磨，就会怎样对自己道出实情："我此前所做的一切，我都希望没有做过；一想到自己说过的话，我就羡慕哑巴；曾经祈求得到的一切，现在我都视为敌人对我的诅咒；我所害怕的东西，仁慈的众神，它们带给我的负担，相对于我所渴望的东西，不知要轻多少啊！我与很多人结了仇，又跟他们化敌为友，重归于好，以为跟坏人之间也可以有友谊，而我依然是自己的敌人。我曾费尽心机远离人群，靠某些捐赠让自己出名；我所做的一切就是把自己暴露在了恶意的箭矢面前，让它知道射我哪儿。你看见那些夸奖你的口才、追随你的财产、想讨你的欢心、对你的权力唱赞歌的人了吗？他们要么都是你的敌人，要么都会成为你的敌人，说到底都一样；人群中每一双羡慕的目光背后都藏着嫉妒的面孔。我为什么不反其道而行之，去寻找某种真正的，我可以感觉得到，而不只是可以展示的善呢？那些吸引人眼球的东西，那些让人们驻足，张大嘴巴，你指给我看我指给你看的东西，都是金玉其外，败絮其中。"

3. 我们还是来寻找某种不只是外观不错，而是内在坚固、均衡且更美好的东西吧；我们还是努力发掘这样的东西吧。这样的东西并不遥远，会找到的，你只要知道该把手往哪儿伸就行了。其实，我们常常忽略我们身边的东西，就像在黑暗之中，恰恰绊倒在我们心仪之物上。

我不想啰里啰唆地跟你扯什么细节，别的思想家的观点，我就跳过去不说了——因为把它们全都罗列出来并逐一反驳将是一件极其乏味的事情;只请你听一听我自己的看法。不过,我在说"我自己的看法"时,并没有将我自己与斯多葛学派的某个精英绑在一起;我也有权持有一种看法。因此,我会追随某个人,请另外某个人来划分问题,而且也有可能,在所有人发过言之后让我讲话时,我不会抨击我前面的人提出的任何一个观点,而是会说,"我谨补充这样一点"。同时,正如所有斯多葛学者所认同的那样,自然是我选择的向导;智慧不在于偏离自然之道,而在于按照自然法则和范例来塑造我们自己。

所以,幸福生活就是一种与其自身本性和谐一致的生活,而且可以获得幸福生活的途径只有一条,前提是,首先,脑子必须健全而且始终保持清醒;其次,必须勇敢且精力充沛;此外,能坚忍不拔、百折不挠,能随机应变,适应各种新情况,能注意身体及影响身体的各种因素,但又不是焦虑不安;最后,必须关注一切有助于提升生活质量的东西,但又不过分崇拜其中任何一样,利用命运的馈赠,而不是沦为其奴隶。

就算我不再多说了,你也明白,一旦带给我们刺激和令我们感到恐惧的东西消除后,接下来的便是无尽的安宁和自由。因为一旦把享乐和痛苦都不放在眼里了,那么,我们所体验到的将不再是那些琐碎、脆弱和因为其毒性而有害的东西,而是一种极大的经久不衰的快乐、心灵的平静和谐以及与善行密不可分的伟大。每一次残酷的冲动都源于虚弱[①]。

4. 我们的这种"善"还可以用另一种方式来定义,换言之,同一个概念可以用不同的词语来表达。就像一支队伍虽然一会儿成一字排开,一会儿又缩成一小块,不是两翼弯曲中间空,就是前沿拉成一直排,但仍是同一支队伍;而且无论摆成什么样的阵势,它为同一目

① 参看西塞罗《图斯库兰谈话集》4.25。

标而战的士气和决心都不会改变。因此至善的定义有时可以长篇大论、不厌其详,有时又可以简明扼要、短小精悍。所以,如果我说“至善乃是一种蔑视机缘巧合,以美德为荣的精神”,[①] 或者说“至善乃是不可战胜的精神力量,其表现为生活经验丰富,行动冷静沉着,与人为善,为人厚道”,意思都是一样的。我们还可以这样定义:说一个人幸福,就是说这个人除了承认心有好坏之分外,不承认其他东西还有好坏之分,珍视荣誉,安贫乐道;他不是那种运气好则沾沾自喜,运气差则垂头丧气的人,他认定只有单凭一己之力就能赋予自己的才是最好的,而且会在鄙视快乐中找到真正的快乐。如果你想把视野放得再宽一点,还可以把同一个概念转换为其他的表述形式,而且意思不会受到损害或者削弱。比如,我们为什么就不能说:幸福生活就是拥有一颗独立、高尚、无畏且不可动摇的心灵,远离恐惧与欲望,视荣誉为唯一之善,视臭名为唯一之恶,并将其他一切视为一堆微不足道的东西,这些东西来的来去的去,去了不会给幸福生活带来任何损失,来了也不会给幸福生活任何补益,既不会增进,也不会削弱至善。有了这样一个基础的人,无论他愿不愿意,都势必会有绵绵不绝的快乐和发自内心深处的欣喜相伴,因为他是一个从自身资源中寻求欢乐,只求内心欢乐,不求更大欢乐的人。难道他不可以用这样的欢乐来与身体那玩意儿小小的一文不值、转瞬即逝的快感抗衡吗?一个人一旦战胜了快乐,也就会战胜痛苦;可是你瞧,一个沦为快乐和痛苦的奴隶的人,任由这两个恣意妄为、心狠手辣的暴君轮番宰割时,所受到的奴役是何等邪恶,何等有害。因此,我们必须逃往自由。只有漠视命运,才能赢得自由,继而才会有无价的幸福,找到了安全的停泊之所的心灵才会获得安宁与升华;排除了所有错误,才会发现真理,从而获得巨大而牢固的欢乐,以及心灵的善良和愉悦,而一个人

① 参看塞涅卡《道德书简》106.2。

之所以能从这一切中得到快乐,并不是因为他知道这一切都是善,而是因为这一切都源自一种属于他自己的善。

5. 既然放开了来谈这个话题,那么完全可以说,幸福之人就是多亏理性的天赋而摆脱了欲望和恐惧的人;因为就连石头也没有恐惧和悲伤,牲畜也是这样,然而,人们不能因此就说这些东西很"幸福",它们根本就不懂什么是幸福。把由于天性愚钝而又缺乏自知之明已降到野兽与牲畜水平的人归入这一类。这些人与那些动物之间没有任何区别,后者没有理性,而前者虽有理性,却是扭曲了的理性,并由于将其精力耗费在了不该耗费的地方,结果是伤害了自己。因为一个人要是连真理的边都摸不着,是不能称作幸福的。所以,幸福生活是建立在正确可靠的判断之上的,是不可改变的。此时的心灵是明朗豁达、无病无伤的,它不仅逃过了重创,连皮毛小伤都躲过去了,而且无论它采取了什么立场,都会决心坚持到底,不管命运发起如何愤怒的攻击,它都会捍卫自己的立场。因为就享乐而言,尽管它弥漫于我们的四周,无孔不入,甜言蜜语令我们神魂颠倒,一招不灵,又换一招,来将我们彻底或部分迷倒,可是只要骨子里尚有半点儿人性,谁又会希望自己耽于没日没夜的感官刺激,丢弃灵魂,把自己拱手交给肉体呢?

6. "可是,"有人会说,"心灵也会有自己的快乐要享受呀。"那就让它尽一切办法去享受,让它去做裁定奢侈与快乐的判官吧;让它用各种惯于给人感官之乐的东西把自己塞得满满的,然后让它回首过去,待它拾回已成云烟的快乐的记忆后,让它再沉醉于往日的体验,并且热切地期盼将会到来的快乐,提出自己的打算;虽然身体因为眼下塞得满满的,仰面朝天地躺在那儿,还要让它想着未来的沉迷之事。然而在我看来,这一切似乎会给心灵带来更大的痛苦,因为放着好的不选,而选择坏的东西,那是精神失常的人才干的事情。而精神失常的人,没有哪个是可以获得幸福的,正如满门心思想着未来的享乐而不是最好的东西的人，没有哪个是神志正常的人一样。因此，幸福的人往往拥有健全的判断力；幸福的人对自己目前的处境，无论好坏，都是满意的，而且会以满意的眼神看待自己的运气；幸福的人是让理性评价自己的一切生存环境的人。

7. 即使那些声称将至善装在肚子里的人，也明白他们将其摆在了一个多么不光彩的位置。因此，他们说快乐与美德是分不开的，而且他们宣称若非活得很快乐，谁也不能活得很体面，或者反过来说，若非活得很体面，谁也不能活得很快活。我看不出如此迥然有别的东西怎么会出自同一个陶轮。我问你，为什么快乐与美德是分不开的，理由呢？你是不是想说，因为一切好东西都源自美德，所以你喜爱和向往的东西也必定是从美德的根上长出来的？可是如果这二者彼此莫分的话，那我们也就不会看到某些东西令人愉快却不体面，而某些东西确实极为体面却充满痛苦，只有历经磨难才能获得。还有一点也须考虑进去，快乐可以进入哪怕是最见不得人的生活，而美德却不允许生活败坏，再者，有的人不幸福，但并不缺乏快乐，反倒是快乐本身造成的恶果。如果说快乐是美德的一个不可分割的组成部分，这样的情况是不可能出现的：美德往往缺乏快乐，但从不需要它。你为什么要将不一样的东西，事实上是性质相反的两样东西捏在一起呢？美德是崇高、高尚、尊贵、不可征服、坚忍不拔的东西；快乐是卑微、奴性、软弱易毁的东西，它的栖身之所是妓院与酒馆。美德，你可以在神殿、广场、元老院寻得，你会看见它站在城墙前面，风尘仆仆，满手老茧；快乐，你会发现它动辄偷偷溜出人们的视线，在公共澡堂、蒸汽浴室[①]以及其他一些惧怕市政官[②]造访的场所周围寻找阴暗角

① 古罗马人把洗澡进化成一种社交方式，带着美食和美酒进浴室，享受按摩，谈论时事，一泡可以泡上一整天。由于过分奢靡，这种浴室后来被视为淫乐场所。

② 市政官（aedile，古罗马民选的行政官）除了负责其他事务外，还需担负起“照护城市”的责任，其中包括部分警察职能。

落，快乐这东西软绵绵的，有气无力，浸泡在美酒与香水里，不是面色苍白就是浓妆艳抹，像一具尸体一样。至善是不受死亡影响，没有尽头的[①]，它既不容许毫无节制又不容许心存遗憾；因为坚守正道的心灵从来不偏离方向，不会自我厌恶，也不会改变任何东西，始终是完美无瑕的。而快乐则在其给人快意的那一刻便荡然无存了；它只占有一小块空间，因而很快就会填满，而且容易疲乏，第一轮攻击之后就会精疲力竭。再说，本性好动的东西，没有一样是确定不移的；因此，在那些来也匆匆，去也匆匆，且注定要在行使自己权力的过程中走向毁灭的东西中，根本就不可能有任何实质内容；因为它辛辛苦苦一场，到达的是自己的终止点，而且从一开始就眼巴巴地望着自己的终结。

8. 还有一个事实，那就是好的事物和坏的事物中都有着同样多的快乐，下流之辈在其可耻行为中所获得的快乐，丝毫不逊于高尚之士在其光彩行为中所获得的快乐。这正是前人教导我们不要过最快乐，而要过最好的生活的原因之所在，目的就是不要让快乐成为正当而有价值的欲望的向导，而是陪伴。因为我们必须请自然做我们的向导；理性只把自然放在眼里，只对她的建议言听计从。所以，幸福生活与顺应自然而活是同一回事。此话怎讲，我这就一一道来：如果我们小心而又勇敢地保护身体的天赋和自然的要求，将这些视为稍纵即逝，仅让我们享有一天的东西[②]，如果我们不想成为它们的奴隶，不让这些身外之物主宰我们，如果我们把那些满足身体需要的无足轻重的东西看得轻一些，把它们摆到预备队和轻装部队那样的位置——乖乖服从命令，而不是发号施令的位置——这样，也只有这

① 言下之意是说伊壁鸠鲁主义者所理解的快乐就是指感官上的快乐；人一死，显然就无法体验这种快乐了。伊壁鸠鲁主义者会觉得自己遭到了歪曲。

② 参看卢克莱修在《物性论》3.971 中的说法：“对于生命，谁也没有所有权——大家都只是租客。”

样，这些东西才会有益于心灵。不要让一个人为身外之物所腐化，要让他不可征服，只钦佩他自己，

> 信心十足，做好了两手准备[①]

来打造自己的生活；不要让他自信而无知，也不要让他知而不决；要让他一旦做出决定就坚定不移，而且不能让他出尔反尔，朝令夕改。毋庸赘言，这样的人会沉着镇静，有条不紊；一言一行、一举一动都无不展现出一种和蔼的天性和极大的尊严来。让由感官而引起的理性来研究外在的东西吧，而在理性从这些东西中推导出最初的原则时——因为它舍此别无他法来尝试，或者说来发起向真理的冲击——让理性诉诸自身吧。因为天主，那包罗万象的世界兼宇宙的统治者，也会接触到身外之物，但他会全方位解脱，回到自身。让我们的心灵也这样做吧：当心灵跟随着听其差遣的感觉，通过各种感官接触到身外之物后，则应让它成为各种感官和它自身的主人。这样一来，就会产生出一种独特的能量，一种自身和谐的力量，以及那种不自相抵牾，不怀疑自身见解、认识或信仰的可靠理性；而那样的理性，一旦理顺了自我，各方面都和谐起来，打个譬喻说，都音调一致后，就臻于至善了。因为不存在任何歪曲的、不可靠的东西对其构成威胁了，没有一样东西会将其绊倒了；它将凭借自己的权力做每一件事情，不会有任何意想不到的事情降临到它头上。相反，它的每一个行动都会有好的结果，轻而易举，无需找借口，耍花招；因为不情愿与踌躇迟疑是内心冲突或缺乏决心的标志。所以，你可以大胆宣布至善即是心灵的和谐，因为美德必定栖身于存在和谐与一致的地方：不和是邪恶的随从。

---

① 维吉尔《埃涅阿斯纪》2.61。

9. “可是就连你，”你可能会反驳说，“修德也纯粹只是因为希望从中获得快乐。”首先，即令美德确实可以给人以快乐，那也不是我们追求美德的理由；因为她带给我们的不是快乐，而是超过快乐的东西；她不辞劳苦不是为了快乐，只不过她的劳累，虽是为了收获别的东西，也能收获快乐。就像在一块犁出来种玉米的地里会散乱地长出一些花儿来一样，这块地当初并不是用来种这些小花小草的，尽管它们看上去也很悦目；播种者辛辛苦苦一场，原本图的是别的东西，这些只是意外所获。同样，快乐既非修炼美德的回报也非其动机，而是一种副产品。美德并不是因为其令人愉悦才给人带来快乐，而是，如果说美德给人带来快乐，它也令人愉悦。至善就在选择至善这一行为中，就在臻于完美的心态中，当心灵走完了自己的旅程，居守于自身的界限之内后，至善就完美无缺，不需要任何额外的东西了；因为在完备的形式之外，别的东西都是多余的，正如到了终点不可能再有一个点一样。所以，你错了，根本就不该问我追求美德的理由是什么，因为你这是在寻找最高境界之外的东西。你问我想从美德中寻求什么？美德自身。这难道不是很了不起的回报吗？如果我对你说：“至善是一颗坚强心灵不屈的本性，是它的远见、高尚、健康、自由、和谐和美好。”你还会对可以用这些品质来形容的东西提出更高的要求吗？你为什么跟我提快乐？我寻找的是一个人的善，而不是他的肚子[①]，要论肚量的大小，那我还不如找牛和野兽呢。

10. “你这是在歪曲我的意思，”你回应说，“因为我的观点是谁也不能活得很快活，如果他不同时也活得很体面的话，而这一点对于不会说话的动物和那些仅以食物来衡量自己好歹的人，是万万办不到的事情。我明确地说，而且公开声明：这种我称为快乐的生活，如果不加上美德，是不可能获得的。”可是，谁不知道那些饱享你所

① 指涉伊壁鸠鲁学派的快乐概念时，常用到的一种方式。

说的快乐的人都是天底下最大的傻瓜，邪恶中也充满享乐，而且脑子本身就提供了多种邪恶的享乐呢？居于这些邪恶的享乐最前列的便是狂妄自负和对自己的功绩自视过高，骄傲自大瞧不起别人，盲目轻率只顾自己的利益，一点儿幼稚小事就沾沾自喜、得意忘形，此外，言语刻薄、盛气凌人，以侮辱他人为乐，还有成天无所事事、奢靡无度、懒散颓废、麻木不仁。所有这一切，美德都不会手下留情，她会揪一揪耳朵，先对各种快乐进行评估，过了这一关的才予以放行，而且对于她认可的快乐，她并不会看得很重，甚至可以说只是允许了这些快乐而已，她引以为乐的不在于享用这些快乐，而是节制这些快乐。不过由于节制会减少我们的快乐，因而对你的至善是有害的。你拥抱快乐，我抑制她；你享受快乐，我利用她；你把她视为至善之事，我甚至不把她看作善事；为了快乐你什么都干，我什么都不干。

11. 我这里说的“我”为了快乐什么都不干，指的是理想化的贤哲，我们只把快乐赋予这样的贤哲。不过，凡是任什么东西摆布的人，我都不会称其为贤哲，更别说乖乖听快乐摆布的人了。而如果一个人耽于享乐而不能自拔，他又怎么能够经受住劳累、危险、贫穷及生活中无处不在的种种威胁呢？如果在这么弱的一个对手面前都束手就擒了，他又怎么能够忍受死亡、悲伤、天崩地裂以及要面对的所有凶猛的敌人呢？“快乐让他怎么干他就会怎么干。”拉倒吧，你难道看不到快乐会让他干多少事吗？“不会让他干可耻之事，”你会说，“因为快乐是与美德联系在一起的。”还是得了吧，你难道不明白需要监护才能成其为善的是什么样的至善吗？再说了，如果美德跟随快乐走的话，那她又怎么能够左右快乐呢？因为跟随者的职责就是让别人牵着鼻子走，统领者的职责才是指挥和左右别人。你要把一个统领者摆到队伍的后面去吗？在你的天地里，美德真是扮演了一个高贵的角色呀，在你都还没有品尝之前，就让她先来品尝你的快乐！可是我们很快就会看到，对于那些如此糟践美德的人来说，美德是不是还依然是美德；因为一旦美德不在其位了，那她也就不配再有其名了。同时，就我们目前的话题来说，我还想指出一点：有许多人沉迷享乐，花天酒地，要风得风，要雨得雨，可是你不得不承认，他们本性上依然是坏蛋。想一想诺门塔努斯和阿匹西乌斯[①]吧，正如人们所说，他们急切地寻找着大地与海洋的馈赠，品尝着餐桌上各国的产品；瞧瞧这两个家伙，躺在一床玫瑰上，贪婪地盯着自己的美味佳肴，听着曼妙悦耳的歌声，看着眼花缭乱的奇景，吃着各种可口的美味，浑身上下受到轻柔绵软的衣料的温暖抚摸，而且为了让鼻孔同时也得到刺激，正在向奢侈献祭的那间屋子里还会点上各种香料，弄得香雾弥漫。你会说这些人生活在快乐之中，但这对他们并不会有任何好处，因为他们乐此不疲的并不是什么好东西。

12. “他们会吃到苦头的，”你会说，“因为很多扰乱灵魂的东西会侵入进来，而且意见不一，会让心灵不得安宁。”这一点我承认你说得没错，可是，这些人，虽说愚蠢、反复无常，并常常喜欢吃后悔药，但还是会体验到极大的快乐的。所以必须承认，在这样的时刻，他们远离了各种苦恼，同样也远离了明智的头脑，而且同许多人一样，他们在精神错乱中快活，在语无伦次中欢笑。但与此相反，贤哲们的快乐是悠闲、适度的，温和而内敛，属于不请自来的那一种快乐，而且，尽管是主动送上门来，体验这种快乐的人却并没把它们当回事儿，得到它们的时候也并没有欣喜若狂；因为他们只让其偶尔成为生活中的小插曲，就像我们在谈论重大问题时的插科打诨一样。

因此，让他们别再把不相匹配的东西硬凑在一块儿，别再把快乐与美德扯到一起了，这是一条错误的行动方针，它只能迎合最差

---

① 诺门塔努斯（Nomentanus）和阿匹西乌斯（Apicius），前者是一著名的酒色之徒（贺拉斯《讽刺诗集》1.1.102）；后者有美食家之誉，有一本以他的名字署名的食谱传世至今。

劲的那类人的趣味。让自己沉浸于享乐的人，常常是一副醉态，饱嗝不断，由于他知道自己活得很快乐，便以为自己也活得很有德行（因为他听说快乐与美德是分不开的）；于是他给自己的恶行冠以智慧之名并把本该遮遮掩掩的东西大张旗鼓地拿出来公开炫耀。所以说，伊壁鸠鲁并没有逼着他们干出这等放荡的行为，而是他们对恶行的沉迷，才让他们给自己的放荡披上哲学的外衣来加以掩饰，他们还一窝蜂地冲向可以听到为快乐唱赞歌的地方。他们根本就不知道伊壁鸠鲁的"快乐"是多么冷静和节制——对此，我是深信不疑的；而他们却是奔这个名字本身而去的，目的在于为他们卑鄙的冲动寻找挡箭牌。所以，他们把作恶时身上唯一仅存的那点善——作恶时的羞耻感——也丢掉了，因为他们如今所赞美的恰恰是过去那些令他们尴尬脸红的东西，而且他们对于自己的堕落不以为耻，反以为荣；而正因为如此，一旦他们为自己可耻的散漫找到了冠冕堂皇的名头，他们可能连自己的青春抱负都找不回来了。我为什么说你对快乐的赞美是十分有害的呢，理由就是：你所信奉的教义中还像个样的那部分往往藏而不露，而腐烂的那部分却显而易见。

13. 我自己的观点嘛——我要声明一点，虽然可能会得罪我们斯多葛学派的成员——就是，伊壁鸠鲁的学说是神圣而合乎正道的，而且如果仔细考察起来，还是很严谨的；因为他著名的快乐学说压缩到了很小的比例，而且我们为美德所立下的规则也正是他为快乐所立下的规则。他要求快乐服从天性，可是些许的奢侈就足以令天性满足。那么真理何在呢？凡是把"幸福"这个词用到游手好闲、花天酒地上的人，都是在为自己的恶行寻找一个好的保人，当他打着那个他发现很有吸引力的令人信服的名号出现时，他所追求的是他自己所带来的快乐，而不是老师所教导的那种快乐；而且，一旦他开始认为自己的恶行符合老师的教诲后，他就会肆无忌惮、毫无羞涩地沉溺其中，事实上从那一刻起，他会明目张胆地在众目睽睽之下纵情酒色。因此，我不会随大流，像我们学派中的大多数人那样，说什么伊壁鸠鲁学派是教人为恶的学派。我要说的是：这个学派名声不好，臭名昭著，“但实属冤枉”。不入其堂奥，谁又能明白这一点呢？它的外表确实不敢恭维，难免遭人诋毁，而且容易让人心生恶念。其情状就像一个五大三粗的男子汉穿了一身女人的衣服：你的正派犹在，气概依然，不会做出低三下四、有辱人格的事情来，可你手里却拿着一个小手鼓[①]。因此，你应该选择某则体面的座右铭和一个能触动心灵的名称，现有的这一个只能引来邪恶。

凡是加入了美德的行列者，都已证明自己有着可敬的天性。追求享乐的人，显得软弱无能，没有出息，不再是一个真正的男人，很可能堕落到可耻的地步，除非有人帮他区分不同的快乐，让他明白哪些快乐没有超出自然欲望的界限，哪些则轻率莽撞，一个劲儿地往前闯，突破了所有的限度，而且越是获得了满足，越是贪得无厌。听我说，让美德带路吧，这样我们走的每一步都将是安全的。另外，致使快乐有害的是放纵过了头。就美德而言，用不着担心过了头的问题，因为美德中本身就蕴含着适度；因自身的大小而受折磨的东西不可能是好东西。此外，能给有理性的人提供什么比理性还要好的向导吗？就算你喜欢把美德与快乐结合在一起，就算你觉得在这种陪伴下走向幸福生活是一个不错的主意，那也还是让美德在前面带路，让快乐像影子一样来伴随其左右吧：只有成不了大器的人，才会想到让美德这位最高贵的夫人去给快乐做女仆。

14. 让美德领头，让她来扛旗：我们照样会得到快乐，不过我们要做的是成为快乐的主人，让她乖乖听我们的；有时我们会同意她的恳求，但决不会任由她胡来。而那些把快乐摆在首位的人，则既缺乏美

① 暗指东方女神西布莉（Cybele）的祭司，这些祭司通常都是些阉人，祭祀过程中会边敲手鼓边舞蹈。

德，又缺乏快乐；因为他们丧失了美德，却并没有拥有快乐，而是自己反倒成了快乐的俘虏，不是因为缺乏快乐而备受折磨，就是享乐无度而活活噎死；被快乐抛弃时甚是悲惨，为快乐所淹没时则更是悲惨。他们就像陷进了西尔特斯浅滩水域[①]的水手一样，一会儿被抛在旱地上，转眼又被扔进翻腾的波浪。不过这正是极端缺乏自制，盲目爱好某样东西的结果，因为当一个人所寻求的不是好东西而是坏东西时，如愿以偿就是很危险的事情了。正如捕猎野兽的过程中，我们要面对艰辛和危险，而且哪怕是到手的猎物，要想保住也是很伤脑筋的事儿——因为它们动不动就咬自己的主人。巨大的快乐也是这样：巨大的快乐到头来都会是巨大的灾祸，会把俘获它们的人变成它们的俘虏；快乐越大越多，人们称其很幸福的那个人就越低下，得侍奉的主子就越多。我想借这个比喻再多说几句。正如一个人循着野兽的踪迹追到它们的巢穴，以极大的喜悦之情

用套索套住野兽，

撒出一群猎狗围住那片宽阔的空地，[②]

以便追踪野兽的行踪，结果撇下了更重要的东西，丢下了很多职责：追求快乐的人将所有的正事都弃之不顾了，首先是丝毫不考虑自己的自由，宁可牺牲自由也不肯亏待了自己的肚子，其次，他不是为自己买来快乐，而是把自己卖给了快乐。

15. “可是，”你可能会说，“怎么就不能让美德与快乐合而为一，怎么就不能以体面与快乐不分彼此的方式来达到至善呢？”我的回答是，体面的东西里容不得不体面的成分，至善如果觉察出自

① 西尔特斯浅滩水域，参见第 97 页脚注。

② （凭记忆）引自维吉尔《农事诗》1.139—140。

身中有某种与其较好的部分不一样的东西，那么它将难以维持其纯净。即便是源于美德的快乐，虽然说是好东西，但也依然算不上绝对的善的一部分，不会比喜悦与宁静好多少，尽管它们源自最高贵的源头；因为它们也许是好东西，但对至善只起帮衬作用，而不能令其臻于完美。可是，如果一个人撮合成了美德与快乐之间的联姻，一种甚至门不当户不对的联姻，那么一方无论有什么样的长处，也会因为对方的短处而削弱，而且自由也会因此而受到束缚，须知，自由只有在找不到比自己更有价值的东西时，才会立于不败之地。由于它开始有求于命运了，就受到了最大的束缚；接下来的便是一种提心吊胆、疑神疑鬼、惊恐不安的生活，担心不幸的降临，发愁生活中的变数。你这不是在赋予美德一个坚实牢固的基础，而是在让她立足于一个不牢靠的地方。还有什么会像期待命运的青睐、身体状况的变化以及影响身体的东西那样不牢靠呢？这样的人，如果有一点点快乐和痛苦就惊惶失措、心神不宁，又怎么能遵从天意，无论发生什么都欣然接受，不抱怨命运而是以开朗的心态去解释自己的不幸呢？如果他贪图享乐，那他甚至在保家卫国的事情上都不会挺身而出，也不会为朋友两肋插刀。所以，让至善攀升到一个什么力量都不能将其拉下来的位置吧，痛苦、希望、恐惧高攀不到那里，任何东西都不能贬损至善的权威；然而，仅有美德能登临这一高度。要想征服这一高度，我们就必须跟随她的步伐。她将勇敢地面对并耐心、愉快地承受所发生的一切，因为她知道时间所带来的困难无一不是来自某条自然法则；不仅如此，她还会像一个优秀的战士一样挂彩受伤，数自己的伤疤，当她死于刀剑之下时，她会对自己为之而倒下的那一位——她的指挥官——充满爱戴之情，她会铭记那条古训：追随天主。不过，牢骚满腹、哭哭啼啼的人，也得服从命令听指挥，虽不愿意，照样得火急火燎地去执行自己的任务。可有些人真是荒唐呀，宁愿被拖着走，也不愿意跟着走！相信我，这纯属愚蠢和对自己命运的无知,就像你缺少某样东西或经历了一场磨难就悲伤不已,或者说看到好人和坏人同样遭遇那些事情,我是指疾病、死亡、年老体衰以及其他种种突如其来打击人生的苦难,你不是感到惊讶就是愤怒。凡是由于宇宙的构成方式而使得我们不得不忍受的东西,就让我们以极大的坚毅来忍受吧。这是我们曾经发誓要履行的庄严义务:顺服我们终有一死的命运,而不要为那些我们无力避免的东西所阻扰。我们出生在君主制之下:服从天主就是我们的自由。

16. 因此,真正的幸福存在于美德之中。这一美德会给你什么样的建议呢?首先,你不应将并非美德或邪恶之果的东西视为善或恶;其次,无论是面对恶还是享受善,你都应泰然处之,这样,在允许的范围内,你就可以体现出天主的形象。你这样做,她许以你什么样的回报呢?巨大的福气,堪与众神所享之福媲美的福气:你将逍遥自在,无拘无束;你将应有尽有,一无所缺;你将自由、安全,免受伤害;你的努力都不会白费,你的行为都不受阻挡;你将万事如意,无灾无难,没有一事违背你的预期和愿望。"那是不是说,我可以理解为一个人只要具备美德就能生活得很幸福呢?"美德完美而神圣,为什么不能说有美德就够了呢?事实上,是绰绰有余了!因为一个人要是超然于一切欲望之外了,那他还缺什么呢?如果内在的东西一应俱全,那他又还需要什么身外之物呢?不过,如果一个人尚在通往美德的途中,就算已经取得了很大的进展,但在他还在人生这张网中继续挣扎,还没有解开这个结,没有彻底解脱之前,他还是需要得到命运的垂青的。那么,区别何在呢?区别在于:有的人是被紧紧地绑了起来,有的人则是戴上了手铐脚镣。往高处走,且到了较高境界的人拖着的是一根宽松的链子,虽还不是一个自由的人,但至此也几近自由了。

17. 因此,如果某个像狗一样冲着哲学汪汪叫的家伙提出他们老生常谈的问题:“那你为什么说起来勇敢,生活中就没那么勇敢了呢?为什么在上司面前你就拣顺从的话说呢?你为什么把钱看成必备之物?为什么受一点儿损失就心疼?为什么死了老婆或者死了一个朋友就落泪?为什么看重自己的名声,听到别人说你的坏话就心烦?你为什么要种上那么多田,远远超出了你的自然需求?你为什么一到餐桌上就不拿自己的规定当一回事了?你要高档精致的家具干吗?你和你的客人干吗要喝比你自己的年岁还长的陈年老酒?你的餐具干吗要是黄金的呢?你种上那么多不结果子,只能遮遮荫的树干吗?你老婆耳朵上干吗要戴着一个富贵人家的全部收入?你那些年纪轻轻的奴仆干吗一个个都穿很贵的服装?为什么在你家里,伺候进餐有那么多讲究,为什么银餐具不是随便摆摆,而是极为考究?还有,为什么到了盘子里的肉,都要由专业人员来替你切?”愿意的话,你还可以进一步追问:“你为什么在海外有房地产?为什么多得你自己眼睛都看不过来?惭愧呀,你为什么如此粗心,连你那几个奴隶都认不出来了?或者说,你为什么如此奢侈,奴隶多得你都记不住了?”我会在适当的时候给你的指责加油助威,并以超乎你想象的方式痛责我自己,可是此刻,我要给你这样的回答:我非圣贤,而且更供你怨恨的是,我也永远不会成为圣贤。所以,你也别要求我向最好的人看齐,比坏蛋好一点就行了:我如果每天少作一些恶,能挑出自己的错,也就很满足了。我还没达到百分百的健康,而且将来也确实达不到;我的打算是减轻而不是消除折磨我的痛风,如果发作的次数少一些,疼得轻一些,我也就知足了。可是当我看到你的双脚,看到你们这些跛子,相比之下,我算得上是运动员了。我这些话并不是代表我本人说的——因为我尚未摆脱各种恶习——而是代表已经真正有所成就的人说的。

18. “你嘴上说的是一套,”你说,“生活中却是另一套。”你们这些满怀恶意、憎恶一切有素质的人的家伙,这是人们对柏拉图,没错,也是对伊壁鸠鲁和芝诺[1]的责难之词;因为他们所讲的都不是他们自己是如何生活的,而是他们应该怎样生活。我讲的是美德,不是我自己,而我的谩骂针对的是各种各样的恶习,尤其是我自己的恶习。到了我能做到的时候,我一定会该怎样生活就怎样生活。而你那浸透着毒液的恶意阻碍不了我追求最好的东西;连你喷洒在别人身上,同时也在拿它杀害你自己的毒药,也既妨碍不了我继续赞美我应该过而不是实际所过的生活,又妨碍不了我崇尚美德,追随美德——虽然说步履蹒跚,落在后面一大截。要知道,这些充满恶意的人连茹提利乌斯和加图都不敬重,我还指望他们对什么东西肃然起敬吗?在他们眼里,根本就不可能有神圣不可侵犯的东西!在有些人眼中,犬儒主义者德米特里乌斯都还没穷到家,我们犯得上担心自己在这些人眼里是不是太富了吗?德米特里乌斯是个极具勇气的人,他反对一切本性欲望,比所有其他犬儒主义者都穷,他不仅禁止自己享有财产,而且禁止自己产生拥有财产的欲望。这样一个人,他们都还说他不知道什么叫真正的贫穷。因为你也知道:他公开宣称了一种知识,并非关于美德,而是关于贫穷的。

19. 至于那个在生命的最后几天里,亲手结束了自己生命的伊壁鸠鲁派哲学家提奥多鲁斯,他们说他割颈自刎违背了伊壁鸠鲁的教义。有的人恨不得把他的这一行为视为疯狂之举,有的则视其为轻率之举。而他却幸福而又坦然地见证了自己辞世时的情形,还称颂了自己在安全的港湾中度过的那段平安岁月,说出了你总也不愿意听到的那番话,仿佛听到之后你也必须这么做似的:

> 我的生命已经结束,我已经跑完了命运的历程。[2]

① 芝诺(Zeno,公元前335—前263),斯多葛学派的创始人。

② 维吉尔,《埃涅阿斯纪》4.653。

这些人当中一个人的生和另一个人的死是你争论的主题，而且，当你听到因为某一杰出功绩而伟大起来的人的名字时，你会像小狗见到了陌生人一样汪汪叫，因为你发现没人显得优秀对你有利，好像别人的美德就是对你自己所有毛病的谴责似的。你以嫉妒的眼光把他的光辉形象拿来与你自己的污秽样子相比较，根本就不明白你敢于这样做，对你自己造成了多大的伤害。因为如果你骂这些追求美德的人贪婪、好色、野心勃勃的话，那么连对美德的名字都痛恨的你自己又是个什么东西呢？你说这些人中没有一个言行一致，没有一个按着自己说的那些动听的理念来生活。这真的让你感到很吃惊吗？他们张口就是豪言壮语，而且这些豪言壮语比人的生命力还强，能够挺过一切狂风暴雨。他们或许努力想把自己从十字架上放下来，你们倒好，每个人都亲手将自己钉上这些十字架。他们是被处决而吊上去的，每个人都吊在自己的十字架上；而那些自找惩罚的人受到众多欲望的折磨，丝毫不逊于众多十字架的折磨，却恶言迭出，还很会骂人。我完全可以相信那些人有工夫做这样的事情，如果其中有的人不是挂在自己的十字架上朝围观者啐唾沫的话。

20. “哲学家从不身体力行自己所鼓吹的东西。”可是，他们确实身体力行了不少他们所鼓吹的东西，他们可敬的脑瓜子里所想出来的东西。我多么希望他们总是言行如一呀，那样的话，他们的幸福就将登峰造极了！不过话又说回来，你没有理由藐视充满高尚思想的高尚言辞与心胸：从事健康有益的研究，即使得不到任何实用性的结果，也是值得赞许的。试图攀登高峰的人未能登顶，这有什么好大惊小怪的呢？相反，如果你是个男子汉，哪怕是那些有鸿鹄之志的人以失败而告终，你也应该以崇敬的眼光仰视他们。志存高远，不以自己的力量，而以天性的力量来衡量自己所做的努力；豪气干云，敢于设想连那些具有英雄般勇气的人都成就不了的大事，此乃心胸高尚的标志。一个人如果给自己树立了如下的理想:“就我而言,我会用像听人说起死亡时一样的表情去直视死亡。就我而言,无论有多大的艰难困苦,我都会一概忍受,用精神来支持身体。就我而言,我会视财富为粪土,无论它们属不属于我,是别人的,我不会垂头丧气,是我的,我不会趾高气扬。就我而言,无论眷顾我与否,我对命运都会毫不在乎。就我而言,我会把所有土地视为我自己的,同时又把我自己的视为别人的。就我而言,我会为他人而活着,仿佛知道自己生来就是要有益于他人的,为此,我还要感谢造化:因为舍此还有什么法子可以让我的事业更加繁荣呢?造化把我个人当作礼物送给了大家,也把大家当作礼物送给了我个人。无论我拥有什么,我都不会像守财奴一样把它看得紧紧的,也不会像败家子一样将它挥霍一空;在我眼里,算得上真正拥有的恰恰是我明智地当作礼物送出的那些东西。我不会用数量或重量来估量我的恩惠,也不会用我对受惠者的评价之外的任何东西来估量。在我眼中,一个受之无愧的人所得到的东西永远也不算多。我不会因为别人的想法而做任何一件事情,因为自己的良心,什么事情我都会在所不辞。我在孤身一人情况下的所作所为,也会像在罗马人民注视之下的所作所为一样。吃喝对于我来说,只是为了满足自然的欲求,而不是为了填满和排空自己的肚子。我会把快乐送给朋友,并以容忍和宽容之心对待敌人。别人尚未开口就可以得到我的宽恕;一切正当的请求,我都会迅速答应。我会明白我的祖国是整个世界,其统治者就是众神,而众神就是站在我上方和周围,以严厉的目光观察着我的一言一行者。无论何时当我的这口气被造化索回,或者因自身的原因而释去,我都会辞别而去,让世人看到我问心无愧,对得起良心,有着高尚的抱负,没有干过一件损害别人自由,尤其是我自身自由的事情。”一个决心、希冀且试图做这些事情的人,将踏上通往神明的道路,没错,这样的人,就算未能走完自己的旅程,其未竟之志也绝非小志。[①]

至于你嘛,不仅憎恨美德而且憎恨践行美德的人,你所做的事情其实一点也不足为奇。因为苍白无力的灯光惧怕阳光,昼伏夜出的动物不敢见天日:曙光初现,就会把它们吓得四处寻找藏身之所,赶紧躲起来,怕见到阳光。呜呜叫吧,鼓动你那卑鄙的舌头辱骂好人吧,张大你的嘴巴使劲咬吧:只怕还没咬出个印来,你的牙早就先碎了。

21. "为什么那个如此献身哲学的人却过着富裕的生活?为什么他口口声声说什么当视金钱如粪土,自己却占着大量的钱财?为什么他认为人应当视死如归,自己却苟且偷生;认为应该把健康不当回事儿,自己却小心呵护,希望自己健康无比呢?为什么他觉得流放不过是一个虚名,还说什么'换个地方住住有什么不好',自己却只要情况允许,就决不背井离乡,而要在故乡终老一生呢?为什么他断言长寿与短命之间没有任何区别,而自己却只要无病无灾,就想方设法延年益寿,颐养天年呢?"他说应该把这些东西看得淡一点,不是不让他自己拥有这些东西,而是让他有了这些东西以后别放心不下;不是要他将它们撵走,而是要他在挽留不住时,像平静的主人一样,将它们送到门口。事实上,命运把财富存在什么地方,能比存在一个要他归还,他就毫无怨言地予以归还的人手里还要安全呢?马库斯·加图在颂扬库里乌斯和科伦卡纽斯[②]以及那个有几块小小的银币也是值得监察官关注的犯法行为的时代时,他自己就拥有四百万塞斯特斯,这笔钱,无疑比克拉苏的少,但比监察官加图的多。要是对他们做一番比较的话,那么他超出他曾祖父的程度要远远大于克拉苏超出他本人

---

① 奥维德(Ovid)《变形记》2.328。

② 库里乌斯(Curius)和科伦卡纽斯(Coruncanius),小加图具体是在什么地方提到了这两个公元前3世纪早期的人物,不得而知。

的程度，而且，就是有更多的财富送上门来，他也会来者不拒的。因为贤哲并不认为自己不配得到命运的馈赠：他不爱财，但并不排斥财富；他不允许它进入他的心里，但允许它进入他的家里；是他的财富，他不拒绝，而是接纳，希望它为自己提供了更大的践行美德的舞台。

22. 富有会比贫穷给贤哲提供更大的展示自己能力的舞台，这有什么好怀疑的呢？因为在贫穷的情况下，只存在一种美德——人穷志不穷，不向贫穷低头，不被贫穷压垮——而富有却可以为节制、慷慨、勤奋、严谨和崇高开辟一片广阔的天地。即使身材矮小，贤哲也不会小瞧自己，不过他还是会希望自己长高。如果体格虚弱或是只有一只眼睛，他会很坚强，但他也会希望自己有一个强壮的身体，虽然他知道自己拥有某种比身体强壮的东西。体弱多病，他能够忍受，但他也会渴望健康。因为，尽管有些东西相对于整体而言可能微不足道，而且去除之后也不会对优秀的本质造成损害，但这些东西对源于美德的无尽快乐的确是有真正贡献的：财富对贤哲的影响，带给贤哲的快乐，就像一阵好风令劈波斩浪的水手感觉更爽，又似寒冬里的一个晴天和一片洒满阳光的地方。再者，贤哲当中——我这里所说的贤哲指的是我们自己这一派的思想家，那些将美德视为唯一之善的思想家——有谁会否认哪怕是我们称作“无关紧要”的东西也有着某些内在价值，而且其中一些比另一些更有价值呢？这些东西当中，有一些赢得了我们一定程度的珍视，另外一些则赢得了我们的高度重视。因此，别想错了，财富是更有价值的东西之一。“既然财富的地位在你眼里和在我眼里一样，”你说，“那你干吗要嘲笑我？”你想知道我们对财富的看法有何不同吗？对我而言，财富不翼而飞了，除了财富本身之外，不会令我失去任何东西，而财富若是离你而去了，你则会大惊失色，目瞪口呆，觉得被自己给抛弃了。在我眼里，财富占有一定的位置，而在你眼里，财富却占据着中心位置。一言以蔽之，我的财富为我所拥有，你为你的财富所拥有。

23. 所以，你那套不准哲学家有钱的说法可以休矣；没有人判定贤哲就一定要受穷。哲学家可以相当有钱，但决不会是从别人手上抢来的，也不会沾满别人的鲜血，而是在不损害任何人利益和不采用不正当手段的情况下获得的，而且钱的去向也和钱的来路一样体面；除了心术不正的人之外，它不会引起任何人的不快。这样的财富，想堆多高就可以堆多高，这没什么不光彩的，前提是：虽然其中有许多都是人人希望说属于自己的东西，但没有一样东西是哪个人可以说属于自己的东西。当然了，如果命运对他很友善的话，他是不会把她一把推开的，此外，要是光明正大地得到了一笔遗产，他既不会因此而自豪，也不会因此而羞愧。可如果他敞开家门，让市民同胞一睹自己的财物，而且可以问心无愧地说："这里的东西，谁认出了是自己的，都可以拿走。"那他是有理由自豪的。如果一个人说过这样的话后，其财富丝毫不见减少，那么他将是一个何等伟大、何等富有的人啊！我的意思是说，如果他放心地让人们进行了彻底的检查，如果在他的屋顶下找不到一样别人能认领走的东西的话，那么他将是一个理直气壮、光明磊落的富人。贤哲不会让一分半文来路不正的钱财进入自家的门槛；同样，他也不会将命运馈赠和美德回报的巨额财富拒之门外。因为他有什么理由拒绝命运的慷慨施舍呢？让它来吧，热情地接纳它吧。他既不会大肆炫耀，也不会掖着藏着；一个是典型的笨蛋做法，一个是典型的胆小鬼兼小气鬼的做法，这种做法让他把巨大的福气，打个譬喻说吧，揣在口袋里。而且正如我说过的那样，他也不会将财富扔出门外。因为他会说什么呢？是说"你这破玩意儿没用"，还是说"我不知道怎么使用财富"？正如即便能徒步走完一段旅程，他也愿意乘车一样，即便他能够受穷，他也愿意富有。因此，他会拥有财富，但他很清楚，财富有如浮云，容易飘散，而且他不会让财富成为自己和他人的负担。他会散财——你竖起耳朵干什么，干吗准备好口袋呢？——他会把财富赠给好人，也会送给他可以调教好的人,而且经过精挑细选,挑出最佳人选后,他才会像一个牢记必须把自己财富的去向和来历都解释清楚的人一样,把财富送出去。他不会随意把财富送人的,必须有正当合理的理由,因为如果把财富送给了不配接受的人,会被看作可耻的浪费;他的口袋不会不留出口,但也不会有任何漏洞,可以倾囊相授,但决不会遗落分文。

24. 如果有谁以为解囊相助是件容易事儿,那他就错了:解囊相助,要做到合情合理,而非凭着一时的兴致率性而为,是一件极难的事儿。我帮甲一个忙,还乙一个情,接济丙,可怜丁;我给某人钱,那是因为他不该穷困潦倒,饱受煎熬;有些人虽说也缺钱,但我就是不给,因为就算我给了,也填不饱他们的需要。有些人我会主动相助,有些情况下实际上是强迫他们接受我的帮助。对待这件事情,我不能马虎了事;我解囊相赠时都会认真地登记造册,比什么时候都要认真。“你什么意思?”你问,“莫非你把东西送出去只是为了要回来不成?”不,只是为了避免浪费;解囊相助应该具备这样的境界:不求回报却能得到回报。我们应该把救济金像深埋的宝藏一样储存好,只是到了亟需之时才挖出来。想想富贵人家,它提供了多大的施惠于人的机会呀!谁会呼吁罗马公民独享其慷慨呢?本性促使我惠及全人类。他们是奴隶还是自由民,是生而自由还是后来才获得了自由,是多亏了法律还是多亏朋友出面才享有了自由,这有什么区别吗?只要是有人的地方,就不愁找不到行善的机会。因此,哪怕是在自己家里也可以出手大方,找到慷慨的机会。慷慨之所以称为慷慨,并不是因为它与那些享有自由的人有关,而是因为它源自一个自由的心胸①。智者是从来不会把它抛施给那些人品低下、不值得他慷慨的人的,而且他从来不会犯下这样的错误:等碰到了值得慷慨的人时,却已消耗过度无以出手。

---

① 拉丁文中的 liberalits(慷慨)一词与 liber(自由)一词形近,故有此一段解释。

所以，你没有理由误解潜心追求智慧的人所说的那些高尚体面的豪言壮语。而且你尤其要注意这样一点：潜心追求智慧是一码事，业已获得智慧是另一码事。第一类人会对你说："我嘴上说的棒极了，但我仍沉迷于许多恶行。你没有理由要求我生活中每时每刻都达到我自己的标准，我尚处在自我塑造的阶段，在力争把自己提升到一个崇高理想的高度。如果我成功地达到了这一伟大目标，到那时你再来要求言行一致吧。"而业已真正臻于人类之善的人则会给你一个不同的理由，说："首先你没有理由擅自对比你强的人说三道四，品头论足；我已经有幸赢得了坏人的非难，这足以证明我正直的品性了。不过，为了让你得到我不吝给予任何人的解释，还请你听听我的表白和我对每样事物的评价。我说财富不是什么好东西，因为如果财富是好东西的话，那它就应该把人们都变成好人；事实上，由于在坏人堆里找到的东西是不能称为好东西的，所以我不能冠以财富'好'这个词。不过，财富是值得向往的，是有用的，而且能给生活带来极大的好处，这一点我并不否认。"

25. "既然你我都同意财富是值得向往的东西，那就请你听一听我把它排除在好东西之外的理由，以及在对待财富的态度上你我有何不同吧。把我放在一座最富丽堂皇的宅邸里，把我放在一个人人都用金盏银盘的地方：我不会因为这些装备就觉得自己很了不起，它们虽然是我房子的一部分，但并不是我的一部分。把我带往苏布里辛桥[①]，扔到那里的乞丐堆里：我也不会因为坐在那些伸手乞求施舍的叫花子当中，就能找到任何瞧不起自己的理由。因为一个人如果不缺乏死的能力，那他缺不缺少一片面包又有什么关系呢？那么，你问我的结论是什么？比起那座桥，我还是更喜欢那座豪宅。让我被昂贵陈设、奢华装饰包围，我不会因为有一袭柔软披风，或是客人个

① 苏布里辛桥（Pons Sublicius），古时的一座木桥，毁于塞涅卡去世几年之后的一场洪水，参见塔西佗《历史》1.86。

个都是紫袍华椅就认为自己比别人幸福些许。换掉我的床垫，我决不会因为我疲乏的脖子要枕在一把干草上，整个人要睡在一块垫芯儿都从补丁摞补丁的破布中跑了出来的马戏团垫子上，就显得比之前更为可怜。说了半天，我的要点究竟是什么呢？我宁愿展现我的灵魂穿着托加袍和鞋子的状态，而不愿把我的肩膀和赤脚上的伤口裸露出来。让每一天都过得遂心如意，喜事连连：我不会因此就自以为是，趾高气扬。时运颠倒，由亨通而变为不济，让我的灵魂受到损失、悲痛及种种不幸的左右夹击，让我无时无刻都不缺少发牢骚的理由，我不会因此就称自己是苦命鬼中的苦命鬼，不会因此就诅咒任何一天。因为我已经设法做到了一点，那就是没有哪一天对我来说会是黑暗的一天。那么我得出的结论是什么呢？我与其抑制自己的悲伤，还不如节制自己的欢乐。”

这是一个苏格拉底似的哲人要对你进行的教导：“让我战胜天下诸国，让酒神巴克斯[①]的豪华双轮马车载着我凯旋，从日出之地直抵忒拜城[②]，让君王们找我立法；在普天下都尊我为神的时刻，我尤其会把自己视为人。然后马上从这样的巅峰一头栽进厄运之中，把我摆在一辆外国战车上[③]，为某个自豪而又野蛮的征服者的公众游行增光添彩；被绑在别人的战车前，任人驱赶时，我不会低声下气，只会谦卑到我挺立于自己的战车上时的程度。我要得出什么样的结论呢？与其当别人的俘虏，我还是宁愿征服别人。我蔑视命运的全部领域，不过如果让我选择的话，我会选择其较好的那部分。凡是发生在我身上的事，都会变成好事，不过我还是宁愿经历较惬意、较愉快，处理起来不那么棘手的事情。因为虽然你没有理由假定有任何美德可以不付出努力而获得，但有些美德需要踢马刺，有些则需要拉缰绳。正像

① 巴克斯（Bacchus），对应于希腊神话中的狄俄尼索斯（Dionysus）。

② 忒拜城（Thebes），希腊古城，请勿与埃及的 Thebes（底比斯）相混淆。

③ 凯旋式上会把战利品和俘虏摆在一辆战车上以资炫耀。

下坡时身体须悠着点儿，上陡坡时则须加把劲儿一样，有些美德是在下坡，有些则是在费力地爬上坡。耐心、决心、毅力以及对付困难、征服命运的每一种其他美德都得攀登高峰，且一路上都得奋力拼搏，这难道还有什么好怀疑的吗？那我的结论是什么呢？慷慨、节制、仁慈是下坡类型，这难道不是同样一目了然吗？在这种情况下，我们必须对灵魂加以约束，免得它滑倒，但在其他情况下，我们则须像最彪悍的骑手一样鞭策它。因此，在贫穷时，我们将应用那些更为骁勇善战的美德；在富有时，则应用那些更慎重更稳健，踮着脚尖走路却又不失去平衡的美德。由于美德之间存在着这一差别，所以我更喜欢求助于那些践行起来相对比较和平一点的美德，而不是那些需要践行者流血流汗、充满血腥味的美德。因此，"我们贤明的导师总结道，"我并没有说一套，做一套，而是你把我说的听拧了。你只听到了我的话音，话的意思你并没琢磨过。"

26. "如果你我都希望富有，那么我这个笨蛋和你这个贤哲之间有什么差别呢？"差别大着呢：因为贤哲视财富为奴隶，笨蛋视财富为主子；贤哲不看重财富，而在你眼里财富却是一切；你在财富面前曲意逢迎，投其所好，紧紧抱住财富不放，仿佛有人跟你保证过你将永远拥有它似的，而贤哲腰缠万贯时恰恰是想到贫穷最多的时候。当将军的只要宣了战，哪怕是还没真正交火，也决不会坚信和平而不做好应战准备。而你却被一幢漂亮的房子冲昏了头脑，仿佛它不可能着火或坍塌似的，你已经让财富麻醉到了令人惊讶的地步，仿佛它们已经逃出了所有的危险，已经到达了命运无力将它们摧毁的范围似的。你安逸地把玩着你的财富，丝毫没有预见到它所面临的危险，在这一点上，你很像野蛮人，被包围时，由于对战争器械一无所知，通常都是瞪大眼睛漠然地盯着人家在那里忙活，却不明白远处正在竖起的大炮的意图。你的情况也一样，你在自己的财物中间优哉游哉，一点儿也没想到四面八方的各种灾难威胁，虎视眈眈，随时都准备夺走你宝贵的战利品。而贤哲的情况就不一样了,如果有人偷他的财富,还是会把他真正拥有的东西一样不少地留给他的,因为他幸福地活在当下,不为未来的东西而烦恼。

“我下了最大的决心要做到的一件事就是,”一位苏格拉底,或者任何一个在处理人类事情方面有着同样威信和同样能力的人会说,“决不让你的意见改变我的人生历程。来自方方面面的那些司空见惯的非难,尽管往我头上堆吧,我不会认为你是在劈头盖脸地辱骂我,而会认为你是在像最可怜兮兮的小娃娃一样嚎啕大哭。”发现了智慧的人才会说出这样的话来,其灵魂没有受到任何恶习的玷污,因而能时刻提醒他不要因为仇恨而去责骂别人,而是为了让他们彻底改掉自己的坏毛病。而且他还会做出如下补充:“你对我的看法之所以令我为之动容,原因不在我自己,而在你那边,因为你痛恨且声嘶力竭地攻击美德,无异于放弃了成为好人的希望。你丝毫没有伤害到我,不过,那些推翻祭坛的家伙也丝毫没有伤害到众神。即便无力造成任何伤害,歹毒的用心和邪恶的计划还是显而易见的。我容忍你荒唐可笑的胡说八道,就像最伟大最善良的朱庇特容忍诗人们愚蠢的想象一样,有的想象他有翅膀,有的想象他有犄角,有的把他描绘成彻夜不归风流成性的奸夫,有的说他对诸神很残忍,有的说他对人类不公平,有的说他污辱生而自由的青少年乃至他亲戚,有的说他杀尊亲篡夺别人的王位,还说他篡夺自己父亲的王位。这些诗人如果把众神想象成这个样子的话,那么他们的作品除了让人对于作恶没有羞耻感之外,可谓一无可取之处。不过,尽管这样的侮辱不会对我构成任何伤害,可为了你好,我还是要送给你这一个忠告:赞赏美德,相信那些长期追求美德的人,还有那些宣称自己正在追求某些美好且一天好似一天的东西的人;此外,像敬畏众神一样敬畏美德,而且要像尊敬众神的祭司一样尊敬美德的倡导者;还有,只要提到神圣的作品,‘嘴巴就要放尊重一点’。这句话中的‘尊重’一词的意思,并非像很多人所猜想的那样，是由‘拍巴掌’的意思引申而来的，而是要求闭嘴不语，以便神圣的仪式得以按恰当的礼仪顺利完成，而不致被不吉利的话打断。但是你必须不折不扣地服从这一要求，这样，祭司传达神谕时，你才会闭上嘴巴，凝神静听。每当有人挥舞圣哗啷棒[①]，装腔作势以权威的口气讲话时；每当有人以娴熟的手法砍伤自己的肌肉，弄得手臂和肩膀上血迹斑斑时；每当某个女人一边沿街爬行一边尖叫；某个老人穿一身亚麻衣服，手持一根月桂枝，大白天里打着一个灯笼，扯开嗓门大喊说某个神发怒了时，你们便会凑作一团细听，面面相觑，令彼此愈发瞠目结舌，将那人称为天人。”

27. 现在，且听苏格拉底从那座因为他进去过而得到了净化，变得比任何元老院都还要体面的监狱[②]里面发出的呼喊吧：“是什么样的狂怒，什么样的本能让你们与神为敌，与人为敌，让美德蒙受耻辱，而且出言不逊，亵渎神圣的东西？善人善事，你们能赞美就赞美，不能赞美，就免开尊口。不过，如果你们骨子里就希望放任这样的恶语中伤的话，那你们就互相攻击吧。因为你们对天发怒时，我不会说‘你们这是在亵渎神灵’，而会说‘你们这是在浪费精力’。我曾经给阿里斯托芬的笑话提供了素材[③]，那帮喜剧诗人把他们那点儿刻薄歹毒的机智幽默一股脑儿全都泼到了我身上。他们想方设法攻击我的美德，而恰恰就是这种攻击方式反而让它更加光彩夺目了。因为这样的方式正好帮了美德的大忙，令其昭然于天下，受到了检验，而且只有那些攻击过美德，从而知道其力量的人，才最了解美德的伟大：燧石的硬度，最清楚的还要数那些击打过燧石的人。我表现得就像浅海中的一块孤石，海浪无时无刻不在拍打着它，可是无论是从哪儿涌来的

① 圣哗啷棒，古埃及祭祀司生育和繁荣女神伊西斯（Isis）时所使用的一种类似哗啷棒与拨浪鼓的乐器。

② 苏格拉底曾被囚于雅典的一座监狱里，被判定犯有引入新神和腐蚀雅典青少年罪后，被迫自杀于狱中。

③ 指阿里斯托芬的剧本《云》，剧中有对苏格拉底的嘲讽之词。

海浪，都动摇不了它的根基，也不能用经年累月永不停歇的冲击将它侵蚀掉。冲我跳过来，进攻吧：我会用忍耐击败你们。无论什么东西，只要一头朝坚不可摧的东西上撞去，结果都是用尽了自己的力气，到头来吃亏的还是自己，所以还是找些软弱柔顺的东西去捅吧。

"可是就你们来说，你们有闲工夫去调查别人的罪恶和评判任何人吗？'为什么这个哲学家有这么大一座房子？为什么这个人吃得这么讲究？'你们自己浑身是疮，还要盯着别人的丘疹不放吗？这跟一个遍体都是疥疮、看了叫人恶心的人嘲笑大美人身上长了颗痣或疣没什么两样。你们骂柏拉图捞钱，亚里士多德收钱，德谟克利特漠视钱，伊壁鸠鲁花光钱；当着我的面数说阿尔西比亚德斯和斐德罗斯[①]来发表指责，而你们自己却偏偏是有幸仿效我的种种恶行时感到最为幸福。你们干吗不瞅一瞅自己的那些罪恶？它们里应外合，有的在从外面向你们发起攻击，有的则在你们自身内部兴风作浪！就算你们没有足够的自知之明，也应该清楚，人类的事情还没有发展到你闲得发慌，有闲工夫摇唇鼓舌，来贬低比你们强的人的地步。

28. "你们不懂这一点，而且脸上挂着一副与你们的情况很不般配的表情。说真的，你们就像那些泡在马戏团或剧院里消磨时光的人一样，家里已是一片哀痛景象，却连噩耗都还没听到。可我从高处俯瞰，看见了即将来临的风暴，而且很快洪流就会向你们袭来，或者说，早已近在咫尺，迫在眉睫，眼看就要将你们和你们的财物一同卷走了。还用我多说么？虽然你们几乎没有意识到，但你们的脑子哪怕是此时此刻不也是被某股飓风刮得呼呼乱转，逃离和追逐同样的东西，一会儿被高高抛上了天，一会儿又被摔进无底深渊……"[②]

---

① 阿尔西比亚德斯（Alcibiades），雅典政治家及将军，年轻时曾是苏格拉底的至交。斐德罗斯（Phaedrus）是苏格拉底的学生。也即柏拉图《斐德罗篇》中所描述的那个雅典贵族。

② 本文保存不完整，其余部分缺失。

论心灵之宁静

致塞雷努斯

1. 塞雷努斯[①]：塞涅卡，我审视自我时，发现我的有些恶习非常明显，用手都摸得着；另一些则不是那么显而易见，总藏在某个角落里，还有一些虽不长久，却隔三岔五地就会又冒出来。而且我想说这最后一种最是让人头疼，就像敌人一样，决不会乖乖地待着，一有机会便会跳出来袭击你，让你既不能像战时那样时刻戒备，又不能像和平时期那样放松警惕。不过，实不相瞒（我为什么不应该像对医生一样，向你承认这一事实呢），我发现自己主要还是处在这样一种状态，一方面未摆脱我所害怕和痛恨的东西，另一方面却又不受它们的奴役；我发现自己处于一种算不上是最糟糕却又不能不抱怨和担忧的状态：说病不病，说好不好。你用不着跟我说什么一切美德最初都很脆弱，但随着时间的流逝会逐渐坚强起来的。我也十分清楚，那些力求对外展示、显山露水的美德，我指的是追求地位、雄辩的名声以及所有其他靠别人来评价的东西，确实会随着时间的流逝而变得更加强

① 阿奈乌斯·塞雷努斯（Serenus），尼禄卫队中的一名年轻提督，塞涅卡另有两论也是写给他的。这是塞涅卡《对话录》中仅有的真正对话；在其他篇目中，均未给收信者说话的机会。

大——无论是那些赋予我们真正力量的美德，还是那些靠施粉黛而令我们徒有其表的美德，都得等上若干年，才能由时间显色，历久弥艳。但我特别担心的是，习惯会把很多东西变得很牢固，也会让我的这一缺点更加根深蒂固：跟坏东西打交道久了，如同跟好东西打交道久了一样，会让我们喜欢上它们的。

遇事骑墙，既不坚定地站在正确一边，又不顽固地站在错误一边，这种精神弱点的本质，我只能一次跟你讲一点，而无法一语道破。我把我的经历说给你听听，你会替我的病症找到一个名字。我承认，我这个人极爱节俭：我不喜欢为了显摆而刻意添置的长沙发，也不喜欢为了光泽如新而存放在柜子里，或者说用镇物和轧光机轧压过千百次的衣物，反倒是喜欢朴实无华、不太贵重，没有经过特殊保存，穿起来无需小心翼翼的衣物。我喜欢的食物不是那种一家子奴仆已经备妥，正馋涎欲滴地盯着的食物，不是那种要提前好多天预订或者要很多人才端得上来的食物，而是那种伸手可得且要多少有多少的食物；这样的食物毫不稀罕，一点儿也不昂贵，随处可得，既不会让你的钱包吃不消，也不会让你的身体吃不消，更不会吃下去了还得吐出来。我喜欢自己的奴仆是个土生土长的年轻奴隶，没受过训练，也未经打磨。我喜欢的银器是在乡下长大的父亲用过的那只笨重的盘子，上面没有制作者的印章。我喜欢的桌子不是一张因为上面五花八门的标志[①]而引人注目，或者说因为数易其主，经历过众多名人雅士之手而闻名于罗马的桌子，而是一张还可以用，不会令客人怀着无尽的兴趣或妒火中烧地盯着它的桌子。然而，在从所有这一切当中找到了完全的满足之后，我发现自己看到一所侍从培训学校的辉煌气派，见到披金戴银、穿戴得比游行队伍中的领袖还要考究的奴隶，以及一大群耀眼的随从；看到连脚下的地板铺的都是宝石，每一个角落都撒

① 古罗马从共和晚期起，奢侈昂贵的木头桌子是地位的标志。

满了财富，甚至屋顶都金碧辉煌的豪宅，全体市民都在伺候并尽职尽责地守着一份时日无多的遗产的景象时，就又有些头晕目眩了；还用我提客人们进餐时身边那潺潺流淌的清澈见底的流水，或者那些丝毫也不会给其环境丢脸的盛宴吗？长期节俭之后，奢侈一下子把我笼罩在其华丽的财富之中，满耳朵里都是它的声音：我的眼力已有点儿不济，因为面对奢侈，打起精神对我来说比抬起眼睛还要容易一些。于是我又回来了，并未变坏，却更加悲哀了，不再昂首挺胸地在我那些毫无价值的财物中走来走去，而且随着对哪种生活更好产生了怀疑，我感到一种剧烈的隐痛。这些东西中无一可以改变我，但无一不会令我心神不宁。

我决心遵循恩师们的教诲，投身到公共生活中去；我决心谋取公职并当上执政官，倒不是因为紫袍或侍从官的束棒对我有多大的吸引力，而是为了让自己更好地为朋友、亲戚及全体公民同胞效劳，进而为全人类尽一份绵薄之力。我愿意追随芝诺、克里安西斯和克吕西普[①]，虽然他们谁也不曾涉足公众生活，而且谁都不是未曾鼓励别人也效仿他们那样。每当有什么事情搅得我心烦时（我这个人心理素质比较差，不习惯受到震惊），每当有什么事情不尽如吾意（这在所有人的生活中都时有发生），或是进展缓慢时，又或者当不值得慎重考虑的事情要花去大量时间时，我就会重新回到我的悠闲中去，并像疲惫的羊群一样加快回家的步伐。我决心把我的生活限制在其自身的围墙之内："不让任何人偷走我一天的时间，如果他不打算就这么大的一笔损失给予我恰当回报的话；我要让我的心扎根于自身之中，让它自我培养，不卷入任何外部事务、任何需要仲裁人的事务中去；让它追求宁静，对公共事务和私人事务不闻不问。"可是当我的心灵

① 阿索斯的克里安西斯（Cleanthes of Assos，公元前 331—前 232）是继芝诺之后斯多葛学园的主持，克里安西斯的继任者则是索利的克吕西普（Chrysippus of Soloi，约公元前 281—前 209）。

被书中的英勇事迹所唤醒，受到高尚典范的激励时，我便想冲进公会广场，去给一个人帮腔，给另一个人助威，就算实际上帮不上什么忙，但心眼里还是打算帮；同时还要去杀一杀另一个已被自己的成功冲昏了头脑的家伙的傲气。

在我的研究中我认为，把注意力集中在实际的话题上，且让自己的每一句话始终都跟着这一指挥棒转，相信有什么样的话题就会有什么样的词汇，无论话题引向哪里都可以有脱口而出的语言相随，这无疑要好一些。“何必要绞尽脑汁去咏出千古名句呢？你干吗非要想方设法流芳后世不可呢？你生来就是要死的，悄无声息的葬礼反倒没有热热闹闹的葬礼令人讨厌。所以，要消磨时间，就写点儿不矫揉造作的东西，反正是为了自娱自乐，又不是为了发表：为了打发日子而学习的人用不着这么用功。”然而，当我受到伟大思想的鼓舞而精神振奋时，满脑子里就会想着辞藻，渴望锤炼出更为华丽的词句来与更为崇高的抱负相匹配，好让说出来的话能与高贵的话题一致起来；然后我就把我的原则和更为克制的判断忘到了一边，冲上了更高的高度，口中说出的已不再是我自己的话。

细节我就不再啰唆了，总之，在任何一个领域，我都摆脱不了这种脆弱的善意如影随形的跟随。我担心自己正被它一点一点地遮挡起来，或者说，更令我担忧的是，我像一个时时都有可能掉下去的人一样，正悬吊在半空之中，而且我的处境可能比我自己所意识到的还要危急；因为我们对自己私人的事情往往会偏心，总是往好处想，而这样的偏见常常会妨碍我们的判断。在我看来，要是不以为自己已经获得了智慧，要是没有某些刻意掩饰和视而不见的内在缺点，很多人本来是可以早就获得了智慧的。因为你没有理由认定，别人的阿谀奉承之词比自我吹捧对我们更为有害。有谁敢跟自己说实话呢？虽说身边有一群为其唱赞歌的马屁精，但有谁不是自己最大的马屁精呢？

所以，如果你有什么灵丹妙药可以止住我的这种波动症，我请你相信，我是值得你不吝相助的，你让我获得了宁静，我定会心存感激的。我知道，我所患的这种心神不宁的毛病并不危险，也不会酿成狂风暴雨。我抱怨的根由，用一个准确的比喻来说就是：令我苦恼的不是狂风暴雨，而是晕船。所以，还请你把我从这种病痛中解脱出来，无论是什么样的病，赶紧援救一个已经看到了陆地但仍在奋力挣扎的人吧。

2. 塞涅卡：实话跟你说，塞雷努斯，我已经默默地问了自己很久，究竟该把你的这种心态比作什么。我所能找到的与之最为相似的，就是有些人好不容易摆脱了长期的重病折磨，有时仍会因为发烧和小小的不适而受到影响；而且哪怕是这些不适的最后几丝痕迹也没有了，仍然因为犯疑心病而心绪不宁；完全康复了，还要把手腕伸给医生号脉，身体稍一发热便小题大做，叫苦连天。这些人啊，塞雷努斯，问题并不在于他们身体不是很好，而是在于他们对于身体健康不是很习惯，正如平静的大海，尤其是在暴风雨过后刚刚平静下来的时候，也难免会腾起一两道细浪一样。所以，你根本就不需要那些我们已经略过去的更为严厉的措施——有时候跟你自己过不去，有时候生你自己的气，有时候强烈地逼迫你自己，而是需要最后的绝招：自信，坚信自己所走的路是正确的，而且没有被众多奔往四面八方的人所留下的交错脚印引向歧途，其中也不乏溜达到了这条路边上的人。可是你所渴望的是一种伟大、至高无上且几近成为神的境界的东西：泰然自若。这种心理上始终镇定自若的状态，希腊人称作 euthymia（心境正常），德谟克利特曾写过一篇出色的论文论述过这样的心态；我称其为“宁静”，因为没必要模仿和复制希腊文的文字。眼下所讨论的这个东西需要用某个名字来命名，这个名字必须具有那个希腊词语的力量，而不是形式。因此，我们要探索的是，心灵应该怎样始终沿着一条稳定而又顺利的路线前行，怎样才能对自己心怀好感，怎样才能快乐地看待自己的状态并且没有任何干扰破坏这种快乐，而是一如既往地处于一种宁静状态，从不起起伏伏：这就是宁静。咱们就大体上探讨一下获得宁静的方法吧，然后你就可以从这一通用药方中想选什么就选什么了。同时必须将全部的薄弱之处都拽过来摆在明处，这样大家就会清楚自己是哪部分病了；而你也会认识到，比起那些为某些堂皇的宣言所拘束，在某些显赫的头衔下苦苦挣扎，执迷于自己更多是出于羞耻感而不是欲望所制造的假象的人来，你进行自我批评的难度要小多了。

每个人都处于同样的困境，饱受变化无常、无聊厌倦和计划老是没完没了地变来变去之苦，常常从自己刚刚抛弃的东西中找到更多乐趣的人是这样；成天哈欠连天、无所事事、虚度光阴的人也是这样。除了上面说到的这两种人，还要加上那些像失眠症患者一样辗转反侧，尝尽各种姿势直至疲困不堪才能入睡的人：他们通过不断改变自己的生活状况，最终却是赶上什么状态就在什么状态中终其一生，不是因为不喜欢改变，而是因为上了年纪，不能接受任何新东西了。此外还要加上这样一些人，他们有一个缺点，不是果断而是懒惰，由于这个缺点，他们太守常而不知道变通了，不是想怎么生活就怎么生活，而是开头怎样生活就一成不变地怎样生活下去。这一毛病有着数不胜数的特征，但结果只有一个，那就是对自己不满。这种不满源于心理上的不平衡和焦虑不安或未获满足的欲望，这时人们的胆量或收获往往会令他们的欲求落空，于是便会将一切都寄托到希望上；这样的人总是缺乏稳定性而且易变，这也是生活在悬而不决的状态下的必然结果。他们千方百计、不择手段地去努力实现自己的祈愿，教导并强迫自己去做不光彩而又困难的事情，而当他们的努力付诸东流，得不到回报时，他们又感受到了这劳而无功的耻辱对自己的折磨，并且会被这样一种想法搞得很痛苦，不是想到他们的奢望错了，而是想到奢望落了空。这时他们对已经开始的事情感到后悔，同时又害怕从头再来，由于他们既不能控制又不能服从自己的欲望，于是一种无以宣泄的激动不安的心情就会不知不觉地向他们袭来，一同袭来的还有一种不能为自身赢得自由的生活所引起的踌躇，以及无精打采地躺在一堆遗弃的祈愿中的一颗麻木的心灵。

而令上述所有情绪加剧的是，当怨恨自己付出了努力却一无所获，人们被迫去享清闲，关起门来搞研究，这些对于一颗立志从事某一公共职业、渴望就业、本性就不安宁的心灵来说是无法忍受的事情，因为毫无疑问，这心灵难以得到足够的慰藉。故此，一旦失去了事务本身给予积极参与者的那些乐趣，心灵就会无法忍受家庭、孤独和屋子的四壁，也不喜欢看到自己被单独留下了。这就是厌倦和不满的根源之所在，也是摇摆不定的心灵在哪里也静不下来，放着清闲不能享受，而是垂头丧气、无精打采地忍受的根源之所在。尤其是在一个人羞于承认产生这些情绪的原因，由于羞怯，只能把心头的苦水往肚里倒时，局限在一个狭小封闭空间里的各种欲望就会相互扼杀。于是，就有了一颗躁动不安的心的悲痛、忧郁和反复摇摆，这颗心先是被早前的各种希望悬着，一旦这些希望破灭便陷于悲伤；于是，就有了那种让人厌恶自己的闲暇，抱怨自己无事可忙的情绪，也就有了最强烈的嫉妒别人成功的情绪。由于嫉妒之情会因为他们令人遗憾的怠惰而得到滋长，他们自己一事无成，所以就希望别人也都一败涂地；而这种对他人成功的厌恨以及对自己成功的绝望，势必会让这些人在心里生命运之神的气，抱怨时代弄人，退避到角落里，郁郁不乐地沉思自己可怜的命运，直到对自己都厌烦和生气为止。由于人的心灵从本性上说是活跃好动的，所以一切令人兴奋和分心的机会，它都欢迎，而更加欢迎它们的则是所有那些品行最差的人，这些人无论干什么，都喜欢把自己搞得筋疲力尽。正像有些伤口巴不得有人用手捅一捅，身上令人恶心的疥癣随便什么样的抓挠都喜欢一样，我要说，对于这些长满了恶疮般的欲望的心灵来说，辛苦和烦恼才能给它们带来快乐。由于存在着某些满足我们的身体需要的同时也会带给它某种疼痛的事情，例如翻身换到尚未疲乏的那一边，为了纳凉从一个位置挪到另一个位置：荷马史诗中的英雄阿基里斯就是这样[①]，一会儿面朝下躺着，一会儿又仰躺着，采用各种各样的姿势，而且还像一个病人一样，什么姿势都忍不了多久，于是就以改变为良药。

出于这个原因，人们便周游列国，在各处岸边徘徊，而他们不安于现状，老是变来变去的浮躁心态在一会儿走水路，一会儿走陆路中得到了淋漓尽致的表现。“咱们现在前往坎帕尼亚去吧。”可奢侈的生活已经开始变得平淡乏味了：“那咱们就到某个荒凉的乡村去看看吧，就去找找布鲁提姆和卢卡尼亚的峡谷吧。”可是在那样的荒野中又会少了某种美，某种可以把他们娇惯坏了的眼睛从那粗犷风景的无尽荒凉中解救出来的东西：“那咱们还是前往塔伦图姆[②]吧，那里有著名的海港，冬天气候温和宜人，是一块即使在古时候就可以养活数以百计的居民的富庶之地。”“哎呀，咱们现在还是回到城里去吧。”因为他们的耳朵已经太长时间没有听到人们的叫喊与喧嚣，现在他们甚至渴望看到人类的鲜血了。他们走完一段旅程又马不停蹄地走另一段旅程，看完一处景观又看另一处景观，正如卢克莱修所言，

> 就这样每个人都永远在逃离自我。[③]

可是他如果不逃离自我，对他有什么好处呢？他始终都在追随

---

① 指帕特罗克勒斯死后阿基里斯的悲痛情形（荷马《伊利亚特》24.10 行起）。帕特罗克勒斯（Patroclus）是阿基里斯（Achilles，一译阿喀琉斯）的仆从和朋友，在特洛伊战争中为赫克托耳所杀。

② 塔伦图姆（Tarentum），意大利东南部港口城市塔兰托（Taranto）的古名。

③ 出自卢克莱修《物性论》3.1068。此书是卢克莱修用六韵步写成的一篇气势恢弘的长诗。本句在商务印书馆 1981 年出版的方书春译《物性论》（第 186 页）中译作：“就是这样每个人都想逃开自己——”

自己，同时又在把自己当作最讨厌的同伴来压迫。所以，我们应当明白，我们要与之进行斗争的缺点，并非我们所处位置的缺点，而是我们自身的缺点：当要忍受什么时，我们很脆弱，不能忍受辛苦、快乐，不能忍受我们自己，什么都忍受不了多大一会儿。正是这一缺点将有些人逼上了绝路，由于频频改变主意，就免不了总是要回到面对同样的事情，也就让自己没有任何尝试新鲜事物的余地了，于是他们开始厌倦生活，厌倦这个世界本身，而他们自我放纵的生活方式耗尽了他们的元气之后，就会令他们萌生这样的念头："这些千篇一律的东西，我要忍受到什么时候才是个头啊？"

3. 你问我觉得应该采用什么办法去克服这种厌倦情绪。上上之策，正如雅典诺德鲁斯[①]所言，就是去做些实事，去管理公共事务并尽一个公民应尽的义务。因为正如有些人在寻找阳光和锻炼保养身体中度日一样，正如对于运动员来说，把一天中的大部分时间都花在练肌肉和练耐力上是最有益的，这是他们唯一专心致志的事情；对于像你这样正在为公众生活的竞争而做心理准备的人来说，到目前为止最好的办法就是从事一项工作。因为一个人既然下定了决心，要做一个有益于自己的同胞和全人类的人，那么只要他把自己置身于公共义务之中，尽其所能地既服务于公众利益，又服务于个人利益的话，他就在受到锻炼的同时也做出了贡献。"可是，"雅典诺德鲁斯又说，"由于在这个充斥着野心的疯狂世界里，有那么多的人颠倒黑白、诬陷好人，诚实几无安全可言，往往会遭到阻碍而得不到支持，所以我们应该从公会广场和公众生活中全身而退。"不过即使在私人生活中，伟大的心灵照样也有自由地展示自己的机会；狮子和其他动物的情况则不一样，因为它们的能耐在巢穴之内是不能尽情施展的，而人的最大成就却往往是隐居的结果。但，一个人隐居也应该以下面这

---

① 雅典诺德鲁斯（Athenodorus），身份不详，也许是斯多葛学派哲学家（塔尔色斯的）雅典诺德鲁斯，他对小加图很友好。

一点为条件，那便是，无论他躲在什么地方享受自己的闲暇时光，目的都应该是用自己的聪明才智、自己的意见和忠告来做出有益于个体和整个人类的事情；因为服务于国家的并不只是提出候选人、替被告辩护、可以为战与和而投上一票的人，也包括勉励青年人，在好老师严重匮乏之际向他们灌输美德，抓住那些疯狂追逐金钱与奢华的人并把他们往回拽，即便起不到任何别的作用，至少也可以遏制一下他们的速度的人，这个人虽然过着隐居生活，却也在服务于公众。是那个身为执政官，了断公民与外国人之间的官司或公民之间的官司，向当事人各方宣读助手为其拟好的判决书的人所做的贡献更大呢，还是那个告诉人们正义、责任感、忍耐、勇气、视死如归、理解众神、问心无愧的幸福有多么自由这些真谛的人所做的贡献更大呢？所以，如果你把从公共义务那里偷来的时间用在了做学问上，你就既没有擅离职守，也没有拒绝履行自己的职责了。因为并不是只有站在战斗第一线，保护左翼或右翼的才是兵，还有把守大门，岗位虽不那么危险却一点儿也不会闲着，通宵站岗，守护军械库的也是兵；这些任务也许不会有流血的危险，但也算得上是军务。如果你潜心做学问，你就会把你对生活的厌恶统统忘到九霄云外，你就不会因为厌倦了白天而盼望夜幕降临，你就不会成为自己的累赘，也不会成为无益于他人的人；你就会赢得很多人的友谊，而且聚在你身边的那些人都将是最优秀的。因为美德再怎么不显山露水，也还是可以察觉的，总是可以让人看得出来它的存在的：只要是杰出的人，谁都可以循着她的足迹找到她的所在之处。因为如果我们放弃一切社交活动，置人类于不顾，只一门心思为我们自己而活着，那么，这种对什么都没有兴趣的隐居生活所带来的必将是一事无成：我们就会开始建一些房子，而拆毁另一些房子；就会迫退海水，却又不顾地势上的难度引水上山，还会糟蹋大自然赋予我们的时间。我们有些人惜时如金，另一些人则大手大脚；我们有些人精打细算，时间花在了什么地方，笔笔都有账可查，另一些则是胡乱瞎花，有多少花光多少，没有一点结余，这是天底下最可耻的事情了。很多时候，一个年事很高的老人，除了他的年岁以外，没有任何证据可以证明他活了很久。

4. 在我看来，我最亲爱的塞雷努斯，雅典诺德鲁斯似乎在时世面前投降也投得太快了，退堂鼓打得太早了。我本人从不否认有时候退却是必须的，但应该是逐步撤退，而且不应有损于军旗或军人的荣誉：妥协却并不缴械的人往往能赢得敌人更大的尊重，受到虐待的可能性也要小一些。这就是我认为美德和热爱美德的人应该做的事情：如果命运女神占了上风，不给一个人任何行动机会，那也不能让他掉头就逃，扔掉武器，找个地方躲起来，仿佛有什么地方可以让命运女神鞭长莫及，奈何不了他似的，而应该让他更加吝惜地把自己投身到应尽的义务中去，让他做出选择，找一些可以报效国家的事情去做。当不了兵，那就让他去谋个公职好了。他得靠个人的本事吃饭，那就让他去当律师帮人打官司好了。他受到了不得说话的惩戒，那就让他用无声的支援帮助自己的同胞好了。他哪怕是进入公会广场都会有危险，那就让他在私人寓所、公共娱乐场所和宴会上拿出一个好伙伴、一个可靠的朋友和一个有节制的食友的样子来好了。他已经尽不到一个公民的本分了，那就让他尽一个人的本分好了。这就是我们表现得很大度，不把自己局限于一座城市的城墙之内，而是走出去与全世界交往接触，宣称世界就是我们的祖国的原因之所在，也就是说，我们可以给我们的美德提供一个更大的空间。通向法官席的大门已经对你关闭，而且你也登不上演讲坛或者说竞选演讲坛了，那就回头看看那些胸襟宽阔，向你敞开胸怀的国家和民族的数量吧；无论谁对你进行大范围的封锁，都休想不留下一个更大的范围来任你支配。不过要注意的是，这也可能完全是你自己的错；除非当上了执政官、主议官①、

① 主议官（prytanis，其职责是主持“500 人议事会”和公民大会，故亦可译作议长），最初是雅典的一种官名，后来亦为希腊其他城市所采用。

传令官或审判官[1]，你才想要报效国家。除非当上将军或军团指挥官，否则你就不愿意当兵服役，那怎么办呢？即使别人处在了前锋位置，而命运却将你放在了第三梯队的战士中间，那也要在你的位置上用你的声音、鼓励、榜样和精神发挥自己的作用：即使一个人的双手被砍掉了，只要他坚守在阵地上呐喊助威，那他也是可以为自己这一边的兄弟做一些事情的。这就是你应该做的事情：假如命运女神已经把你从国家最重要的位置上推了下来，那你也应该坚守自己的岗位，呐喊助威，要是有人堵住了你的喉咙，那你也应该坚守阵地，默默地助威。一个优秀公民的帮助从来都不会起不到什么作用的：只要人们听到或看到了他，都会从他的表情、一个点头、无声的顽强和举手投足中获得益处。正如有一些有益于健康的东西，即使我们不曾尝过或者碰过，但靠它们的气味也可以发挥出应有的效果一样，美德即使在远处，在我们看不见的地方也会令我们受益匪浅。无论她是不是主动走出户外，发挥自己的作用；无论她是不是应别人的恳求才抛头露面，迫不得已才收帆减速；无论她是闲而无事、一言不发、偏居一隅，还是公开亮相。无论她身处什么状态，都会给人带来好处。你为什么觉得拿一个把退隐生活过得体体面面的人来当例子没有多大价值呢？所以，到目前为止，每当偶然的障碍或国家的形势不允许你过一种积极的生活之时，上上之策便是要劳逸结合；因为从来没有哪个人会发现自己什么追求都受禁止，丝毫没有从事任何高尚的活动的机会。

5. 你能找出一个比被三十僭主[2]搞得四分五裂、惨不忍睹的雅典还要悲惨的城邦吗？他们谋杀了一千三百个雅典公民，全都是最优

---

① 审判官（sufes），乃迦太基人的术语。

② 伯罗奔尼撒战争中雅典战败后，斯巴达国王吕西斯特拉图（Lysistratus）干涉雅典内政，按照自己的三十寡头制度在雅典扶持了一个以柏拉图的两个舅舅为首的寡头政治的傀儡政府，称作三十僭主。

秀的人，还不愿因此而罢手。相反，他们的残忍反而变本加厉了。在这个有着亚略巴古[①]——一个极受敬畏的法庭，并有着元老院和类似于元老院的公民集会的城邦，每天都有一帮残忍的刽子手聚首一处，而那不幸的元老院议事厅也被僭主们挤得水泄不通：这样一个僭主多如食客的城邦岂能达到一种和平状态？人们的内心连重获自由的希望都得不到，而且面对这些大权在握的坏蛋，似乎根本就找不到任何还手之机；因为这个可怜的城邦到哪里去找齐那么多像哈莫迪乌斯[②]一样的人呢？不过，苏格拉底算得上其中的一员，他在安慰悲伤的城邦元老，鼓励那些对国家感到绝望的人的同时，申斥眼下正为自己财富而担惊受怕的富人，指责他们对自己危险的贪欲悔悟得太晚了；而当他以一个自由人的身份周旋在三十僭主之间时，他始终都会给那些想仿效他的人树立一个很好的榜样。然而，就是这个人，雅典亲手将他处死在了狱中，这个嘲笑了整个僭主集团都未受惩罚的人，其自由却没得到自由的容忍。从这件事上，你可以学到两点：哪怕是国家动乱，贤哲也有机会名垂青史；即使城邦繁荣昌盛，嫉妒与千百种其他没出息的恶习也会猖獗泛滥。所以，我们是加大还是缩小自身的努力，要视国家的情况和命运所赋予的机会而定，不过不管怎样，我们都会 往无前，而不会让恐惧束缚住我们的手脚，从而变得麻木迟钝。不，真正的男子汉在四面受敌，周遭兵器声与锁链声响成一片之时，是既不会把自己的美德送到危险之下，也不会将自己的美德隐蔽起来的；因为把自己埋起来是救不了自己的。库里乌斯·登塔图斯[③]说过一句话，我觉得说得很对，他说与其像死人一样活着，还

---

① 亚略巴古（Areopagus，又译战神山），一个古雅典的法庭，它同时具有非正式的护卫雅典城邦的职能。位于雅典卫城的西北方。

② 哈莫迪乌斯（Harmodius）曾与阿里斯托盖顿（Aristogiton）密谋在公元前514年的泛雅典娜女神节杀掉僭主希庇亚斯。二人在希庇亚斯终遭驱逐后均被尊为英雄。

③ 库里乌斯·登塔图斯（Curius Dentatus），战胜过萨莫奈人（公元前290年）

不如死了算了:因为最大的不幸就是你还没死就告别了活人的行列。不过要是你碰巧赶上了一个难以谋到一份公共职业的时代的话,那么你就只好把更多的时间用于休闲和文学了,而且就像你在进行一次危险的航行一样,你得时不时地靠港,另外,不用等公共事务让你脱身,而要主动从公共事务中抽身而出。

6. 不过,我们务必首先审视一下我们自身,然后审视一下我们打算做的事情,再审视一下我们为之或与之一道做这件事情的人。

最紧要的是一个人对自己要有一个正确的估计,因为我们往往都会把自己的能力估计得过高:有的人会因为对自己的雄辩自信满满而吃亏倒霉,有的人则会因为从事一项勉为其难的工作而让自己虚弱的体质吃不消。有些人发现自己太谦虚,一点儿也不适合处理民事问题,因为处理民事问题脸皮必须厚一点才成;有些人天性固执,不适合做法官;有些人火气太大,任何冒犯都会令他们破口大骂;有些人把握不好幽默的分寸,老喜欢说一些危险的俏皮话。对于所有这些人而言,退隐比在其位谋其事更有益处;刚愎自用、缺少耐性的人,就应该离一切有可能让人信口开河,图个嘴上痛快的场合远一点,避免祸从口出,惹火烧身。

其次,我们必须评估一下我们打算做的事情,并对自身的能力与想要尝试的工作做一番比较。因为要完成一项任务,完成任务的人什么时候都必须力能胜任才行。太重的负担势必将承担者压垮。此外,有些任务虽然不大,但却极具生产性,因而能导致许多新的任务:你应该躲远点儿,别去碰那些会带来五花八门的新任务的事情,也别去碰让你不能自由脱身的任务;你应该积极去做那些你可以做出个结果,起码是有望看到结果的事情,而不要去碰那些越做事儿越多,欲罢不能的事情。

和皮洛士(公元前 275 年)的罗马将军。(据说他生来就有牙,他名字中的“登塔图斯”意思就是“有牙的”。)

7. 我们在物色人的时候也必须特别谨慎，要考虑他们值不值得我们为之献出生命的一部分，或者说我们牺牲了时间，他们是不是也领情；因为有些人在我们帮了他们之后，竟然会问罪于我们。雅典诺德鲁斯说如果请他赴宴的人不对他同意赴宴心存感激的话，他是不会接受邀请的。我想你应该明白，他更不会愿意跟下面一种人一起用餐，那种人当朋友帮了忙，就设宴相谢，摆满一大桌子菜，弄得就像慷慨施舍一样，仿佛这样就可以显出他们对别人极尊敬似的。那样的主人，如果没有了见证人和旁观者，无人作陪的话，会吃得很没有意思。

你需要思考一下，看自己的本性是更适合于参与各种各样的事务呢，还是更适合悠闲地做学问和沉思，而且你需要转到你的天赋才能所指引的那条道路上去：伊索克拉底抓住埃福罗斯[①]的肩膀将他带离了公会广场，因为觉得他在记载历史方面将更能发挥作用。天赋才能在强而为之的事情上是起不了什么作用的；逆天性而为，只能是劳而无获。

然而，深厚忠诚的友谊带给心灵的愉悦是什么东西都比不上的。有几个朋友愿意听你吐露所有内心秘密，把你的底细交给他们比交给你自己还要放心，跟他们交谈可以缓解你的焦虑，他们的意见有助于你下定决心，他们的欢乐可以驱散你沮丧的想法，一看到他们你就会兴高采烈，这是多么大的福气啊！我们自然会相中那些尽可能摆脱了私欲杂念的人；因为恶习会不知不觉地蔓延开来，迅速传染所有离得最近的人。因此，就像瘟疫流行时我们必须留神，千万不要坐在那些已经被传染上瘟疫的人旁边，否则我们就会招惹危险，面临他们

---

① 伊索克拉底（Isocrates，公元前 436—前 338）乃雅典雄辩家，他主要是通过书面演讲词影响了政治见解和雅典人的自我认知。埃福罗斯（Ephorus of Cyme，约公元前 405—前 330）是狄奥多罗斯·西库路斯（Diodorus Siculus，公元前 1 世纪古希腊历史学家，著有世界史四十卷）著作的主要材料来源。

的呼吸所带来的风险一样，择友时，我们一定要注意他们的人品，这样就可以把人品不好的人尽可能地排除在外：将有病的没病的混在一起，没病的也会得病。不过我不会要求你只择贤哲而从，或者说只引贤哲为友。因为你上哪儿去找这个我们已经苦苦找了千百年的贤哲呢？找不到最好的人，那就矮子堆里拔将军得了。假若你是在从类似于柏拉图、色诺芬以及苏格拉底其余的那一大帮弟子中寻找好人的话，或者说，假若你处在加图的时代，这个时代产生了许多无愧于生在加图时代的人（也产生了许多其他任何一个时代都见所未见的人品极差的人，以及种种十恶不赦的滔天大罪的始作俑者；因为要真正了解加图，这两类人都是必不可少的：既得有可能支持他的好人，也得有考验他力量的坏蛋），而这个时代要是你说了算的话，那么，你根本无法找到比这还要幸运的选择机会了。但现如今，好人如此匮乏，你做选择的时候就不能太挑剔了。不过，你还是应该格外小心，不要挑选那些性情忧郁，什么事情都可以掉眼泪，从不放过任何一个抱怨机会的人。这样的人也许对你忠肝义胆，矢志不移，但一个总是心烦意乱，事事都要悲叹一番的朋友却是宁静的大敌。

8. 现在咱们换个话题，来谈一谈遗产问题，遗产是人类不幸的最大根源；因为如果你将折磨我们的所有其他不幸，如死亡、疾病、恐惧、渴望、忍痛受累，与金钱带给我们的不幸加以比较，你就会发现金钱所造成的不幸这部分无疑会占优势。因此，我们必须想明白一点：忍受没钱的痛苦，比起忍受丢钱的痛苦来，要容易多了；进而我们会认识到因为贫穷，丢东西的机会就小，我们受其折磨的可能性就越小。如果你以为富人能更欣然地忍受损失，那你就错了：块头再大的人，受了伤，疼起来一点也不会比块头最小的人轻。比翁[①]有一句妙言：秃子头发没几根，拔起来和头发多的人一样疼。你放心，富人与

① 博里斯塞讷斯的比翁（Bion，公元前 3 世纪），犬儒派作家，其独特的大行其道的道德观也深得贺拉斯的青睐。

穷人的情形也一样，苦恼起来别无二致；因为钱财牢牢地贴着他们双方，是不可能夺走而不被察觉的。不过正如我前面所说过的那样，得不到钱财比失去钱财要容易忍受一些，给人的压力也要小一些；因此你会看到，从未受到过命运女神垂青的人要比被命运女神抛弃的人更快乐。第欧根尼[①]这位心灵强大的人注意到了这点，并且做到了一点，从他身上什么也夺不走。你可以把这种状态叫贫穷、贫困、贫乏，可以想给这种沉着状态安一个什么可耻的名字就安一个什么名字：你要是能给我找出第二个毫无东西可丢的人来，我就不把第欧根尼算作幸福之人。要么是我欺骗了自己，要么就应该说，置身于所有的守财奴、骗子、强盗和掠夺者当中而成为唯独一个不受伤害的人，乃是一种王者之气。如果有人对第欧根尼的幸福心存怀疑，那么他对不朽众神所享有的状态同样也会产生疑念，怀疑他们的生活是不是不够幸运，因为他们没有农庄，没有私家花园，没有价值不菲、由外国佃农耕种的土地，没有从市场中获得的巨额利润。你们这些瞪大眼睛盯着财富的人，不觉得羞愧吗？得啦，抬起眼睛看看天上吧：你会看到众神赐予一切，自己却一无所有。你认为这个赤条条、脱光了自己身上由命运女神赐予的所有服饰的人是穷呢还是像不朽的众神？庞培的释奴德米特里乌斯，这个厚颜无耻，富过庞培而不害臊的家伙，你难道会说他就比庞培更幸福吗？这个过去有两个下属和一个宽敞一点儿的小棚子就会算作一笔财富的家伙，后来每天要人清点自己的奴隶人数并报给他，俨然一副大军统帅的做派。而第欧根尼仅有的一个奴隶跑了以后，有人向他指出了这个奴隶，他却认为把这个奴隶抓回来是不够严肃的事情。“这样做不会给我长脸，”他说，“如果马涅斯没有我第欧根尼能活下去，而我第欧根尼没有马涅斯却活不下去的话。”他的这句话，我是这样理解的：“命运女神，管好你自

① 第欧根尼（Diogenes，约公元前412—前324），著名犬儒派哲学家，有关他的轶事收录在第欧根尼·拉尔修（Diogenes Laertius）所著《名哲言行录》中。

己的事情吧,第欧根尼现在没有一样你的东西了:我的奴隶已经跑了——不对,应该说,我已经赢得了自由,我已经逃走了。”一家子奴仆要吃要穿,那么多胃口大得跟无底洞似的肚皮须填饱,必须给他们买衣服,还得拿一只眼睛紧紧盯住他们那一双双偷东西的贼手,另外我们还须雇用那些哭哭啼啼、骂骂咧咧的人来为我们服务——一个人如果只需感激一个很轻易就可以拒绝的人,也就是他自己,那他该要幸福多少呀!可话又说回来了,既然我们没有这样坚强的性格,那起码也应该缩减我们的财物拥有量,以便能减少命运不公对我们的影响。打仗的时候,身体可以塞到盔甲里面去的小个子,比起那些不能全塞进去,身体到处都可能受伤的大块头来,战斗力会更强。就钱财而言,理想的数量是,既不让人沦为贫穷之列,又不让人远离贫穷。

9. 从另一方面来说,我们会满足于这样的数量的,如果先前节俭就能令我们感到满足的话;须知不节俭,再多的财富也不够多,再大的数量也不够大。尤其是,药到病除的方法就在手边,而且贫穷本身也可以借助于节俭而变成财富。让我们养成习惯,别再好面子、爱显摆了,别再以外在魅力取物了,而要以用途来衡量万事万物。让食物充饥,让饮料解渴,让欲望遵从自然的方向;让我们学会依靠自己的双手生活,让我们的衣食符合祖先所遵循的习惯,而不是新的时尚;让我们学会增强自制、遏制铺张、节制野心、压抑愤怒,学会不以成见去看待贫穷,学会勤俭节约,学会用便宜的药物去医治自然的欲望,学会——这么说吧——用链子去拴住疯狂的希望和始终盯着未来的心灵,学会从我们自己身上,而不是从命运女神那里去寻求财富,并以此作为我们的目标。

林林总总、五花八门的意外之灾,从来就不可能一击而退,到不会有许多风暴来袭击扬帆出航者的程度;我们必须把自己的活动限制在一个狭小的范围之内,这样命运女神的箭才可能落到空地上,所以有时候人会因流放和灾祸而得福,更为严重的不幸被较轻的不幸所化解掉了。当一个人不听教诲，用温和一点的方式已无法令其心灵恢复健康时，为什么就不能为了他好，让他受一点穷，蒙一次辱，倒一回霉，以毒攻毒，治一治他心灵上的毛病呢？因此，让我们习惯于吃饭不用人陪，给少一些的奴隶们当奴隶，习惯于只为衣服的原来用途买衣服吧，习惯于住在窄小一点的住处吧。不单单是在竞技场上的赛跑和比赛中，在人生的赛场上，我们也必须牢牢处于内圈的位置。

哪怕是就做学问而言，虽说这方面的花费是非常体面的事情，但也要适度才说得过去。如果一个人有不计其数的书和藏书室，而他毕其一生也难以把它们的书名都过一遍，那又有什么意义呢？这么多的藏书不会让人长学问，倒是会让人背上沉重的负担。集中精力钻研几个作者的作品，要比走马观花式地浏览一大堆作者的作品强多了。四万本图书在亚历山大的那场大火中[①]化成了灰烬；让别人去把这座图书馆誉为王室财富最好的纪念物吧，就像提图斯·李维乌斯[②]那样，他曾把这座图书馆说成历代国王高雅品位和爱好的一项杰出成就：这根本就不是什么“高雅品位”和“爱好”，不过是做学问的人的奢侈，不，甚至连“做学问的人”都谈不上，因为他们不是把这些书买来做学问的，而是撑门面的，就像许多连儿童的文学常识都不具备的人一样，他们不是用书来丰富自己的学问，而是用书来装点自己的餐厅的。所以，你应该需要多少书就买多少，够用就行了，而纯粹为了显摆的书，一本也不应该买。“把大把大把的钱花在买书上，”你会说，“总比花在买古玩字画上要体面一些吧。”可做任何事情，只要过了头，就会铸成大错。你有什么理由去原谅一个想有一组柑橘木和象牙书柜，收集不是名不见经传就是名声扫地的作者的作品，然后置身于这万千书卷之中，哈欠连天，从书皮和书名中寻找最大乐趣的

---

① 指公元前 48 年的那场大火。

② 提图斯·李维乌斯（Titus Livius，公元前 59—公元 17，又译提图斯·李维），古罗马历史学家，著有《罗马史》（*Ab Urbe Condita Libri*）。

人呢？因此，在天底下最懒的人家里，你才会看到整套整套的演讲词和史书，堆得齐屋顶的一箱一箱的书；因为现如今，除了冷水浴室和热水浴室之外，藏书室也成了豪宅必备的装饰品。如果是因为过于热爱学习才使这些人走上了歧途的话，那我倒是愿意原谅他们。而事实上，他们之所以不惜重金，买下这些每部上面都配有各自作者肖像的神圣天才的著作，只是为了显摆和装饰自己的墙壁。

10. 不过也许你已经陷入了人生的某个困境，而且你可能没有意识到，你的公共财产或私有财产已经用一个圈套，一个你既无法解开又无法挣脱的圈套，将你牢牢地套住了。细细想来，囚犯最初都会觉得自己腿上的铁镣铁链难以承受，可到了后来，一旦他们打定主意，与其恼羞成怒还不如默默忍受，无可奈何的处境就能教会他们勇敢地去忍受，习惯了，也就不难忍受了。无论你选择什么样的生活，只要你看淡自己的种种不幸，而不是把它们变成可恨的东西，你就会从中找到喜悦、乐趣和快乐。造化在这方面帮了我们最大的忙，由于她知道我们生就要经历何等的磨难，于是就设计出了习惯，用以减轻各种灾患痛苦，再大的痛苦，习惯了，很快也就过去了。如果灾祸病痛从头到尾都一个样，一点也不减弱的话，那么谁也受不了。我们大家全都受命运女神的束缚，只是束缚我们有些人的链子是金子打的，比较松，另一些人的则是贱金属打的，比较紧，可那又有什么关系呢？所有人都受着同样的囚禁，动弹不得，就连那些绑人者自己也被人绑着，除了你碰巧觉得左腕上的链子轻一点之外。有人是因为公务缠身而受到束缚，有人则是受到财富的束缚；有些人是因为出身高贵而背上了沉重的包袱，有些人则是因为出身卑微而背上了沉重的包袱；有些人屈从于别人至高无上的权威，有些人则是屈从于自己至高无上的权威；有些人是因为流放而被困于一隅，有些人则是因为神职而被困于一隅：生活皆劳役。因此，人应该学会适应自身的处境，尽量少抱怨，利用自身处境所可能带来的一切好处。没有糟糕透顶，不能让一颗平静的心灵从中找到些许慰藉的处境。狭小的空间，善加规划，往往也能显出多种用处。精心安排，再狭窄的地方也可以变得非常宜居。用理性去解决困难，坚硬的东西就可以变软，狭小的空间便可以扩大，而会使巧劲儿，肩头的重担就会变轻。此外，我们不应该打发我们的欲望去追求遥不可及的东西，而应该准许它们去碰唾手可得的东西，因为将它们彻底限制死，它们是受不了的。让我们放弃那些做不到或者要费很大的劲才能做到的事情，去从事那些近在咫尺、嘲笑我们的希望的事情吧，不过，我们要清楚地意识到，这些东西全都是无足轻重的一路货色，外表看上去千差万别，里面却全都一个样，没有用。我们不要去羡慕那些站在高处的人：看似很高的地方，实则都是悬崖。

相反，那些被无情的命运置于险境的人，反倒会更安全一些，如果他们能在那些本身骄傲的事情上少一些骄傲，能尽可能地把自己的财富降低到普通水平的话。当然啦，有很多觉得须牢牢揪住自己高位不放的人，这些人除了从上面摔下来是下不来的；然而他们也许会宣称这是他们最大的负担，也就是说，他们是被迫成为别人的负担的，因为他们不是被提拔上去的，而是被钉上去的。让他们用正义、仁慈、和善、慷慨爽快的施舍为日后的不幸做好多手防备吧，让他们把希望寄托在这些防备上，别再那么提心吊胆，惶惶不可终日了吧。不过话又说回来，要想摆脱这样的心理波动，什么也不如始终对前进的步子加以适当限制来得有效；什么时候止步不前，不要由命运女神说了算，而应在远未到达界限之前我们就自愿停下来。这样，也有某些欲望会刺激心灵，不过由于有了界限，欲望也就不会将心灵带到毫无把握的未知领域里面去。

11. 我上面所讲的这些话适用于那些还没有完全成熟的人，适用于平平常常的人，适用于不健全的人，不适用于贤哲。贤哲无须提心吊胆或者说小心翼翼地走路，他非常自信，能毫不犹豫地面对命运女神，而且决不会向她让步。他没有理由怕她，因为在他眼里，不仅自己的动产、不动产、社会地位，而且自己的身体、眼睛、手以及使得生命对一个人来说尤其可贵的其他一切，乃至于他自己本身，都不过是过眼烟云，昙花一现的东西，而且他过生活，就如同一个人把自己暂时借用了一下一样，到了还债的时候，他会毫无怨言地全部归还。因此在他自己眼中，他并不是一钱不值的，因为他知道他并不属于他自己，而他会以一个虔诚、神圣的人在守护托管物品时所习惯表现出的小心翼翼、一丝不苟，来尽自己应尽的一切职责。但只要命运女神一声令下，命令他将这些东西交回去，他决不会抗命不从，而是会说："谢谢您让我拥有并保管了这一切。经管您的财产已经给我带来了可观的回报，不过既然您下了令，我悉听尊便，满怀感激、满心欢喜地如数奉还给您。如蒙不弃，此时您仍旧不吝把什么东西交给我的话，我照样会替您好生照管的；如果您要别的，那我就把我锻造和铸造出来的银器，我的房屋、我的家庭还给您。"倘若造化要将她先前托付给我们的东西收回的话，那么我们也应该对她说："收回去吧，这颗心灵可比您当初给出来的时候要好哟，我不会推三阻四，也不会耍赖；我心甘情愿让您拿走您在我没有意识之前所赋予我的东西，拿走吧。"从哪儿来回到哪儿去，这有什么难的呢？不知道怎么才能好死的人，往往会生不如死。所以，我们必须降低我们对生的定价，把生命的气息看成不值钱的东西。正如西塞罗所言[①]，如果角斗士想不惜一切手段保命的话，我们就会敌视他们；如果他们藐视生命的话，我们就会拥护他们。你应该认识到，我们也处于同样的情形，因为往往越是怕死，越是会将自己送上死路。拿我们寻开心的命运女神会说："我为什么要救你的命，你这卑鄙胆小的家伙？你不知道如何献上你的喉咙，所以只会挨更多的刀子，受更多的伤。相反，如果刀子落下来你

① 典出西塞罗《为米罗辩护》92。米罗（Titus Annius Milo Papianus）公元前52年因谋杀普布利乌斯·克洛狄乌斯·普尔喀而遭到起诉，他的朋友西塞罗曾出面为他辩护，但并不成功。

不缩脖子，不举起双手护着，而是勇敢地承受，那么你既会活得长久一些，也会死得轻松一些。”怕死之辈，从来不会做一件值得一个活人去做的事情；而知道这些都是早在母亲怀他时就给他开出的条件的人，则会按照这份协议生活，同时，他还会凭着同样的意志力，保证发生在自己身上的事情一件也不会出乎意料。因为通过展望一切可能发生的事情，把它们看成眼看着就要发生的事情，他会缓解一切不幸所带来的冲击，对于那些能够做到居安思危、未雨绸缪的人而言，任何不幸都不会带来半点儿意外，但对于那些临渴才想到掘井，尽盼着好事儿的人来说，任何不幸都会构成严重打击。人难免会生病、坐牢、遭灾、失火，但无一不是意料之中的事情。我早就知道造化把我幽禁在了怎样一帮闹哄哄的人当中。我的左邻右舍曾多次传来为死者的哀号，由火把和细烛开道、替早亡者送葬的队伍曾多次从我的门前经过；我的耳畔常常响起房屋轰然倒塌的声音，那些因为公会广场、元老院和交谈而跟我相处过的人，常常一夜之间就被死神带走了，两只友好地紧握在一起的手就被这一夜给分开了。难道我还应该怀疑，一直在我身边飞来飞去的危险，终有一天会落到我头上吗？许多人出海的那一刻都是不会考虑风暴的。我这个人从来都不会羞于引用个滥竽充数的作者的话，只要他说得在理。普布利柳斯[1]，这个一旦抛开愚蠢的闹剧和讨好观众的语言，就比喜剧和悲剧作家更具活力，写出了许多比任何一部悲剧中的台词——更不必说喜剧了——都要感人的佳句的作家，还为我们留下了这样一句：

> 无论什么样的命运，能发生在一个人身上，就同样能发生在我们大家身上。

① 普布利柳斯，参见第 72 页脚注。

如果一个人能真正把这句话铭记于心，且能在目睹别人的不幸时——这样的不幸每天都可以看到很多——记住这些不幸也会随时降临到自己头上的话，那么他就会在大难临头之前早早地加以防范。一旦危险来临，再去做心理准备就来不及了。“我没想到会出这档子事儿，”你也许会说，“难道你料想到过会出这事儿吗？”我的回答是：“为什么不呢？”哪有什么财富后面不尾随着贫穷、饥饿、乞讨的呀？哪有官袍加身、手握法杖、脚系贵族鞋带的高官要职，没有衣衫褴褛、烙有谴责标志、污点重重、声名狼藉的随行呢？有哪个王国不会走向灭亡，遭到践踏，出现暴君和刽子手呢？而且这类事件的时间间隔都不长，一个人从万头朝拜的王座上转眼的工夫就可能变成跪倒在别人脚前。因此你须意识到，每个人的情况都会发生变化，能降临在别人头上的不幸，同样也能降临在你的头上。你很富有，可你能富过庞培吗？而当初在盖乌斯这位老亲戚新主人为了关上自家的大门，而替他打开了恺撒的大门时，他却连面包都没得吃，水都喝不上。尽管他拥有那么多条源头和入海口都在他领土之内的河流，可他却照样不得不为了几滴水而向人乞讨；他因为缺吃少喝，饥渴交加而死在了自家亲戚的宫殿里，而且他挨饿的时候，他的那位后嗣却在安排为他举行国葬。你身居过若干要职，可你的职位中有像塞扬努斯[①]所把持的那么重要、那么超乎想象、那么一手遮天的职位吗？可就在元老院把他送进监狱的当天，人民便把他撕成了碎片；这个集人和神所能给予的一切荣耀于一身的人，没有留下点儿可以让刽子手拖到台伯河去的东西。你是国王，克罗伊斯[②]不是我要你注意的君王，他活着的时候，目睹了自己的火葬柴堆被点燃和被浇灭的过程，被迫活了下来，活得不仅比自己的王国要长，而且比自己的大限还要长。我也不

---

① 塞扬努斯，见第 62 页脚注。

② 被居鲁士打败后，吕底亚国王克罗伊斯（Croesus）即将被活活烧死之际，一场突如其来的阵雨将火浇灭了。此事记载在希罗多德《历史》1.86。

会要你注意朱古达[1],他曾令罗马人民闻风丧胆,但不到一年的时间之后,罗马人民就看到他沦为了阶下囚。非洲之王托勒密、本都国王米特拉达梯[2],我们亲眼看到他们为盖乌斯的卫兵所拘禁,一个遭到了流放,另一个也巴望着将自己打发到那儿去。鉴于命运变化如此巨大,时起时落,除非你认为一切可能发生的事情皆有可能也发生在你身上,否则你就是在将自己往厄运手里送,而厄运虽强大,只要一开始就能预见到,任何人都能将其粉碎。

12. 我们的下一个目标是不做徒劳无益之事,或者说不做无用功,也就是说,不要渴望我们所得不到的东西,或者一旦千辛万苦地得到之后,又会让我们意识到我们的欲望毫无意义的东西,只可惜这样的意识来得太晚了,我们已饱尝羞愧。这意味着我们的努力不应该是徒劳无果的,而且结果也不应该对不住我们的努力;因为一般说来,如果一事无成,或是虽成犹辱的话,悲伤就会随之而来。我们必须抑制许多人在楼宇、剧院和广场之间溜来逛去时所表现出的激动不安,他们插手别人的事情,老是显得忙忙碌碌。如果你在他们其中一个出门时问他:"你要去哪儿?你有什么打算?"他会回答说:"我真的说不上来,不过我要去见某些人,有些事要去完成。"他们瞎溜达,没有计划,给自己找事儿来做,而到头来他们所做的事情并不是他们想要做的事情,而是碰巧撞上的事情。他们漫无目标地东奔西跑,就像灌木丛中爬来爬去的蚂蚁一样,无所事事地一会儿爬到某根细枝的梢头,一会儿又爬到树枝的底部,多数人过的就是这样的生活,完全可以形容为"无事瞎忙"。看到其中某些人一路狂奔,像是要去救火的样子时,你肯定会可怜他们:他们一路上频频与

---

① 朱古达(Jugurtha),努米底亚藩属王,曾在公元前2世纪末起兵反抗罗马。历史学家萨卢斯特(Sallust)在其《朱古达战争》一书中将这场旷日持久的战争描绘成罗马贵族统治衰落的象征。

② 托勒密(Ptolemy),毛里塔尼亚国王(公元23—40),曾被流放到罗马;米特拉达梯(Mithridates),本都国统治者,后来被恢复王位,最终却被自己的儿子推翻。

人相撞，不是把自己撞飞，就是把别人撞飞，而他们始终这么急匆匆地飞跑，也不是为了什么大事，大不了不是去拜访一个不会回访自己的人，就是去参加一个素不相识的人的葬礼，再不就是去旁听对一个很少不惹官司的人的审判，或者去参加一个结过无数次婚的女人的订婚仪式，他们总是把自己跟一些乌七八糟的东西拴在一起，在城市的某些地方甚至将它们背在身上。然后，等到他们精疲力竭、一无所获地起身回家时，他们又会赌咒发誓，说什么他们自己也不知道自己是因何事才出门的，都去了些什么地方。可是到了第二天，他们又会沿着走过的老路再逛一圈。所以，你所有的努力都应该指向一个特定的目标，而且应该牢牢盯住一个特定目标。人不会因为活动而不得安宁，却会因为对现实的错误印象而疯狂，因为就算是疯子，如果不受到某种希望的驱使，也是不会狂躁不安的。刺激他们的往往是某些东西的外形，因为外形的虚伪性是他们出了问题的脑子所无法看透的。同样，凡是在家里待不住，爱跑出来凑热闹的人，也都是让一些没有意义而又微不足道的理由牵着鼻子，才围着城市团团乱转的。另外，这样的人虽说无事可做，却天一亮就会出门，而等他在很多人家的门口无端受辱，一个接一个地跟人家把门的请完安，吃了很多闭门羹之后，这才发现，在他们所有人当中，最难在家中找到的，就数他本人。这一恶习任其发展，就会导致那最令人讨厌的恶习：偷听和打探公众和私人的事情，了解既不当说又不当听的情况。

13. 我想德谟克利特说下面这番话的时候，脑子里也是这么想的。“如果一个人希望平静地生活，就不要让他从事很多的私人和公众活动。”当然，他指的是多余的事情。如果必要的话，不只是很多的事情，就是无数的事情，不分公私，也都应该去做；但在不是出于神圣职责需要的情况下，我们则应该减少我们的活动。因为一个忙于很多事情的人，往往会把自己交给命运女神来摆布，而最保险的办法就是，只是极偶尔地去吸引她的注意，却时时在心里提防着她，千万不要相信她做出的承诺，而要说："如若不出什么事儿，我会起航的。""如果不遇上绊脚石的话，我会当上执政官的。""要不是出岔子，我的生意会成功的。"这就是我们说与期望截然相反的事情，一样也不会发生在贤哲身上的原因之所在。我们不是说他能免遭意外，而是说他能免犯人类所犯的各种错误，不是一切结果皆尽如他所愿，而是都像他所想到的那样；而他最初所想到的就是，可能会有什么事情妨碍他的计划。而且，如果你没有跟人打包票说他一定会获得成功的话，那么舍弃欲望的痛苦对其心灵的影响势必会轻一些。

14. 此外，我们还必须学会变通，让自己变得灵活一点，以免过分执着于已经订好的计划；我们应该顺其自然，机会将我们带到了什么状态，就变成什么状态，既不要担心我们的初衷发生了变化，也不要担心我们的情况发生了变化，只要我们不染上变化无常的毛病，不沦为这一与宁静完全格格不入的恶习的牺牲品就成。因为固执，这个命运女神往往能迫使其做出某些让步的东西，肯定会带来焦虑和不幸；而变化无常，一旦在任何情况下都不能控制住自己的话，则将更加难以忍受得多。二者——不能经受任何变化和不能持之以恒——都是宁静的大敌。最重要的是，心灵必须放弃一切外在利益，回归自身。让它信赖自己，从自身中寻找乐趣；让它欣赏自己所拥有的东西，尽可能远离他人的东西；让它不要有损失之感，哪怕是不幸，也要让它从好的方面去理解。我们的老师芝诺得知船只失事，听说自己的全部货物都沉入了大海后，说了一句话："这是命运女神要我带着更少的累赘去从事哲学。"一个暴君拿死乃至暴尸荒野来威胁哲学家提奥多鲁斯，所得到的回答是："你有权爱怎样就怎样，也有能力拿走我半品脱的血；至于入不入葬的问题，如果你觉得我是烂在地上还是烂在地下有什么差别的话，那你就是个十足的大傻瓜！"尤利乌斯·卡努斯是一个鲜有人能与他相提并论的伟人，他就生在我们这个时代这一事实，也阻止不了我们对他的钦佩之情，他与盖乌斯[①]有过长期的争执，就在他就义前，这个法拉里斯[②]似的暴君对他说："免得你从愚蠢的希望中寻求安慰，我已经下达了对你的处决令了。""谢主隆恩，千载难逢的好皇帝。"卡努斯回道。我不敢贸然地说他这话是什么意思，因为我想到了多种可能性。他把死亡说成仁慈，是想侮辱并让人们看到这个心狠手辣的暴君有多么残忍吗？还是对这个暴君日常的疯狂表现的一种嘲骂呢？——因为那些子女被他所杀害的人，和那些财产被他没收的人一样，常常还感谢他。要不就是他把死看成了一种幸运的解脱？无论怎样解释，这句话都是一个大气豪爽的回答。有人会说："听了这话后，盖乌斯说不定会下令饶他一命。"卡努斯没有这样的担心，在这样的命令上，众所周知，盖乌斯历来都是说一不二的。你相信卡努斯被处决之前的那十天是在毫无焦虑的情况下度过的吗？这个人所说的话，所做的事，以及他的平静，说出来谁都不敢轻易相信。拉着一大群死刑犯要去处决的百夫长下令将他也拖走时，他正在下棋。听到传唤后，他数了数棋子，对自己的棋伴儿说："听好了，你可别在我死了以后谎称是你赢了。"接着冲百夫长点了点头说："你要为我做证，我可是赢了一颗子哟。"你以为卡努斯是在那个棋盘上下棋吗？那可是一盘要掉脑袋的棋啊。眼看着要失去这样一个人，他的朋友个个都很伤心。"你们为什么要悲伤呢？"他说，"你们不是想知道灵魂是不是不朽嘛，我很快就会知道了。"即使到了生命的尽头，他也没有停止对真理的探索，也没有停止把自己的死亡当作测验对象来考察。陪着他的是他自己的哲学老师，此时他们已距离那座人们每天都在上面向我们的恺撒神献祭的山丘不远了，老师问道："卡努斯，此刻你脑子里在想什么，或者说，你现在是怎

① 盖乌斯，即卡利古拉（Caligula）皇帝。

② 法拉里斯（Phalaris），公元前6世纪阿克拉加斯人尽皆知的暴君，据称他曾将自己的敌人活生生置于空心青铜雄牛腹中烘烤。

样的心态？”他回答说：“我决定观察一下，看那最快的一刻来临时，灵魂是不是意识到了自己正在离开肉体。”而且他还做出了保证，如果真的有所发现的话，他会绕着自己的朋友们走一圈，把灵魂真正的状态展示给他们。这是风暴中心的宁静，这是一颗值得永生的心灵，一种用自身的命运来证明真理的精神，一种在迈出最后一步前还要对即将离去的灵魂进行探究的精神，一种不仅直到临死的那一刻还在学习，而且希望从死亡本身中学到某种东西的精神。进行哲学思考的时间比他更长的人还从来没有过。如此伟大的一个人，是不应该轻率地就弃忘的，说到他的大名时，我们嘴上必须放尊重一些。最美丽的灵魂，盖乌斯所屠杀的最伟大的人呀，我会让你永远活在所有后生的心中。

15. 然而，仅仅摆脱个人悲伤的理由，其实还是于事无补；因为有的时候，让人深陷其中不能自拔的是一种对全人类的仇恨。当你思考坦率是何其罕见，纯真是何其陌生，诚实是何其难觅——除了在它能给人带来好处的地方，在别的地方几乎根本就找不到，当你想到那一大堆一大堆得逞的罪行，想到贪欲的屡屡实现与落空——这两者都同样令人讨厌，还有那丝毫不把自己约束在自我界限之内，靠着自己的丑行而闪耀一时的野心时，心一下子就会陷入茫茫黑夜，觉得此时那些既不可期盼，而且就算拥有了也没有益处的美德，仿佛已经被彻底颠覆了，黑暗撒下大幕将你完全罩住了。所以，我们必须说服自己接受这样一个观点：民众的所有恶行都不可恨，但很可笑，因而我们应该以德谟克利特而不是赫拉克利特为榜样。后者只要一到有人的地方，就总会哭，人类的一切行为在他眼里都是不幸，而前者则会笑，人类的一切行为在他眼里都很荒唐。因此，我们必须以一种较为轻松的眼光去看待一切，以一种宽宏大量的胸怀去忍受一切。笑对生活比为生活洒泪要更贴近人的本性。还有一点，较之为生活而伤心的人，人类也更感激笑对生活的人，因为后者给人类留下了一些乐观，而前者只知道愚蠢地为一些挽救无望的东西而悲痛。考察世间万物时，想笑就笑的人往往比想哭就哭的人心胸更加开朗，因为他将最温柔的情绪发泄出来了，认为在人生整个大的状态中，没有一样东西是重要的，没有一样东西是严重甚至是悲惨的。让每个人都把悲欢的理由一一摆在自己的面前，他就会认识到比翁下面的这句话确实是至理名言：人类所从事的一切跟他们刚来到这个世界时一样，他们的生活并不比他们在娘肚子里的时候更神圣、更庄严，他们从无中来，最终还要回到无中去。不过，更为可取的做法还是坦然地接受大多数人的行为和人类的恶习，既不恣意嘲笑，也不痛哭流涕；因为看到他人痛苦就痛苦是永无尽头的痛苦，而看到他人痛苦就高兴则是缺乏人性的高兴，看到某个人在掩埋自己的儿子就放声痛哭且摆出一副伤心的样子也是一种毫无意义的人性展示。即便是关系到个人的不幸时，正确的做法也是按照自然而不是习俗的要求，该悲伤到什么程度就悲伤到什么程度；因为很多人掉眼泪都是掉给别人看的，只要是没人看了，他们的眼睛也就不再湿润了，在他们看来，大家都在哭自己却忍着不哭，那是很不光彩的事。这种看别人的想法而行事的恶习，已经根深蒂固到了连悲伤这一最替他人着想的情感也变成了装腔作势的地步。

16. 现在我们再来说一说一种情况，这种情况常常有充分的理由令人悲伤，让我们忧虑。看到很多好人都落了个悲惨的下场，看到苏格拉底被迫死在狱中，茹提利乌斯被迫过流放生活，庞培与西塞罗不得不将脖子伸到了自己庇护过的人的屠刀下，还有各种美德的活化身——伟大的加图，以挺剑自尽的方式同时敲响了自己和国家的丧钟时，我们势必会对命运女神的回报如此不公而深感悲痛。看到最优秀的人遭受到最悲惨的结局，我们每个人对自己还能抱什么希望？那么，答案在哪里呢？好好观察一下这些人当中每一个人忍受自己命运的方式，如果他们很勇敢的话，那就虔心祈祷自己拥有一颗跟他们一样的心,如果他们像女流之辈和胆小鬼一样死去,那就什么也没有丧失:要么他们值得你去钦佩他们的勇气,要么他们就不值得你去渴望他们的懦弱。因为倘若看到最伟大的人死得英勇,自己就吓成了胆小鬼,还能有比这更大的耻辱吗?让我们一遍又一遍地赞誉值得赞誉的人吧:“一个人越是勇敢,就越是幸运!你已经从一切厄运中逃出来了,从嫉妒和疾病中逃出来了;你已经甩掉了监禁的束缚。不是诸神认为你应该遭受厄运,而是认为你应该不再听凭命运女神的摆布了。”不过没有必要去攻击那些退缩不前,哪怕是到了死神门口还要回头看一眼生命的人。幸福的人也好,落泪的人也罢,谁都休想让我为他落泪,因为前者已亲手擦掉了我的眼泪,后者由于自己的眼泪而丧失了赢得更多眼泪的权利。因为赫拉克勒斯被活活烧死,我就该为他落泪吗?或者说因为雷古卢斯被那么多钉子刺穿,我就该为他落泪吗?又或者说因为加图把自己伤成了那样,我就该为他落泪吗?所有这些人,稍微牺牲了一点时间,却都找到了永生的秘诀,死去了,却都赢得了不朽。

17. 还有这一点也为焦虑找到了不小的理由,即,如果你一定要像许多生活得很假,一切都是为了装门面而装出来的人一样,忧心忡忡地摆个样子,不想将自己不加掩饰地展现在任何人面前的话。因为老盯着自己,生怕人家发现你越出了自己平常的角色,实在是一种折磨。如果我们觉得自己每次受到注视都是在受到监视的话,那就永远也摆脱不了忧虑;因为会发生很多我们所不愿看到的,会揭开我们真实面目的事情,而且就算这样小心翼翼地注意自己的一言一行能收到成效,对于那些老是戴着面具生活的人而言,生活既不会给他们带来幸福,也不会给他们带来内心的宁静。可是在纯洁、自身没有任何装饰、不隐藏任何特征的坦诚中蕴藏了多么大的快乐啊!不过即使这样的生活,如果对什么人都完全敞开的话,也可能会为人不屑的,因为对凡是太熟悉的东西一概嗤之以鼻的人大有人在。可话又说回来，美德就是放在我们眼皮子底下，也绝不会有受到低估的危险，再说了，因为自然而受到鄙视，总比老得伪装而受到的折磨还是要略胜一筹吧。不过，在这个问题上，我们还是中庸一点吧：自然而然地生活与漫不经心地生活还是有很大区别的。

此外，我们还应经常躲开喧嚣，闭居人后，因为与本性迥异的人混在一起会扰乱我们的平静，重新唤醒我们的激情，使尚未得到根治的心灵弱点进一步恶化。然而，独处与群居必须两相结合，交替体验：独处会让我们渴望热闹，群居会让我们渴望自在，两者可以互为良药：独处可以治疗我们对群居的厌恶，群居可以治疗我们对独处的厌倦。

另外，不应该让心灵总是处于同样的紧张状态，而应该把它的注意力转移到开心的事情上去。苏格拉底不羞于跟小孩子一起玩耍，加图遇到国家的那些操心事把自己搞得身心疲惫时，常常会借酒来放松心情，而西庇阿[①]呢，虽是百战百胜的一代军中豪杰，也会随乐起舞，不过不是像时下流行的那样肉感地转来转去（现如今哪怕是走路的时候，男人的屁股都扭得比女人的还要让人想入非非），而是采用古时候男人在娱乐表演和节日上所采用的男式舞姿，这样的舞姿即使观舞者是自己的敌人，也丝毫不存在有失尊严的危险。我们必须允许我们的心灵得到一定的放松：养精蓄锐好了，它们才能以更加饱满和敏锐的状态去应对各种挑战。正如一个人不应该把肥沃的土地种得太狠一样——因为如果喘口气的机会都得不到的话，它们的肥力很快就会耗尽——不间断的努力会削弱脑子的活力，而只要让它稍事休息和放松，它的力量就会得到恢复；持续不断的脑力劳动会在心灵上产生一定的迟钝和呆滞。再者说，如果在嬉戏和说笑中

---

① 西庇阿（Scipio），从上下文看，似乎是指击败了汉尼拔（Hannibal）的“非洲征服者”普布利乌斯·科尔内利乌斯·西庇阿（Publius Cornelius Scipio Africanus，公元前236—前183），古罗马统帅和政治家，即“大西庇阿”。

找不到某种自然的乐趣的话，人们是不会如此热切地力争要获得这样的乐趣的。可是经常利用这些东西又会使脑子失去一切价值和能量；因为睡眠对于精力恢复也是必不可少的，可是如果你没日没夜地长睡不起的话，那就会与死无异了。你是减少还是勾销了一笔债务，还是有很大区别的。我们法律的创制者们确定了各种节日，为的是让人们在国家的强制下纵情嬉戏一下，因为他们认为让人们把手头的活儿暂时放一放，缓和一下辛劳还是必须的；而且有些伟人，正如我说过的，常常每个月都会拿出固定的几天来给自己放假，而有些人还会把每天都分成工作时间和休闲时间。我记得大演说家阿西尼乌斯·波利奥[①]就是一个这样的人，他第十个小时之后[②]从来不做任何事情，过了这个时辰之后，他甚至连信都不会看，以免出现某件新的需要他关心的事情，他会把这两个小时的时间拿来消除一天的疲劳。有些人会在一天的中间休息一下，把某件费力小一些的工作推到下午去做。我们的前辈们也不允许元老院在第十个小时之后提出任何新的动议。当兵的往往会把从日落到日出的值班时间分成若干段，刚刚远征归来的人有理由不值任何夜班。我们应该善待自己的脑子，时不时地给它一点闲暇，为它补充营养和体力。

我们还应该去户外走走，透透气，深呼吸，可以让我们神清气爽，精神焕发；有时候驱车做一次旅行，换一个地方，参加一次联欢会，来它一次痛饮也会带来刺激。我们偶尔甚至应该喝它个酩酊大醉，不是说要醉死自己，而是要喝得让它接管我们的知觉；因为酒可以洗掉我们的烦忧，唤醒心灵深处的东西，医治心灵的悲伤，就像它能医治某些疾病一样。自由赐予者[③]之所以有此美称，不是因为他给了舌头自由，而是因为他让心灵摆脱了焦虑的束缚，把它从奴役状态中解放

---

① 阿西尼乌斯·波利奥（Asinius Pollio），见第45页脚注。

② 按照罗马人的测算，第十个小时之后，距日落还有两个小时。

③ 即利柏尔（Liber），酒神巴克斯（Bacchus）的罗马别称之一。

了出来，赋予了它新生，给了它更大的气魄去尝试一切。不过和自由一样，饮酒也有个健康适度的问题。梭伦和阿尔克西劳[①]在很多人心目中都很喜欢饮酒，而加图则更是因为醉酒还受到过指控——但提出这一指控的人更容易让它显得体面，而不太容易把加图搞臭。固然，醉酒这样的事还是应该只偶尔为之，以免心灵养成坏习惯，但有时候心灵还是应该放开了高兴一下，暂时把那沉闷的自制抛到一旁。因为不管我们是赞同那位希腊诗人的看法，认为"有时哪怕是发一发疯也是一件快事儿"，[②]还是赞同柏拉图的观点，认为"神志清醒的人是敲不开诗歌的大门的"，又或者还是认同亚里士多德的说法，认为"世上从来就不存在一点儿都不疯狂的伟大天才"[③]——不管怎样，只有灵感被激发的人才能说得出别人想不到的妙语佳句来。待到心灵鄙视庸俗之言、无奇之语，受到神圣灵感的激发而高翔九天之际，也就是它咏出超凡脱俗的绝妙诗句之时。得不到外在激发，心灵是不可能达到任何令人崇敬而又生畏的高度的。它必须另辟蹊径，不走寻常之路，必须让它疯狂起来，急得像马一样直咬嚼子，旋风般卷着自己的骑手飞驰而去，一同奔向那个它不敢独自登临的高度。

我最亲爱的塞雷努斯，现在你已经掌握了能让你保持和恢复宁静的办法了，这些办法还可以抵御偷偷袭向你心灵的各种恶习。不过要切记一点：除非我们热情而又不懈地去悉心呵护这颗摇摆不定的心灵，否则这些办法也无能为力，没有哪一个足以保护这么脆弱的东西。

---

① 梭伦（Solon，全盛年约为公元前600年），雅典圣贤、诗人兼立法者。阿尔克西劳（Arkesilaos，约公元前315—前241），哲学家兼公元前3世纪中叶柏拉图学园主持。

② 喜剧剧作家米南德（Menander）的残句（编号：421，见Theodor Kock所编的《阿提卡喜剧残篇》（*Comicorum Atticorum Fragmenta*）。参看贺拉斯（Horace），《颂歌》4.12.28。

③ 在传世至今的亚里士多德的著作中找不到这一老生常谈的观点，不过可参看伪亚里士多德（即假托其名义所写）的《论问题》（*Problemata*）30.1。

论生命之短促

致保利努斯

1. 保利努斯[①]，说到大自然的小气，很多人都是满腹牢骚：人生短促不说，这点可怜兮兮的时间过得又是那么快，如白驹过隙，转瞬即逝，以至于除了极少数人之外，大家都觉得刚刚准备好好活一下，却已经到了命绝气尽的时刻。这种世间通病（人们是如此视之的），不仅仅只是令普普通通、呆头呆脑的芸芸众生伤心落泪，同样也令那些声名显赫的名流口出怨言。难怪那位西方医圣叹曰："生命短促，艺术长久。"[②]难怪亚里士多德[③]谴责造化，发了 通与其贤哲身份格格不入的牢骚，抱怨"在寿数这个问题上，她很偏心，动物长命，活的年头是人活五辈子或者十辈子的时间，而人的寿命却短多了，尽管人生来就是要做出那么多的伟大成就的"。不是我们的有生之年太短，而

---

① 庞庇乌斯・保利努斯（Pompeius Paulinus），阿勒拉特骑士，公元48—55年负责罗马的粮食分配。

② 希波克拉底（Hippocrates，约公元前460—前377）的一句格言。希波克拉底，被誉为医学之父。现存有60卷著作署以希波克拉底之名，总称《希波克拉底文集》。

③ 西塞罗在其《图斯库兰谈话集》（*Tusculan Disputations*，3.69）中把一段几乎一模一样的话说成了是出自亚里士多德的学生，也是继其之后担任逍遥学园掌门的西奥弗拉斯图（Theophrastus）之口。

是我们浪费了太多有生之年的光阴。一辈子还是够长的，如果精打细算、投资得当的话，足以让我们干出一番惊天动地的大事来。不过，要是稀里糊涂、不加珍惜，或者不务正业的话，最后到了大限临头的那一刻，才如梦初醒，意识到一辈子就这么不知不觉地过去了。因此可以说，我们所得到的生命并不短促，而是我们把它缩短了；我们并不是穷光蛋，并不缺少光阴，只是虚掷了光阴。就像万贯家财，落在了败家子手上便会顷刻散尽；一点小钱，交给生财有道的人打理便会不断增值一样，我们的有涯之生，若能妥善经营，也会变得绰绰有余。

2. 我们为什么要抱怨造化呢？她已经证明了自己的慷慨：生命其实够长久，只要我们知道如何利用它。只可惜，世人贪得无厌的贪得无厌，不务正业的不务正业，醉生梦死的醉生梦死，四体不勤的四体不勤；有的人志大求名，总要依靠别人的评判，把自己弄得精疲力竭；有的人贪心不足，被生意人的唯利是图驱使着赶赴每块土地和每片海洋；有的人热衷于穷兵黩武，不是想加害于人便是诚惶诚恐担心自己面临危险，结果是把自己弄得苦不堪言；有些人殚精竭虑，不惜奴颜媚骨，巴结上司，到头来却收获甚微或一无所获；很多人成天价不是眼红他人富有就是抱怨自己贫穷；很多人没有确定的目标，朝三暮四，见异思迁，缺乏方向，有始无终，最终不免因为犹豫不决、优柔寡断而抱憾；有些人缺乏指引其人生航向的信仰，命运女神发现他们老是无精打采，处于半睡状态，令我不得不坚信那位最伟大的诗人[①]吟出的神谕般的诗句确实是至理名言：“人生一世，我们真正活过的那部分生命很小。”余下的实际上不是生活，只是磨时间罢了。各种恶习陷我们于团团围困之中，不让我们起来反抗，也不让我们抬眼辨识真相；而各种恶习一旦把我们压倒，便会使我们一直匍匐在地，我们的注意力就会锁定于贪欲之上。这些恶习的阶下囚永远也别想再

① 这个诗人究竟是指谁尚存疑议。

回到自己本真的自我;就算侥幸获逃,他们也会像大风过后深海的水面还会起伏跌宕一样,辗转反侧,难以摆脱各种欲念的纠缠。你以为我说的是那些公认的坏蛋吗?看看那些万众瞩目的幸运儿吧:他们的福气都让他们喘不过气来了。多少人发现财富是一种负担啊!多少人因为自己的口才和显摆自己的才能而付出了血的代价呀!多少人因为享乐无度而形容枯槁、面色憔悴呀!多少人由于前呼后拥、伴随左右的门客而身不由己呀!放眼看看吧,看看下到地位低得不能再低的平头百姓,上至高高在上的达官显贵的各色人等吧,这位请律师,那位忙应聘,这位受审,那位辩护,另一位判决,谁都不是自己的护卫,全都在为他人卖命出力。了解一下那些大名鼎鼎的人物,你就会发现他们有着如下突出的特点:甲巴结乙,乙巴结丙,谁都不是自己的人。于是有些人就会产生一种气急败坏之感,抱怨上司瞧不起人,在他们希望有人瞧自己一眼的时候,上司却忙得顾不上瞧他们一眼!一个没时间理自己的人又怎么好意思抱怨别人对其不屑一顾呢?然而,无论你是谁,高高在上的人偶尔还是瞅过你一两眼的,就算他摆出的是一副盛气凌人的表情,也曾屈尊听过你的意见,还让你伴过他左右,可你却从未放下架子瞅过自己一眼,听过自己一言。所以,没有理由认为别人欠了你的情,因为,你之所以鞍前马后地陪伴别人,并不是希望得到别人的陪伴,而是由于你不堪自己做自己的陪伴。

3. 就算历代贤哲全都专注于这个主题,也不足以表达他们对人类心智的这一盲点的惊诧。人们不允许任何人侵占自己的地产,哪怕是再小的越界纠纷,他们也会抄起石头拿起家伙,大打出手;可他们却容许别人侵犯自己的生命,甚至亲自把请柬送到那些有朝一日会占有其生命的人手上。世上找不到一个愿意别人瓜分自己钱财的人,可是说到生命就不同了,我们每个人都可以拱手送人,送给众多的别人!人们看管自己的财物时,手都紧得很,可涉及浪费时间的问题时，在唯一一件可以给吝啬带来荣耀的事情上，他们出手却大方得很。因此，我很想逮住一位垂垂老者对他说："我看您老年事已高，快到百岁高龄，也许还不止了吧，来，请您回忆回忆您这一辈子，做个盘点吧。想一想您的时间有多少让债主给占去了，有多少让情妇给占去了，有多少让庇护人给占去了，有多少让门客给占去了，有多少用在了跟老婆争吵上，有多少花在了惩罚奴隶上，有多少花在了四处奔波跑生意上，除此之外，还得加上因为我们自己的行为而诱发的疾病所占去的时间，还有白白浪费掉的时间，您就会发现真正属于您名下的年岁要比您原以为的少。回想一下您有过固定计划的次数吧，有几天是按您所预期的方式结束的，您几时曾把时间花在您自己身上过，您的脸上几时有过正常的表情，您的心灵几时无畏过，如此漫长的一生当中您成就过什么，有多少人神不知鬼不觉地掠夺过您的生命，徒劳的悲伤、愚蠢的喜悦、贪婪的欲望、外界的诱惑占去了您大量时间，而自己却所剩无几；您会感到自己在折寿。"那么，为什么会这样呢？你不珍惜生命，以为自己可以长生不老，从未想到自己很脆弱，也没注意到多少时间已经流逝；你浪费时间，就像从一口取之不尽的井中取水一样，尽管你一心扑在某人或某事上的那一天很可能就是你的末日。你有着凡人一样的恐惧，却又有着神仙一样的渴望。你会听到很多人说："过了五十，我就退休；一满六十，我就可以无官一身轻了。"请你告诉我，谁能保证你满了五十、六十还不死呢？谁会批准这段时间按你规定的方式度过呢？你只把生命的残余部分留给自己，只是到干不了别的事情时才想起来修身养性，你就不觉得惭愧吗？到了必须了此一生的时候才开始生活岂不是为时太晚了吗！忘了人终有一死，把那些深思熟虑的计划推迟到五六十岁时才去实施，到了鲜有人能活到的岁数才想开始生活，这是何等愚蠢啊！

4. 你会发现那些爬到了显赫位置，登上了权力巅峰的人也会流露出渴望闲暇、赞赏闲暇的意思来，大有喜爱闲暇胜过一切福气之势。有时候,他们所渴望的就是能够从自己所问鼎的高位上安然无恙地退下来,因为就是没有外力的攻击和动摇,运气也会因为自身的重量而跌落,摔得粉碎。神圣的奥古斯都[1],众神对他恩宠有加,这样一个得到诸神的福佑比任何人都多的人也会不断地祈求,希望能从国事中解脱出来,喘口气。他只要一开口,说着说着,就回到这一话题——对闲暇的企盼。这是安慰话,也许兑不了现,但听了还是挺舒服的,他就是靠这句安慰话来鼓舞自己不辞辛劳:终有一日他会为自己而活的。在致元老院的一封信[2]中,他曾信誓旦旦地承诺过,他的隐退将不会有失尊严,也不会有损他以前的声望,我读到了这样的字句:"但是,能更好地证明这些目标的是行动,而不是承诺。不过,由于这样的幸福成为现实还为期尚远,所以对那一刻的殷殷渴望促使我一吐为快,说出来先过过嘴瘾。"他如此看重闲暇,以至于当无法在现实中享受闲暇时,也要抢先憧憬一番,在精神上享受一下。这个自认为万事万物全赖他一人支撑的人,这个掌管个人和国家命运的人,欣喜若狂地遐想着自己可以将至高无上的权位弃置一旁的那一天。他深知,那些普照环宇的恩赐令他付出了多少汗水,又隐藏了多少不为人知的焦虑:不得不发动战争,先是拿自己的同胞开刀,继而是跟自己的同僚厮杀,最后同自己的亲人开战,弄得海上和陆上都血雨腥风。他连连征战,横扫马其顿、西西里、埃及、叙利亚、亚细亚,他战争的铁蹄几乎踏遍了所有的国家,他的军团厌倦了对罗马人的屠杀,他便转而命令他们征战国外。在他平定阿尔卑斯地区和征服占领了一

---

① 神圣的奥古斯都,即罗马帝国的开国皇帝奥古斯都(Gaius Julius Caesar Augustus,公元前63—公元14),原名屋大维(Gaius Octavius Thurinus),统治罗马长达40年以上。公元14年8月他去世后,罗马元老院决定将他列入"神"的行列,并且将8月命名为"奥古斯都"月。

② 皇帝不参加元老院的会议时就会以书信的形式与元老院进行沟通,这是很常见的做法(历史学家塔西佗在其《编年史》中经常引用或解释这类通信)。这封信的情况只有塞涅卡提到了。

个和平帝国腹地的敌军，把疆土扩展到莱茵河、幼发拉底河及多瑙河以外之际，在罗马本土，穆雷纳、卡埃皮奥、雷必达、埃格纳提乌斯[①]等却在磨刀霍霍，欲置他于死地。他还没来得及逃过这些人的阴谋暗算，偏偏在这时，他的女儿[②]及众多与她有染而像发过誓一般效忠于她的贵族子弟又雪上加霜，令他在风烛残年惶惶不安，更别提尤鲁斯以及需再次担心一个女人与一个安东尼似的家伙[③]联手了。他对这些溃疡毫不姑息，全都斩草除根了，可下面又会冒出新的来，就像体内血液太多总会在某个地方裂个口子流出来一样。所以，他渴望闲暇，殷切期望用自己的劳累换来闲暇，而这便是这个能够对别人的种种祈求做出回应之人自己的祈求。

5. 马库斯·西塞罗，经常遭到喀提林、克劳狄乌斯、庞培和克拉苏[④]这帮人的排斥打击，这伙人当中有的是公然的敌人，有的是值得打上一个问号的朋友。同国家一道遭遇大风大浪之际，他力图挽狂澜于既倒，救大船之将沉，结果却反被席卷而去。由于一帆风顺时他得不到休息，身处逆境时又性子急，他总是不停骂他所任的执政官一职，而对于这一职位，他曾没完没了地大加赞美过，虽然也许不无道理。老庞培落败后，其儿子还在企图收拾老子的残部，在西班牙重整旗鼓；在写给阿提库斯[⑤]的一封信中，西塞罗道出的是怎样催人泪下

---

① 穆雷纳、卡埃皮奥、雷必达、埃格纳提乌斯（Murena, Caepio, Lepidus, Egnatius），公元前29年到前22年之间阴谋暗算奥古斯都的几个人。

② 朱莉亚（Julia）丢人的行为最终导致其于公元前2年被逐出了罗马。

③ 尤鲁斯（Iullus?），是安东尼（Marcus Antonius）与富尔维亚的次子。他因犯通奸罪于公元前2年被处死。

④ 挫败喀提林阴谋是西塞罗在公元前63年任执政官时，是其政治生涯的巅峰。克劳狄乌斯·普尔喀被指控在公元前61年的“善良女神节”这一天犯了渎神罪，审判中西塞罗作了对其不利的证明。公元前58年西塞罗因在挫败喀提林阴谋过程中未经审判处决罗马公民而遭到流放，这其中克劳狄乌斯起了很大作用。庞培和克拉苏在召回西塞罗的事情上，该帮的忙也没有帮。

⑤ 在传世的致阿提库斯（Atticus）的信函中未见这一段文字，不过所藏并不齐全。

的字句呀！“你问我在这里干什么？”他写道，“我像半个囚徒似的在塔斯库勒姆自己的别墅里耗着捱时间。”接着他又大发感慨，流露出了对过去的哀叹、对现在的抱怨以及对未来的万念俱灰。西塞罗称自己是“半个囚徒”，不过，相信我，这位智者再不济也不会到非用这么可怜的字眼不可的地步，决不会成为半个囚徒，他一如既往地拥有绝对而不可动摇的自由，无拘无束，自由自在，高人一等。因为有谁能高于这个高于命运女神的人呢？

6. 或者想想那个勇气过人、精力充沛的李维乌斯·德鲁苏斯[①]，他在来自全意大利的一大拨人的支持之下，曾经提出过一大堆新的法案和格拉古兄弟的措施，由于看到自己的这些政策既无法推行，开了头了又没法放弃，结果是无果而终，所以据说他曾诅咒自己从小就过起的不安稳的日子，说自己自幼就不知道假日为何物。因为在他还没穿上大人衣服，还是一个需要人监护的小毛孩子时，他就有胆量在陪审团面前为被告辩护，在法庭上产生了影响，而且效果很好，以至于在好几起案例中他显然都促使法庭做出了有利于被告的判决。小小年纪就有如此抱负，这样的人能有什么事做不出来呢？要知道，如此早熟、如此大胆最终都会给个人和大众带来巨大的灾难。所以，等他抱怨自己从来不知道假日为何物时，已经为时太晚了，因为他自幼就是一个在公共场合制造麻烦的害人精。他是不是自寻短见而死，还是一个有争议的问题，由于他是因下身突然受伤而倒毙的，所以有人怀疑他的死是早有预谋的，但是谁都不怀疑他死得是时候。这样的人，就用不着再多提了。这些人虽然在别人眼里很幸福，却给出了不利于自己的真实证据，亲口称他们对自己一生中的所作所为深恶痛绝。可是抱怨归抱怨，他们既未因此而改变自己，也未因此而改变

---

① M. 李维乌斯·德鲁苏斯（M. Livius Drusus）公元前 91 年以保民官的身份推行了社会立法，令人联想到格拉古兄弟（参见第 81 页脚注）。元老院的贵族和骑士均反对他的这些措施。其他资料都明显暗示他最终是被暗杀的。

他人,因为他们在以这样的方式发泄了一通感情之后,又回到他们习惯的老路上去了。

千真万确,像你这样的生命,就算能活过千岁,也会缩成短得不能再短的一段时间,而你的那些恶行将会把时间吞噬殆尽,有多少吞噬多少。你所拥有的这段时光,这段无论自然令其如何稍纵即逝,理智还是可以将其延长的时光,必将从你的指间溜走,因为你没有抓住它,没想着要留住它,也没想着要延缓这个速度比什么都快的东西的流逝,而只是任其离开,仿佛它是某样多余而且可以轻易被取而代之的东西。

7. 不过首先,我要把那些终日只知道沉溺酒色的人也算进来,因为最可耻的沉醉也莫过于此了。别人即便痴迷于荣誉加身的虚梦,但错得也还算不失体面。你可以给我列出一堆有贪婪和愤怒表现,或者说醉心于不当的仇恨和战争的人,但他们纵有千错万错也都还有一点男子汉气概,而那些耽于声色犬马之徒的斑斑劣迹中却没有丝毫的体面可言。仔细检点一下这些人的所有时间是如何打发的,看看他们把多少时间花在了算账上,把多少时间花在了给人下套和担心上别人的套上,把多少时间用在了恭维他人和受人恭维上,支付和收受保释金占去了他们多少时间,设宴赴宴——目前已成为社会公务了——耗去了他们多少时间,你就会明白他们的各种活动,无论在你眼中是好是坏,忙得他们气都喘不过来。

最后,人们普遍认为,一个无事不为的人一件事也干不好:修辞不在行,人文学科也是一知半解,因为注意力分散了,大脑对任何事情都不能深入吸收,反而会把所谓硬塞进去的点点滴滴悉数吐出来。忙碌之人什么都放不下心,最放得下心的就是生活这件事情了,而最难学的恰恰是生活这门艺术。说到其他艺术,能为人师者比比皆是,事实上有些技艺,我们发现小孩子都吃得很透,可以无师自通。然而一个人必须花上一辈子的时间去学习如何生活,而且,可能更让你没想到的是，学习如何死也必须花上一辈子的时间。许多伟人都抛开所有累赘，放弃财富、业务和享乐，专心致志于这样一个目标，直至生命的最后终点，那就是学会如何生活。可是，就连这些人当中的大多数在去世时也承认他们对于生活这门学问依然不甚了了，其他人就更是可想而知了。

相信我，只有伟人和远远超越人类缺点的卓越之士才不会允许别人从自己的有涯之生中偷走丝毫光阴，而他的生命之所以很长，恰恰是因为他将一切可以利用的时间全都投入了自己身上。一分一秒也没有荒废和虚掷，一分一秒也不曾任由他人摆布，他把时间看得极紧，发现什么也不值得用他自己的宝贵时间来换取。因此，时间对他来讲是绰绰有余的，而那些自己生命的大部分被别人占去了的人势必发现时间太少。而且你没有理由认为这些人对他们的损失一无所知，事实上你会听到许多饱受功成名就之苦的人有时会在他们大群的当事人中间，或是在法庭上进行辩护时，又或是在忙于其他带给他们荣耀的苦差时大呼："真是不让人活了！"那还用说！所有找你帮忙的人都是在让你撇下你自己不管。那个受审的家伙夺去了你多少天？那个候选人夺走了多少天？那个给自己的继承人送葬送得精疲力竭的老妪抢走了你多少天？那个用装病来试一试遗产争夺者贪欲的家伙掠去了多少天？还有你那个颇有势力，不拿你当朋友而当扈从的朋友又掠夺了你多少天？好好盘点一下吧，我跟你说，把你这一生中的日子全加起来，你就会发现你留给自己的日子屈指可数，少得可怜不说，还都是些边角废料。那个如愿以偿得到了自己垂涎已久的束棒[①]的人此刻又希望弃之一旁，而且一而再，再而三地说："这一年何时到头啊？"另一位手握各种公众竞赛活动举办大权，当初非常看重执管此事的机会，现在却说："我什么时候才能从这些

---

① 束棒，见第52页脚注。

赛事中脱身呀？”另一位是一名鼓吹者，他是整个广场上的大红人，到处都挤满了他大群的追捧者，远到听不见他的声音的地方都是，而他却说：“我什么时候才可以清闲一下呀？”每个人都活得忙忙碌碌的，而且都患有一种渴望未来、厌倦当前的通病。可把每时每刻都投入自身需要，把每一天都当作自己的最后一天来过的人，既不会渴望也不会惧怕明天的到来。因为有什么新的快乐不是现在的每时每刻所能带给他的呢？什么都熟悉过了，或者说都充分品味过了。至于剩下的，就让命运女神想怎么分配就怎么分配好了，他的生命现在已经不会受到伤害了。可以给他的生命锦上添花，但休想从他生命中拿走任何东西，而对于锦上添花的东西，他会像一个酒足饭饱的人对待食物一样，不渴望，但要吃也还可吃一些。所以，不要以为满头白发满脸皱纹的人就活得很长了：他并非生活了很长时间，只是存在了很长时间。这一点就如同一个人刚一离港就遇上了凶猛的暴风雨，被四面八方刮来的狂风吹来吹去，被迫在同一片水域打转，你却以为他航行了很远一样。他在风浪中挣扎了很久，但航程并不远。

8. 我多次惊讶地看到有些人老想占用他人的时间，而对方居然欣然应允。双方都只把注意力放在了请求占用时间的缘由上，而没有放在时间本身上，给人的感觉好像是人家什么也没管你要，你什么也没给人家一样。殊不知可能要痛失的正是最最宝贵的东西，但它却未能引起人们的注意，因为它是无形的东西，无法将自己呈现在人们的眼前，而这也正是人们觉得它很不值钱，或者说得更确切一点，觉得它根本就一文不值的原因之所在。人们欢天喜地地接受养老金和救济金，为了得到这些东西，他们不辞劳苦、不惜服役、不遗余力。但是谁也不珍视时间，人们任意挥霍时间，仿佛它一钱不值似的。然而，你会看到同样是这些人，一旦死亡的危险逼近，他们便会死死地抱住大夫的腿不放；如果要掉脑袋，他们便不惜倾家荡产，以求保全性命:他们的情感里存在着的就是这样的冲突。可是倘若他们每个人都可以把自己未来的年头像过去的年头一样,一目了然地摆放在眼前的话,那么看到自己余日不多时,他们该有多么的沮丧啊!该会多么吝惜自己的残年啊!然而,数量哪怕再少,只要是一个确定的量,分配起来还是一件容易的事情;但对于一样你不知道什么时候要交出去的东西,你可不能掉以轻心,该更加小心地看管好才是。

不过没有理由以为这些人不知道时间是一件多么宝贵的东西:他们有个习惯,动不动就会对深爱的人说愿意把自己的部分年华献给对方。他们也确实说到做到了,只是他们并没有意识到这一点。可惜的是,他们献上的这份礼物带来的结果是他们自己折了寿,却并未给自己的心上人增寿。而这一点恰恰是他们所不知道的,不知道自己是不是在折自己的寿。于是乎,某样东西丢了,他们却未能察觉,自然也就能够忍受了。人无再少年,谁也不能把你还原到从前。你的生命会沿着它最初迈上的那条道一路走下去,既不会倒退回来,也不会止步不前;它不会发出喧嚣,不会提醒你它的迅疾,而会悄无声息地溜走。它不会因为国王的一声令下或者民众的赞成而延长自己的历程。由于从你生下来的第一天起就规定了它的路线,所以它会沿着这条路线一往无前,不会有任何的偏离,不会在任何地方耽搁。会是什么结果呢?你忙忙碌碌,生命匆匆前行;与此同时,死神也将来临,为此,不管愿意与否,你必须找出时间来。

9. 还有什么比某些自诩有远见之人的看法更不过脑子的吗?他们整天忙得不可开交,任务只有一个,那就是如何才能活得更好,可他们却在为生活而做自身准备的过程中耗尽了生命。他们以遥远的未来来组织自己脑子里的想法,而对生命的最大浪费就在于拖延:拖延就是把到来的每一天窃走的强盗,拖延就是允诺未来而把现在夺走的骗子。生活的最大阻碍就是期待,期待让人指望明天而浪费今天。命运手里的东西你上心得很,自己手里的东西你却不闻不问。

你在朝哪儿看？你的目标瞄在哪儿？未来的一切都是悬而未决的。马上开始生活吧！且看最伟大的诗人仿若受到神谕的启示而吟诵出的极富教益的诗句吧[①]：

> 在可怜的芸芸众生的一生中最好的日子
> 总是最先逝去的日子。

“你干吗磨磨蹭蹭？”诗人的言外之意是问，“你干吗干耗着？你不抓住时间，时间就会溜走。”就算你抓住了，它照样也会溜走；因此要想利用时间，在速度上你就必须不输给时间，必须像从随时可能断流的湍流中饮水一样迅疾。诗人用“最好的日子”而不用“最好的岁月”来批评无限期的拖延，可谓选词精当。你究竟贪心到了什么程度，为什么要把猴年马月的事情一望无际地摆在自己眼前，明知时间飞逝却不慌不忙，慢慢吞吞？诗人在这里跟你说的是眼前的这一天，是正在溜走的这一天。所以对于那些难免一死的凡人，也就是沉迷于各种杂务的人而言，他们一生中最美好的日子就是最先逝去的日子，这难道还有什么好怀疑的吗？人们智力尚处在儿童水平，突然间却发现人已经老了，在毫无准备、毫无办法的情况下步入了年迈。由于没有预料到这一点，于是他们猝不及防地就上了年纪，根本就没意识到自己的年岁正在与日俱增。就像聊天、看书或者沉思冥想可以蒙蔽旅行者，还没等他们醒过神来知道快到了，就发现已经到了目的地一样，人生这一没有停顿的高速之旅也是如此，无论是醒着还是睡着，我们都在以同样的速度行进：那些忙于别的事情的人只有到了旅途的终点才会有所察觉。

10. 我要是想将这一论题分成若干小节，分别举证的话，我完全

---

① 维吉尔《农事诗》3.66—3.67。

可以拿出很多论据，来证明忙忙碌碌的人生命都很短促。法比亚努斯[①]不是当今的那种学院派哲学家，而是真正的老派哲学家，他常说人们应该对各种情感予以迎头痛击，而不要采用投机取巧的方式来应付；应该以猛烈的进攻击溃敌人的阵线，而不要只不痛不痒地伤其一点皮毛；应该将其碾碎，而不是捏一捏了事。不过，为了让这些人对各自的过错而自责，应该对他们进行教育，而不应仅仅让他们成为可怜对象。

生命分为三个时期：过去、现在和将来。这三个时期当中，现在很短促，将来不确定，过去已成定局。因为过去木已成舟，命运女神也没辙，任谁都无力将其挽回。忙于他事的人失去的正是这个时期，因为他们没有时间回顾过去，就算有，对一些应该遗憾的事情的回忆也不能给他们带来丝毫快乐。所以，他们不愿意回想自己所虚掷的那些光阴，而那些做过恶事，哪怕是做过为某些一时之快的诱惑所掩饰的恶事的人，一回想过去，那些恶行便又会历历若在目前，于是便没有勇气去重温那些荒唐岁月。没有人愿意回首往事，除非他的所有行为都经受过自己良心的审查，自己的良心是绝对欺骗不了的。野心勃勃、狂妄自大、得寸进尺、见利忘义、巧取豪夺、挥霍无度之辈，定然是害怕回忆自己的过去的。而过去是我们时间的一部分，它神圣而又独立，已经超越了人类一切灾祸所能及的范围，不再受制于命运女神，远离了贫穷、恐惧和疾病的魔掌；既没人能侵扰它，也没人能将它夺走，它是一份永久的、无须担心丢失的财产。眼前的日子是一天一天，一秒一秒地来临的，而过去的日子则只要你一声吩咐就会一下子全部呈现在你面前，它们会悉听尊便，让你审视它们、留住它们，而这样的事情，那些大忙人是没有时间去做的。心态平和的淡

① 帕皮里乌斯・法比亚努斯（Papirius Fabianus，约公元前35—公元35），塞涅卡的老师，古罗马修辞学家、哲学家，对自然现象也很感兴趣，这也是塞涅卡对这类问题感兴趣的缘由。

定之士可以问心无愧地遍游其生命历程中的任何一个部分,而那些心态浮躁的杂务缠身之辈则像脖子上戴了枷锁一样,动弹不得,无法扭头,不能回头看。所以,他们的生命都消失在无底深渊了,正如往一个无底的容器中倒水,倒进去多少也是枉然一样,如果没有栖身之所,时间便会从心里的裂缝和漏洞中流失,因而给多给少都一个样。当下的时间非常短暂,事实上,短得有些人都认为它压根儿就不存在,因为它总是变动不居,就像一条奔腾不息的河流,还没到来就不复存在了,而且有如日月星辰,斗转星移,不容许片刻的迟延,不能始终处于同一条轨道。因此,那些忙于他事的人只关心稍纵即逝,根本就抓不住的现在,而就连这点可怜的现在,也因为他们醉心于许多其他事务而被窃走了。

11. 最后一点,你想知道他们活不长的原因吗?瞧,他们是多么希望长生不死啊!风烛残年的垂垂老者像街头乞丐一样祈求能多活上几年,他们装嫩,用谎言哄自己高兴,自欺欺人,还乐得跟什么似的,仿佛在欺骗自己的同时,也欺骗了命运一般。等到最后得了某种疾病而令他们想到自己终有一死时,面对死亡他们是何等恐惧呀,仿佛不是自己撒手离去,而是被人强拽而去!他们一遍遍放声大喊,说自己是傻瓜,因为他们还没有真正地活过,而只要能够侥幸逃过这一劫,他们便会把余生全部用来休闲。这时他们才反省,原来辛辛苦苦去挣得那些自己无缘享用的东西是多么没有意义,自己的一切努力全都是白白地浪费掉了。不过,对于那些并没有把自己的一生花在各种杂务上的人而言,生命怎么会捉襟见肘呢?丝毫没有将生命派于别的用场,没有东丢一点西落一点,没有听天由命,没有因疏忽而葬送,没有铺张浪费,没有超支滥用,可以这么说,生命的一点一滴都产生了效益。所以,无论生命如何短促,也是绰绰有余的,正因为如此,无论末日何时来临,智者都会毫不犹豫地以沉着的步伐去迎接死亡。

12. 或许你会问我所谓的"忙于他事的人"是指哪些人。你没有理由认为我指的只是那些最后只好放狗进去将他们从法庭里面轰出来的人，只是你所见到的那些不是令人钦佩地被自己的众多当事人压垮就是令人鄙夷地被别人的当事人压垮的人，只是那些受社会责任的召唤而从自家出来去撞击别人家大门的人，只是那些执政官手中的矛让其忙于谋求见不得人的利益，终有一天会自尝恶果的人。有些人就是赋闲也闲不住，在他们的别墅里，或是在躺椅上，在独居之中，虽然已远离众人，置身世外，但他们却不让自己清闲，他们的生活不应该用悠闲来形容，而应该用闲而不悠来形容。一个提心吊胆、小心翼翼地摆放自己那一堆因为几个收藏家的狂热而把价格炒了上去的科林斯青铜制品，每天把大部分时间都花在了斑斑铜锈上的人，你管他叫“悠闲”之人吗？一个坐在摔跤场里（惭愧呀，连不是源自罗马的恶行我们都要忍受！）为捉对厮杀的年轻人捧场助威的人，你管他叫“悠闲”之人吗？一个将自己成群结队的摔跤手按年龄和颜色分开配对的人，你管他叫“悠闲”之人吗？一个为所有初来乍到的选手提供食物的人，你管他叫“悠闲”之人吗？我问你，有些人为了剪掉头天夜里长出的几根毛发，不惜在自己的理发师那儿花上好些个钟头，就每一根头发都要展开一场正经八百的辩论，哪根头发不在其位了都要让它回到它该在的位置，把几绺稀疏的头发从两鬓梳过来遮住前额；要是理发师稍有粗心，他们便会大光其火，仿佛理发师修剪的不是头发而是真人一般！要是稍稍多剪了一点，剪得不是很整齐，或是有几根头发支楞着，没有回到它所属的那一绺鬈发中去，他们便会火冒三丈！这些人，你管他们叫“悠闲”一族吗？这帮家伙中，有谁不是毋宁自己的国家乱作一团也不愿意看到自己的头发乱作一团的？有谁不是更关心自己的脑袋理没理整齐而不是安不安全的？有谁不是宁要风度而不要气度的？你管这些梳子镜子不离手的人叫“悠闲”一族吗？还有一些人，整天在那儿作曲、听曲、学曲，愚不可及的曲子中动不动就会这里拐一下，那里弯一下，这就需要他们吊嗓子，因为嗓子最佳而又最简单的发声方法造化设计得并不复杂；他们一个劲儿地打榧子，来为脑袋瓜里的某首曲子打拍子；在应邀出席严肃乃至悲痛的场合时，你也能听见他们哼着小曲儿，这些人谈得上“悠闲”吗？

至于他们的那些宴会，老天爷呀！我可不能把它们算在他们得闲的时间里头，因为我看见他们摆放银盘时是多么紧张兮兮，系上迷人的童奴的束腰外衣时是多么小心翼翼，多么在乎厨子会以怎样新颖别致的做法呈上野猪肉，多么在乎只要一个眼神那些脸刮得光光的仆人便会以多快的速度各司其职，多么在乎以怎样的刀工将鸡鸭等片得不大不小恰到好处，多么在乎可怜巴巴的小奴仆们会以怎样的一丝不苟替酩酊大醉的客人们擦秽物。这些都是他们博取高雅、时髦名声的手段，而且他们的这些恶习已经潜移默化到他们私生活的方方面面，到了吃饭喝水都要讲排场的地步。还有些人我也不会将他们归入悠闲之列，这些人坐在轿子或者担架上让人抬来抬去，而且从不误点，仿佛错过了有人不答应似的，而什么时候必须洗澡、什么时候必须游泳、什么时候必须吃饭，都要别人来提醒。娇纵堕落的心态太过麻木不仁，令他们变得如此低能，连自己饿了没有都不能确定了！我听说有个娇纵堕落的家伙——如果可以用“娇纵堕落”这个词来形容一个人把自己所学到的人类生活习惯统统忘诸脑后的话——别人将他从浴缸中抬起来放到轿子上后，他问了这样一个问题：“我现在是坐着的吗？”依你看，这个连自己是否坐着都不知道的人会知道自己是否还活着、是否还能看见东西、是否悠闲吗？我不太好说是他真的不知道还是他假装不知道更让我觉得可怜。有很多东西这些人是真忘了的，但也有很多他们是装着记不起来了的。有些恶行仿佛是他们有福气的证明，能给予他们快乐；一个出身低下、令人看不起的人，还是能知道自己在做什么的。接下来，你会告诉我，为了嘲讽铺张浪费之风，哑剧演员在舞台上为我们呈现了大量假象！事实上，他们遗漏掉的要比刻画出来的多得多，而如此之多难以想象的恶行已经出现在这一代人中了，单是这一方面就如此人才济济，让我们都可以用“忽视”二字来谴责哑剧演员了。想想看，世上居然有在奢华中迷失到自己是否坐着都要靠别人来告诉这种地步的人！所以说呀，此人并非悠闲之人，得找别的词来形容他——有病，或者干脆一点，说他死了。有闲而能自知的人才是名副其实的悠闲之士；而这个半死不活、需要别人告诉才知道自己身体姿势的人，他怎么可能主宰得了自己的时间呢？

13. 面面俱到，把一辈子都用于下棋、打球，或者把自己的身体放到太阳底下烘烤的各色人等全说一遍，将是一件冗长乏味的事情。把乐趣建立在如此忙碌的业余活动之上的人并非悠闲之士。谁也不会质疑这样一种说法，即那些把时间花在研究毫无用处的文学上面的人都是些精力充沛的不务正业者，现在就连罗马人当中，这样的人也大有人在。研究尤利西斯有多少桨手，是《伊利亚特》还是《奥德赛》成书在前，还有此二书是否出自同一作者手笔，以及其他诸如此类五花八门的问题，这原本只是希腊人才有的一腔愚蠢热情[①]。这类问题搞清楚了装在自己肚子里，无以愉悦你的内心；拿出去发表，可以提高你的名气，但不是作为一名学者的名气，而是作为一个惹人厌烦者的名气。但实际情况是，这种了无意义的对学问无益的嗜好已经渗透到罗马人的骨子里来了。最近，我就听到一个人在那儿大谈特谈第一个做这或做那的罗马将军是谁谁谁：第一个在海战中告捷的是杜伊利乌斯，第一个在凯旋游行队伍中引入大象的是库里乌斯·登塔图斯。这些细节虽然对真正的荣耀没有做出任何贡献，但即使现在也在国家的功劳簿上占有一席之地。这些知识不会带来任何益处，但能借助那些无关紧要的事实的吸引力来吸引我们的注

---

① 塞涅卡大概是想说那些在亚历山大图书馆工作的希腊语法学家，他们训诂训到后来都会很迂腐，只能提出一些拘泥于字面的问题。

意。我们甚至应该宽容那些研究这一问题的人——第一个花言巧语说服罗马人登船的人是谁(是克劳狄乌斯,而且正是因为这个原因,他才得了科德克斯这一别名,因为我们的祖先把几块木板拼在一起而构成的东西叫作 caudex;这也是法典之所以叫作 codices 的原因,而且台伯河上那些运送给养的船只,沿袭古老的习惯,至今依然叫作 codicariae)。无疑,下面要说到的这一点可能也有点意义:瓦莱里乌斯·科尔维努斯是征服梅萨纳的第一人,也是瓦莱里家族中第一个把所征服的城市的名字梅萨纳移用到自己头上作姓的人;后来由于大家口口相传而渐渐导致了写法上的误拼,人们就把他叫成梅萨拉了。我确信,你也会允许有人对下面这一事实感兴趣的:路奇乌斯·苏拉是在竞技场上展示不拴链子的狮子的第一人(虽然别的时候都是用链子拴着展示),而且是由国王博库斯[①]派标枪手将它们扎死的。还有下面这件事,无疑也会得到谅解的——可是知道了庞培是竞技场上让罪犯们在一场虚拟战中对付十八头大象的首创者又能有什么好处呢?一个国家元首,一个据说是老一辈最为重要的公民中以心地善良而著称的人,居然认为此乃以新奇的方式屠戮人类的一种值得注目的奇观。要让他们战死吗?不够新奇!要将他们撕成碎片吗?不够新奇!得让体形庞大的动物将他们踢成肉泥!这样的事情最好还是忘掉的好,免得将来某些大权在握的人知道了,对如此惨无人道的行为心生艳羡之情。啊,我们的心灵让巨大的成功蒙蔽成什么样子了呀!当他将那么多可怜人扔给来自异域的野兽,迫使如此迥然有别的生灵交战,在他很快也将令其自身流出更多的血的罗马人民眼前,让那么多的生命血流成河的时候,他相信自然的力量是奈何他不得的。可是此人后来却因亚历山大城变节而吃了大亏,让最卑微的奴隶几刀给捅死了,这时他才明白自己的堂堂外号下面不过

① 博库斯(Bocchus),努米底亚国王,朱古达(Jugurtha,见 155 页脚注)的岳父,苏拉与之交好。

是一张一吹就破的牛皮。

扯远了，还是回到原来的正题，来谈谈有些人是如何在这些同样的问题上瞎忙活的吧，我前面说到的那个人讲过一个梅特路斯的故事，说在征服了西西里的迦太基人之后庆祝自己的胜利时，他是所有罗马人当中绝无仅有的一个以一百二十头俘获的大象为其战车开道的人。此人还说苏拉是最后一个扩大城址[①]的罗马人，自古以来就有一条惯例，只有在获得了意大利领土之后才能扩大城址，获得行省的领土后是从不扩大城址的。知道这一点比知道下面这一点更有用吗？据此人讲，阿文丁山之所以未被划入城址之内，无外乎两个原因中的一个，要么是因为平民选择了此地作为他们闹独立的地方，要么是瑞摩斯占卜此地的吉凶时鸟类预兆的是不吉。或，知道这些又能比知道不计其数、不是一派谎言就是实在离谱的其他版本的说法更有用吗？因为就算你认为他们说这些话都是真心诚意的，就算他们信誓旦旦说自己所写的句句属实，又能怎么样呢，人们能因此而少犯错误吗？能因此而抑制自己的激情，或者变得更勇敢、更公正、更可敬吗？我的朋友法比亚努斯过去常说一句话，说他有时候想：压根儿不去研究这些问题，是不是比纠缠到里面去要好。

14. 所有人当中，唯有那些腾得出时间研究哲学的人才是悠闲之士，只有他们才真正活着；因为他们不仅仅是把自己的一生呵护得很好，还把每一个时代都纳入了自己的有生之年，凡是前人经历过的岁月，他们都一一加入了自己的珍藏。除非我们毫无感激之心，否则可以说那些孕育了神圣思想的贤哲们都是为我们而生的，他们为我们奠定了生活的基础。他人的辛勤努力引导我们审视那些至为美好的东西，那些从黑暗中挖掘出来得以见天日的东西。没有哪个时代不

① 城址（Pomerium），罗马的公民聚居区与非公民聚居区的分界线。“城址”是通过占卜等宗教仪式而设立的，具有神圣性，象征着能否受到邦神庇佑，因而只有属于公民统治集团的公民才有权居住在城址以内。

对我们敞开大门，所有时代我们都可以得其门径而入，而且只要我们有心借助高尚灵魂去超越人类缺点的狭隘局限，就有漫长的时间大道任我们徜徉。我们可以与苏格拉底进行辩论，与卡涅阿德斯[①]一道质疑，与伊壁鸠鲁一同寻求宁静，与斯多葛主义者并肩战胜人类本性，与犬儒主义者携手超越人类本性。既然自然容许我们与每个时代结缘，那我们为什么不抛弃这微不足道而又转瞬即逝的现时，全身心地投入无限、永恒、可与更为优秀的人共享的过去中呢？至于那些东奔西跑尽社会责任的人，这些人既不让别人休息，也不让自己休息，一旦他们不顾一切地疯狂起来，每天都走街串户，不放过任何一扇开着的门而不入，带着几句能捞几个钱的恭贺之词走遍相距甚远的千家万户，在如此巨大而又备受如此众多欲望折磨的一个城市里，舍得解囊的人他们又能见到区区几个！有多少人会以睡觉为由搪塞他们，又或者因自我放纵或缺乏仁慈之心而将他们拒之门外呀！有多少人会让他们在饱尝漫长等待的苦头后，假装有急事在身而从他们身边夺路而去呀！有多少人会避开人满为患的门厅而从旁门暗道溜之大吉，仿佛欺骗访客在失礼的程度上并不比拒而不见有过之而无不及似的！多少因为头天夜里喝醉了而半醒不醒、恶心欲吐的人，有损斯文地一个哈欠接着一个哈欠，经别人在耳边无数次悄声提醒之后，才嘴都几乎不张地说对了那些不惜自己睡不好也要守着看别人睡大觉的可怜虫的名字！你应该视其为把时间用在真正的人生职责上面的人，是那些每天都愿意把芝诺、毕达哥拉斯、德谟克利特及所有其他学富五车的宗师，还有亚里士多德和西奥弗拉斯图引为知己的人。这些主人谁都不会“太忙”；谁都不会让自己的客人扫兴而去，反而会让他比来的时候更加高兴，对主人更加仰慕；谁都不会让任何一个客人空手而归，无论白天黑夜，世上所有的人都能享受到他

① 卡涅阿德斯（Carneades），公元前 2 世纪最著名的学园派哲学家，他是一个怀疑论者，没有提出自己的学说，但批评过各种教条主义学派的学说。

们的陪伴。

15. 这些人谁也不会逼你去死,不过他们都会教你如何去死;谁都不会耗费你的时间,反而会把自己的时间作为礼物送给你;谁都不会因为与之交谈而给你带来危险,不会因为与之为友而给你招来杀身之祸,不会因为对其表示景仰而让你付出代价。从他们那儿,你可以随心所欲地想拿什么就拿什么;如果你能力有限,所饮取的量还不及你的酒量,那也就怪不得他们了。可以蒙这些人庇荫的人,将有怎样的幸福、怎样令人艳羡的暮年在等着他呀!他会有很多朋友,大小事情都可以与他们商量;关于自己,他每天都可以向他们讨教;从他们那里,他可以听到不带侮辱的真话和不带阿谀的赞美;他可以以他们为榜样。我们习惯于说我们无法选择自己的父母,是命运碰巧将他们分配给了我们。可是我们是可以想当谁的孩子就当谁的孩子的。有很多才智出类拔萃的人家,挑选一户你希望为其收入门下的人家吧,你将继承的不仅仅是他们的姓氏,甚至包括他们的财产,这笔财产你用不着吝啬小气地看管:你越是与更多的人分享,它就越是会增大。这些人将让你走上通往不朽的永生之路,会把你提升到那个谁也不会沮丧的境界。这是延长有涯之生,或者说得更准确一点,化须臾为不朽的唯一途径。各种荣誉、纪念碑,以及野心勃勃之人凭借法令而博取的一切或者用石刻竖起来的一切,顷刻间就会崩塌。岁月无情,在时间的长河中,一切东西都不是会被摧毁便是会被别的东西取而代之。而哲学视为神圣的作品是不可能受到损害的,什么时代也摧毁不了这些作品,什么时代也侵蚀不了这些作品;紧随其后的时代及接下去的每一个时代都会让人们对它们的敬畏之情有增无减,因为近在眼前的东西才招人嫉妒,而对于远在天边的东西,我们则会毫无保留地大加赞美。因此,哲学家的一生能大大延长,不会为其余的人受到的限制所限,只有他们不会受到人类生理状况的束缚,所有时代都会像侍奉神灵一样侍奉他们。倘使一段时光业已过去,他们便会在自己的记忆中拥抱它；如果时光就在眼前，他们就会利用它；如果时光尚未到来，他们便会提前使用它。他们把所有的时间合成为一个整体，就这样，他们将自己的一生变成了漫长的一生。

16. 可那些忘记过去、忽视现在、惧怕未来的人一生将会非常短暂，而且充满了焦虑。等到面临死亡时，这些可怜虫才会为时过晚地意识到，自己有那么长的时间都是在瞎忙，其实什么也没干。你不要看到他们有时候祈求死神到来，就以为这是他们觉得生命漫长的证明。他们缺乏主见，因而饱受情感倒错的折磨，令他们经常处于怕什么来什么的尴尬境地；正是因为怕死，他们才动不动就求死。你也不要以为他们经常度日如年，或者抱怨定好的饭局时间到来前的那几个钟头过得太慢，就证明生命对他们来说太漫长。因为只要手头没有感起兴趣的事情，他们就会因闲极无聊，不知道如何安排或者说打发这段光阴而坐立不安。于是，他们就会拼命去找点儿别的事情来干干，而所有介于其间的时间都是单调乏味的，这一点很像宣布了一场角斗表演的日期，或者在等待某个别的展览或娱乐活动的规定时间到来时的情形，人们很想把中间的这几天一下子跳过去。人们期盼的事情，任何延期对他们来说似乎都是漫长的。然而他们享受的时间却短暂易逝，而令其变得愈发短暂的正是他们自己的过错，因为他们总是一欢寻罢又急忙另寻新欢，不能专心于一种激情。在他们眼里，白天不长，但是可恨；而另一方面，他们不是在娼妓的怀抱中便是在酒肆中度过的夜晚则显得何其短暂！于是乎，便有了诗人们的疯狂，他们编出各种各样的故事来助长人类的弱点，说什么朱庇特为了满足自己在情人怀里的快感[①]，将夜晚延长了一倍。把神搬出来替他们撑腰，将神可以肆无忌惮地放纵而不受谴责当作我们自身弱点

① 朱庇特化身为阿尔克墨涅（Alcmene）的丈夫安菲特律翁与之行夫妻之事时，把黑夜延长了两倍（或三倍），他们这次交合的结果是生下了赫丘利（Hercules，对应于希腊神话中的赫拉克勒斯）。

的榜样，这样做除了给我们的恶行火上浇油外还能是什么？这些人付出如此高昂的代价才换来的夜晚，对他们来说，能不显得甚短吗？他们在等待夜幕降临的过程中失去了白天，又在惧怕白天到来的过程中浪费了夜晚。

17. 他们在行这些偷欢作乐之事时都是提心吊胆的，而且会受到各种惊慌的困扰。就在乐不可支的那一刻，那个忧心忡忡的问题便会浮上心头："这还能持续多久？"这种感觉曾令诸多国王为他们手中的权力而悲叹；他们所领略到的不是自己幸甚的命运中的快乐，而是这一快乐终有一天会走到尽头的恐惧。遥想当年，那个波斯国王[①]气焰嚣张地将自己的军队铺天盖地地散布在那片广袤的平原上，其兵马数不胜数，只能粗估其规模；其时，他想到了百年之后，如此庞大的队伍中将无一人还会活着，不禁潸然泪下。可就是这个落泪之人将给他们带来灭顶之灾，让他们有的身葬海洋，有的骨埋陆地，有的气断疆场，有的命亡于溃逃路上，在最短的时间内，他就将把那些他担心见不到他们百年寿限的人断送殆尽。可为什么他们就连在行乐时也要惶惶不安呢？这是因为，他们的快乐是没有坚实的理由作支撑的，而是像他们来到这个世界几乎没有理由可言一样，是无端冒出来的。你想他们过的是些什么样的时光呢？他们自己都承认属于不幸之列，连那些令他们飘飘欲仙、超越世人的快乐也远非真正快乐的时光。所有的大富大贵都是烦恼的根源，天底下最傻的事情莫过于在最受命运垂青的时候相信命运；要保住辉煌就必须再创辉煌，要促进效果不错的祈祷就必须再行祈祷。因为凡是侥幸而获的东西都是不牢靠的，而且升得越高，跌下来的可能性就越大；再说了，从注定要消亡的东西中，谁也得不到快乐。所以，那些辛辛苦苦想得到必须付出更大的辛苦才能守住的东西的人，他们的一生必定是：不仅非常

① 薛西斯一世（Xerxes），参看希罗多德《历史》7.45—46。公元前480年他曾在温泉关和萨拉米斯被希腊联军击败。

短，而且非常惨。他们费了九牛二虎之力获得了想要的东西，尔后又要忧心忡忡地去保住到手的东西；而这期间，他们压根儿就没考虑那一去无返的时间：旧的追求被新的追求取而代之，一个希望引发又一个希望，同样，一个野心激发又一个野心。他们不是想办法去结束自己的苦难，而是去改变导致苦难的原因。我们自身在公众中的荣耀已经把我们折磨得够呛，却还要让别人的社会荣耀占去我们更多的时间。我们不再拼命争当某一官职的候选人，却又开始为别人拉选票；我们甩掉了当起诉人的包袱，又捡起了当陪审员的重担；有的人不当陪审员了，又当上了庭长；有的人为了几个小钱帮别人管理了一辈子财产，人都老了，回头还要一头扎进掌管自己的财产这一难缠的事情中来。马略[1]好不容易获准解甲了，却又走马上任，去忙执政官的那一摊子事儿了。昆克提乌斯[2]匆匆结束了其独裁官一职，可他很快又将被从田间召回。西庇阿迎战迦太基人时，尚未及堪当如此大任之年岁，他战胜了汉尼拔，击败了安条克，荣袍加身当上了执政官，还充当过自己弟弟的担保人，要不是他本人反对，他的塑像就会立在朱庇特塑像的旁边了。可是他的同胞公民之间的龃龉不合却惹恼了这个给予他们安全的人，年轻时，他对那些堪与诸神媲美的荣耀嗤之以鼻，如今年迈，雄心仍在，他将毅然决然地过流放生活，并以此为乐。忧虑，无论是乐而生忧，还是悲而生忧，从来就不会缺少理由。生活会顺着自己的路线一个追求接着一个追求地继续向前推进，虽然我们嘴上在不停地祈祷清闲，但我们永远也不会有享清闲的时候。

---

① 在率军攻打努米底亚国王朱古达之后，盖乌斯·马略（Gaius Marius）曾在公元前104年到公元前86年间数度担任执政官（且在公元前107年之前就已经当过一次）。

② L. 昆克提乌斯·辛辛那图斯（L. Quinctius Cincinnatus）是公元前458年的独裁官，公元前439年再度出任独裁官。注意当时的独裁官与后来的独裁官很不一样，主要是负责战事的，任期为6个月。公元前458年，罗马遭到外敌入侵。执政官昆克提乌斯被选为独裁官，仅用了16天就击败了入侵之敌，随即交还了军事独裁权，解甲归田。

18. 所以呀，我最亲爱的保利努斯，从人群中抽身而退吧，你这个年岁的人该经历的风浪，你都经历过且远远超出了，最后还是找个平静的港湾避一避吧。想一想你遭遇过多少风浪，历经过多少风雨，有的是在私人生活中经受的，有的则是在公众生活中你给自己招来的。你废寝忘食、任劳任怨，大家有目共睹，已经足以证明你的美德了。试一试，看你的美德在闲暇中能有何表现吧。你已经把一生中的大部分时光，无疑也是更好的时光，献给国家了，也拿出一点来给你自己吧。我并不是让你饱食终日，无所用心，也不是让你把所有的个人精力都泡在呼呼睡大觉和大众所喜爱的那些享乐上，那不是休息。你会发现，退隐后会有很多事情等着你去做，而这些事情比你此前花了那么多精力所做的那一切都更为重要。我知道，你管理天下的大账，就像帮别人管账一样诚实，就像管理自己的账一样严谨，就像管理国家的账一样忠诚；身居一个难免遭人痛恨的职位，你却赢得了人们的爱戴。但是，相信我，对自己人生的账目清清楚楚，要比对谷物市场的账目了如指掌强得多。你聪敏智慧，应付最大的难题都不在话下，而且绰绰有余。将它从那无疑会带来荣耀但对快乐人生却几无益处的公务中召回来吧，好好想一想，你自幼就受了那么多人文学科的教育，目的可不是要人家把成千上万石的谷物交给你来看管，你是有志于干点儿更严肃、更令人钦佩的事情的。罗马不会缺乏经济上廉洁而又能吃苦耐劳的人。论驮运东西的话，迟钝的驮畜要远比纯种马适合得多，你见过有谁让这些贵族动物驮一大口袋东西来减慢它们的速度的？你再想想，担当如此重任你给自己带来了多少忧虑呀：你要解决的是人的肚子问题，人饿了，是听不进去道理的，靠和颜悦色以礼相待，休想安抚他们，求爹爹告奶奶，休想动摇他们。最近，在盖乌斯·恺撒死后的几天里——他还在极度苦恼呢，要是死人有感情的话，因为罗马人民还没死，还有足够活七八天都不成问题的食物——由于恺撒建造他的那些船桥，滥用帝国资源，我们饱受缺粮之苦，哪怕是对遭围困的人来说，最大的苦难也莫过于这样的苦难了。他效仿一个疯狂的外国国王，让致命的骄傲冲昏了头脑，差点儿没把我们全部活活饿死，差点儿没引发通常与饥荒相伴而生的大规模的革命。彼时彼刻，负责谷物市场的大员们[①]，免不得要面对石头、刀剑、火棒，还有盖乌斯，心头必是怎样一番滋味？他们极尽伪装之能事，竭力掩盖国家潜在的心头大患，他们这样做无疑是理直气壮的；因为有些疾病的治疗是必须向病人隐瞒病情的，很多人就是因为知道了自己的病情而不治身亡。

19. 因此，还是退而从事这些更宁静、更安全、更伟大的事情吧！是选择监督不诚实或者毛手毛脚的运粮工，确保谷物能秋毫无损地倒进谷仓，不让谷物受潮或烘坏变质，防止缺斤短两现象发生等这一类工作，还是选择从事那些神圣而崇高的研究，旨在洞悉神的实质、意志、生活方式及形态；了解等待自己灵魂的是什么样的命运，一旦我们从自己的躯体中获得解脱后，自然会将我们安放于何处；探讨是什么令所有最重的物质都处于世界的中心、将轻飘的东西都浮在半空、让火燃至最高点、命星辰各守其序——进而探究其他各种神奇问题？你认为是一回事吗？得了，放下这样的观点，一门心思扑到这些研究上来吧！趁现在血还是热的，我们务必奋力迈开大步，去从事更加有益的事情。在这样的生活中，有很多值得探究的东西在等着你去体悟，譬如，怎样才能培养爱好美德、信守美德的情操，如何才能忘却激情，怎样才能加深对于生与死的认识，如何才能做到心灵静如止水。

凡是杂务缠身者，境况皆很惨，但境况尤为悲惨的还得数这样一些人：他们热火朝天地忙来忙去，忙的甚至都不是他们自己的事情，连睡个觉都要迎合别人的睡觉方式，走个路都要随别人的步伐，在爱

① 为首都筹措粮食供应在当时是一项很有挑战性的后勤工作，也是政治上很敏感的一项工作。

和恨这两样最不受控制的情感上,也要听命于别人。这些人要是想知道自己的生命是多么短促的话,且让他们想想生命中属于他们自己的那部分少得是何其可怜吧。

所以,当你看到一个人经常穿着官袍,看到一个人在论坛上大名鼎鼎时,不要心生羡慕之情:这些东西都是靠牺牲生命才换来的。为了让某一年以他们的名字来纪年,他们把自己的一辈子全都搭进去了。有些人刚刚奋斗了一阵子,雄心勃勃,只可惜还没登顶就送了命。有些人忍辱负重,千辛万苦好不容易爬到了至尊无上的地位,可一想到自己呕心沥血一辈子所赢得的不过是墓碑上的一段碑铭,不免怅然若失。还有一些人,到了耄耋之年,还像年轻的小伙子一样在那儿调整自己,以期适应新的希望,结果就在他们厚着脸皮做出这巨大努力的过程中,孱弱之躯令他们一败涂地。一个年迈之人,在为一个素不相识的诉讼当事人辩护时,还想博得一群无知之徒的喝彩,结果一口气上不来,一命呜呼倒在法庭上了,这是何等丢人现眼的事情啊!一个人在履行自己的职责过程中累倒,而他之所以精疲力竭,更多的是因为他的生活方式,而不是劳累所致,这是何等不光彩啊!一个人在接受分期还款时断气身亡,令他那等候已久的继承人喜出望外,也是很没面子的事情!我想到了一个例子,得说出来:塞克斯图斯·图兰尼乌斯是一个谨小慎微、一丝不苟的老人,在他年届九十后,盖乌斯·恺撒亲自下令免去了他的职务。对此,他做出的反应是命人将自己摊放在床上,让家人站成一圈哀悼他,仿佛他已经一命归天了似的。一家老小都为老爷子的被迫赋闲而悲恸,直到他官复原职重新得到了所喜爱的工作,大家这才不再悲哀了。以身殉职,死在自己的工作岗位上真的就能带来这么大的快乐吗?许多人确实都持这样的看法:他们力不从心了都还在渴望工作,他们挑战身体的虚弱,仅仅因为人一老就会被人小瞧,便认为上了年岁是一件很恼火的事情。法律规定年过半百不当兵,年过六旬不入元老院;可是人们发现他们总是跟自己过不去，从自个儿这里要比从法律那里获得闲暇更难。而与此同时，他们你夺我抢，相互干扰，给彼此带来痛苦，就这么折腾了一辈子，却没得到丝毫益处，没得到丝毫快乐，心智方面也丝毫没有长进。谁也不把死亡放在心上，谁都任由自己痴心妄想，有些人甚至把身后之事都一一做了安排——规模宏伟的墓穴、公共建筑上面的献词、火葬仪式及铺张的葬礼上要得到的礼物。不过，说真的，应该举着火把或细烛来给这些人送葬，就像给活得最短的孩子送葬一样。

与赫尔维娅告慰书

1. 我最贤良的母亲[①]，此前我曾屡屡想写信安慰您，又屡屡抑制住了这样的冲动。有无数的理由促使我如此冒昧：首先，我想倘若我即便无法让您不落泪，但至少可以替您抹去泪水，我就可以让我自己从一切烦恼中摆脱出来；其次，我坚信如果我自己先振作了起来，就会有更大的力量让您也振作起来；而且，我担心命运女神虽然被我击败了，但她没准儿会击败我敬爱的某个人。因此，拿手捂住了我自己的伤口后，我正拼尽全力，挣扎着爬过来为您包扎伤口。可另一方面，考虑到某些因素，我又有些迟疑了。我知道您刚遭受重创，悲痛得有如刀割，不应在这时触动您的痛处，免得我安慰不成，反倒雪上加霜，加剧了您的悲痛——身体上的病痛也一样，药敷得太早，给伤口带来的疼痛最大。所以，我一直在等您的悲痛自然减轻，轻到可以碰，可以处置的那一刻；一旦过了一段时间，疼得最厉害的那个劲儿过去了，再上药就会好受一些。此外，我翻遍了所有名家关于抑制和减轻悲伤情绪的著述，却发现没有一个在亲人们为自己而悲痛时，安慰过自己亲人的例证。因此，发现自己所处的是一个史无前例的处境后，我有些疑虑了，担心我的努力会非但起不到安慰作用，反而让您愈发悲伤。再说了，一个从棺椁里抬起头来安慰自己亲人的人，无疑需要

① 塞涅卡写此文的目的是因为自己遭到流放而安慰自己的母亲。

找到一些新鲜的词语，而不能采用那些普通平常的话语！可是巨大的过度悲伤势必会夺去人选择词句的能力，泣不成声的情况也并不少见。不过我还是会尽力一试，倒不是说我对自己的口才很自信，而是因为我相信，由我本人来安慰您，可以代表最有效的安慰形式。作为母亲，您是不会拒绝我的任何要求的，我希望您也定然不会拒绝我的这一请求，不管所有的悲痛有多么顽固，也请您同意我为您的悲伤划定一个限度。

2. 您瞧，蒙您俯允，我给自己许诺了一个多大的礼物啊：我坚信，和您的悲伤相比，我对您的影响会大一些，尽管对于不幸的人而言，没有什么可以超过悲伤造成的影响。因此，为了避免马上与您的悲伤交战，我会先放它一马，而且还会不遗余力地促其滋长；我会把已经愈合的伤口统统暴露出来，并全部撕开。有的人会说："这是哪门子的安慰呀，把已经忘诸脑后的痛苦又召回来，让一次苦难都经受不起的心灵将所有的苦难尽收眼底？"那就让说这话的人想一想，每当危及生命的疾病到了经过医治，病情仍旧加重的地步时，有点效果的疗法往往是背道而驰的方法。所以，我会让备受折磨的心灵一睹自己所有的悲伤、所有的丧服：这不是温和的疗法，而是烧灼与动刀子的疗法。我会得到什么呢？我会让一颗战胜过无数痛苦的心灵不好意思为伤痕累累的身体上多出一个伤口而悲叹。所以，就让那些养尊处优，长久的幸福已经让其难以自持的人们泪流不止、呻吟不断吧，让他们受到小得不能再小的威胁就吓晕过去吧；让那些一辈子都在灾难中度过的人们，以不可动摇的坚强决心，忍受最严酷的命运打击吧。经常遭受不幸有一个好处，最终会让那些饱受其折磨的人坚强起来。

无比巨大的悲伤接二连三地袭来，命运没有给过您任何喘息之机，就连您出生的那天也不例外：您一生下来就失去了母亲，说得更确切一点，您还没呱呱坠地时，从某种意义上说就已经成了一个弃儿。您在继母的膝下长大,您对她百依百顺,孝敬有加,绝不亚于亲生女儿,迫使她成为了一名母亲;然而,没有哪个孩子不曾为拥有继母而付出沉重的代价,哪怕是好继母也不例外。我最亲爱的舅舅,一个顶天立地的英雄豪杰,您在等待他的到来时失去了他。而且,命运女神生怕将自己的残酷分开后会容易让人忍受一些似的,不出一个月,您又掩埋了您最亲爱的、让您做了三个孩子的母亲的丈夫。噩耗传来时,您尚沉浸在悲痛之中,而且当时您的孩子又都不在身边,仿佛您的不幸是存心跟您过不去,故意集中到了这段悲痛得不到任何安慰的时期似的。您所忍受的纷至沓来的种种危险和恐惧,我就不说了,就说最近吧,您让三个孙儿离开了您的怀抱,抱回来的却是三个孙儿的尸骨;我的儿子在接受您的亲吻时死在了您怀里,您把他葬了,二十天不到,您又听说我让人抓走了,这是您此前还没遭遇过的悲伤之事:哀悼活着的人。

3. 您最近这一次所受的伤,我承认,是您的身躯受伤最严重的一次,不只是破了点皮,而且刺穿了心脏和要害器官。可是正好比刚入伍的新兵受了一点轻伤就大喊大叫,见到外科医生的手比见到刀剑还要怕,而久经沙场的老兵就不一样了,即使身负重伤,也会耐着性子一声不吭地让医生清理化脓的伤口,仿佛身体是别人的而不是他们自己的似的,所以,您现在必须勇敢地接受治疗。把悲叹、哀号等方式都收起来吧,女人一般就知道用这种闹哄哄的方式来宣泄自己的悲痛。如果您还没学会如何承受不幸,那您经受了这么多的苦难,就真是白搭了。您看我对您已经够直率了吧?您遭遇的不幸,我全都抖落出来,堆在了您面前,一样都没对您隐瞒。

4. 我已经斗胆这样做了,因为我已下定决心要战胜您的悲痛,而不是限制它。而且,如果我能首先表明一点,即在我的处境中,没有一样东西可以证明我堪称不幸者,更不至于给我的任何亲人造成不幸;其次,如果我能转而向您证明,您的命运完全取决于我的命运,因而也不成其为悲痛的理由,那么我想我会战胜它的。

首先,我会努力向您证明一点,这一点也是您作为慈母所渴望听到的,那就是我并没有遭罪受苦。可以的话,我会澄清一点:您以为压得我喘不过气来的那些境况,是完全能够忍受的。您不相信也没关系,可不管怎么说,如果我能证明在一个往往让别人痛苦不堪的处境中,自己仍然会很愉快的话,我对自己会愈发满意。您没有理由相信别人对我的传言,为了省却您听到那些道听途说后的苦恼,我亲口告诉您,我好好儿的,并不可怜。为了让您放一百二十个心,我还要补充一句,要让我变成可怜虫,休想!

5. 我们所出生的环境,只要我们不放任自流,还是会有利于我们的。造化的本意是,我们无需什么了不起的设备就可以生活得很幸福:我们每个人都可以让自己幸福。身外之物微不足道,是好是歹,影响都不大。贤哲不会因为好运而兴高采烈,也不会因为厄运而垂头丧气;因为他自始至终都在尽力做到自食其力,从自身获取一切乐趣。什么?我是在把自己说成贤哲?绝对不是。因为我要是能称自己是贤哲的话,那我不仅会说我不可怜,而且还会宣称我是最有福气的人,已经被擢升到了近乎神的境界。事实上,我采用了足以缓解一切悲伤的法子,将自己托付给了贤哲,因我还无力自助,于是就跑到了别人的帐下去寻求庇护,这些人保护自己及其追随者,显然都不在话下。他们命我像站岗的士兵一样坚守住自己的位置,并及早预见到命运女神发起的一切攻击和突袭。对于那些毫无防范的人而言,命运女神的打击是很沉重的,而时刻戒备的人则可以轻而易举地抵御她的袭击。因为敌人的到来也只能击垮那些疏于警戒的人,而那些早在战争爆发之前就做好了迎战准备、整装待发的人则可以从容不迫地迎击第一轮进攻,而第一轮进攻总是最为猛烈的。我从来就没信任过命运女神,即便在她表现出一副示好的样子时也没信任过;她好心赐予我的那些礼物——金钱、职位、权势,我都存在了一个她不惊动我就可以收回的地方。我与这些东西之间一直撇得很开，所以她是把它们从我这儿拿走的，而不是夺走的。只要命运女神微笑时别上当，那么她皱眉头的时候，就不会吃大亏。那些贪念她的礼物，仿佛可以永远享有下去的人，那些希望因为这些礼物而受人敬重的人，一旦这些虚假无常的快乐离弃了他们空虚、幼稚，对持久的快乐一无所知的头脑，便会一蹶不振，悲伤不已；而不因为走好运就飘飘然的人，在命运发生逆转时则不会崩溃。无论是鸿运当头，还是大难临头，他的心态都可以立于不败之地，因为他的意志力已久经考验；哪怕是在顺境中他也会试一试自己面对逆境的力量。因此，我始终认为，在所有人都祈求得到的那些东西中，并不存在真正的好东西；相反我倒是发现，这些东西虽然外面涂了一层耀眼而又骗人的色彩，里面却都是些空洞之物，没有一样可以与它们的外表相匹配。即使到现在，在这些所谓的不幸中，我也没发现一样东西像人们耸人听闻的臆想中那样可怕和严酷。“流放”这个名称，由于某种信念和普遍看法，现在听上去更加刺耳了，让人听了感到既沮丧又可憎。因为这就是大众所做出的裁决，而大众的裁决大都会为贤哲所废止。

6. 所以，将多数人的裁决搁到一边去，他们往往被事物的第一印象所迷惑。无论他们信以为真的理由如何，还是让我们来看看何谓流放吧。毫无疑问，流放就是换个地方。我不想把流放的威力往小里说，也不想抹掉流放所具有的最大害处，所以我承认，换个地方的确会带来诸如让人贫困潦倒、名声扫地、为人不齿等坏处。这几点我后面再谈，这里我想先谈一个问题：仅仅换个地方会带来什么样的不快。

“遭到驱逐，流落异乡是难以忍受的事情。”可您瞧瞧，这一大群人，我们偌大的城市、那么多的房屋几乎都难以容纳下他们，其中大部分人都失去了自己的国家。他们从自己的城镇和聚居地，简言之，从世界各地聚集到了这里：有的是心怀抱负而来，有的是为履行某项公务而来，有的是肩负外交使命而来，有的是为了觅得一块适于花天酒地的宝地而来，有的是因为渴望深造而来，有的是因为想看公众表演而来，有的是受到了友谊的吸引而来，有的是看到了大显身手的机会，因为工作欲望而来，有的是来出卖自己的色相的，有的是来推销自己的口才的。三教九流的人无不蜂拥而至，来到了这座既肯为美德又肯为邪恶出高价的城市。叫他们都过来，报上自己的姓名，并挨个儿问他们："你是哪里人？"您就会发现他们半数以上都是背井离乡来到这座城市的，这座城市确实很大而且很美，可惜不是他们自己的。然后离开这座从某种意义上可以称为属于所有人的城市，到其他城市去看看：每座城市的居民里头都会有大量外来人口。游历了那些凭借其秀美、优越的地理位置吸引了大量移民的城市之后，您再放眼看一看荒漠地区和贫瘠的岛屿：斯基亚索斯与塞里福斯，吉雅拉与柯苏拉[①]，您会发现没有一块流放地不是有人自愿留在上面的。像这块岩石[②]这么贫瘠、四周全是悬崖峭壁的，还能找到第二处吗？论资源，还有比这里更匮乏的吗？论人，还有比这里更不开化的吗？论地形，还有比这里更险峻的吗？论气候，还比这里更酷烈的吗？然而，这个地方的人口当中，外地人比本地人还要多。

因此，如果仅仅是更换处所，远远算不上苦难，这不，连这么个地方不都吸引一些人远离故土而来到这里了嘛。我听什么人说过，人们的内心里天生存在着某种不安定因素，促使他们更换住所，另寻新家；因为上天赋予了人一颗善变、不安分的心，这颗心在哪里都待不久，它会漂洋过海，远走高飞，可谓心游万仞，神驰八荒，它好动恶静，喜新厌旧。想一想它的起源，您就不会感到惊奇了。它不是肇始于沉重的尘世物质，而是发端于天国的精神；而天国之物的本性就是恒

① 斯基亚索斯（Sciathus）与塞里福斯（Seriphus）和吉雅拉（Gyara）是爱琴海中的小岛，柯苏拉（Cossura）在西西里沿海。

② 科西嘉岛（Corsica），塞涅卡的流放地。

动不止，它们一路飞奔，勇往直前。看看那些照亮世界的行星吧，没有一颗是固守在自己的位置上不动的。太阳不停地滑行，从一个地方到另一个地方，尽管它与宇宙一起旋转，但它的运行方向却是与世界本身的运行方向背道而驰的，它飞速穿越黄道十二宫，从不停留；它马不停蹄地前行，从一个位置移至另一个位置。所有行星都在不停地旋转和飞逝，正如不可违背的自然法则所规定的那样，它们注定会被从一个地方带到另一个地方；在年复一年的固定时期内绕着自己的轨道完成了行程之后，它们又会再一次踏上之前走过的老路，重新启程。那么，推想有着与这些天体相同的构成要素的人类心灵会讨厌旅行和迁徙，是多么愚蠢啊！要知道，造物主所造出来的自然可是喜欢不停地飞速地变换位置，或者应该这么说，是靠不停地飞速地变换位置才得以存续的。

7. 好了，别管天上的那些事情了，把您的注意力投向人类的事情吧，您会发现，所有的部落和民族都改变过自己的居所了。希腊城市为什么要建在野蛮国家的腹地？印度人和波斯人中为什么会有人讲马其顿语？西徐亚[①]及整个那片充斥着野兽和野蛮部族的地区，却出现了建在本都[②]沿岸的希腊城市：漫长的严冬，还有当地人那和他们的气候一样可怕的性格，都没令人们望而却步，打消把家搬到这里来的念头。在亚细亚[③]，生活着大量的雅典人；米利都[④]城邦曾源源不断地将大量公民派往各地，塞满了七十五座城市；意大利受到下游海域冲刷的整个海岸都变成了一个大希腊[⑤]。亚细亚声称伊特鲁里亚

---

① 西徐亚（Scythia），黑海以北和东北部地区。

② 本都（Pontus），公元前 302 年米特拉达梯一世（Mithridates I）在亚历山大大帝死后的一片混乱中创建本都国，公元前 64 年被古罗马吞并。

③ 此处的亚细亚（Asia）并不是今天的亚洲，而很可能是古罗马当时的一个行省或小亚细亚，故采用音译。

④ 米利都（Miletus），小亚细亚爱奥尼亚十二城邦中最古老也最强大的一个。

⑤ 大希腊（Magna Graecia），约公元前 8 世纪古希腊人在意大利半岛南部建立的殖民地城邦的总称。

人是亚细亚人[①];提尔人占领非洲[②],迦太基人占领西班牙;希腊人曾占领过高卢,高卢人也曾占领过希腊;比利牛斯山脉没能挡住日耳曼人[③]——躁动不安的人类穿过人迹罕至、不为人知的区域,闯出了一条路来,而且还是拖家带口,扶老携幼。有些人,饱受了长期颠沛流离之苦后,人困马乏,也懒得挑挑拣拣了,逮住一个最近的地方就扎下根来;有些人则靠武力为自己在异国他乡赢得了立足之地;有些部族,在前往未知区域时,被大海吞没了;有些部族则因为给养殆尽,寸步难行,只好就地落脚。

并非所有的人都是因为同一原因而背井离乡,另谋安身之所的。有些人是因为自己的城邦遭到毁灭才逃亡,失去了故土而被迫飘落异国;有些人是因为窝里斗而被排挤走;有些人是为缓解人口过剩造成的过分拥挤的压力而遭到了打发;有些人是因为瘟疫肆虐或接二连三的地震或土地贫瘠民不聊生,迫不得已才远走他乡;有些人则是因为听人把某个富饶的沿海地区说得天花乱坠,经不住诱惑才辞别故土的。不同的原因促使不同的人纷纷离开了自己的家园:起码有一点是明确无疑的,那就是谁也没有一直待在自己出生的地方没挪窝。人类总是在不停地来回奔波,这么大的一个世界里每天都在发生某种变化:新的城邦在奠基,新的国名在诞生,旧的不是湮没无闻,便是被更强大的国家吞并后而改名换姓了。可是,人们所有的这些迁徙,不是集体流放还能是什么呢?

我为什么要拽着您兜这么大一圈,看完这么多例子呢?我何必要举帕多瓦的缔造者安特诺,还有那个在台伯河畔建立起自己的阿

---

① 传统上认为伊特鲁里亚人(Etruscans)是公元前13世纪后半叶移居到意大利北部的吕底亚人(Lydians),这一说法首先见于希罗多德的《历史》1.94。

② 提尔(Tyre),古代腓尼基的一主要港口,现属黎巴嫩。迦太基就是由来自提尔的腓尼基人在北非建起来的,后来扩张到西班牙。

③ 此处有误,指的应是凯尔特伊比利亚人(Celtiberians,古典时期居住在伊比利亚半岛上的古代凯尔特人的一支),他们曾翻越此山从高卢进入西班牙。

卡狄亚王国的厄凡德尔的例子呢？我为什么要提到狄俄墨得斯[①]和其他那些既是赢家也是输家，因为特洛伊战争而流落到异国他乡的人呢？事实上，罗马帝国本身，若要追溯的话，其缔造者就是一个背井离乡者，一个自己的城邦陷落后的流亡者，迫于对征服者的恐惧，他带着自己的几个残兵败将远走他方，命运将他带到了意大利。可反过来，这个民族又往每个行省派遣了多少侨民啊！罗马人征服了哪里，就会在哪里安家落户。人们毛遂自荐，纷纷加入这一迁徙的行列，连老人也会辞别自家的祭坛，随着这些殖民者一道漂洋过海。这一点，已无需我再举例说明了，但我还要补充一个需要我们注意的例子：就是这座岛屿，上面的居民也换过好多茬儿了。撇开那些为历史长河所掩蔽的更老的例子不说，现在居住在马赛的希腊人，离开福基斯[②]后，首先就是在这个岛上落脚的。是什么原因迫使他们离开了这座岛屿，是因为气候恶劣，近邻意大利太强大，还是因为造化硬是没给这里海岸线上设一处港口，尚无定论。但我们可以肯定地说，不是因为岛上原住民的凶猛性格使然，因为他们在当时最凶猛、最野蛮的高卢人中间都站住过脚。后来利古里亚人又来到了这座岛上，西班牙人也来了，这一点从他们有着相似的风俗习惯上就可以看出来；因为岛上居民的头饰和鞋袜都跟坎塔布里亚人[③]一样，而且有些词汇都相同，只是在与希腊人和利古里亚人的交往过程中，他们的语言整体上丧失了其纯正的特征。这之后，又运来了两批罗马的侨民，一批是马略运来的，一批是苏拉运来的：这座贫瘠得只长草的弹丸小岛，人口经历了多么频繁的变化呀！简而言之，直到今天一直只有土著人口的地方，您几乎一个也找不到了；每个地方都是五方杂厝，风俗不

① 狄俄墨得斯（Diomedes），特洛伊战争中，希腊方面著名的大英雄，曾单挑赢过埃涅阿斯，后来定居意大利。埃涅阿斯是特洛伊王子，传说中的罗马人的祖先。

② 马赛城是约公元前600年由福西亚人建立的，他们来自小亚细亚的福西亚（Phocaea），而不是来自希腊的福基斯（Phocis）。

③ 坎塔布里亚（Cantabia），西班牙北部一区。

纯。一个民族走了,另一个又来了:一个民族弃若敝屣的,另一个却又垂涎欲滴;将别人逐出故土的人,自己又被别人逐走。这就是天意:没有什么东西的命运是永远不变的。

8. 罗马人中最博学的瓦罗[①]认为,除开流放的所有其他不便之外,单单处所上的变更是完全可以得到补偿的,因为无论我们去哪里,所碰到的自然秩序都必定是一样的。马库斯·布鲁图斯[②]认为允许流亡者随身携带自己的美德,这就够了。就算有人认为这两点中哪一点都不足以安慰流亡者,他也会承认这两点结合起来就无所不能了。因为我们失去的是多么不足挂齿啊!无论我们走到哪里,宇宙万物和我们自身的美德这两样最美好的东西都会如影随形。相信我,这原本就是造物主的意旨,不论这个造物主是谁,是主宰万物的神也好,是构思出巨著的无形理智也罢,是一种以同等活力渗透于一切大小事物的神圣的精神也好,是命运及一种不可改变和割裂的因果联系也罢。我要说,只让我们的财产中最微不足道的东西落入别人的掌控之下,这就是他的意旨。一个人最有价值的东西,不是他的同胞所能左右的,既不能被给予,也不能被剥夺。宇宙是大自然最伟大、最华丽的作品,其中最崇高的部分就是观察宇宙、对宇宙充满好奇的人类心灵,而宇宙与人类心灵则是我们永久的财产,只要我们自己健在,它们就会与我们同在。所以,不管境遇会把我们带往哪里,我们都应昂首挺胸,迈开坚定的步伐,热切地奔赴哪里,穿越每一片土地:宇宙中根本就找不出一块流放地,因为对人类来说,宇宙中没

---

① 马库斯·泰伦提乌斯·瓦罗(Varro,约公元前116—前27),博学之士,学者。著有约620部作品,其中,百科全书式作品《原理九书》(*Disciplinarum libri IX*,已佚),创立了后世编写博物学著作的范例,影响了后来的老普林尼;唯一完整流传下来的是80岁左右完成的三卷本《论农业》(*De Re Rustica*);部分流传下来的是语言学著作《论拉丁语》(*De Lingua Latina*)。

② 马库斯·尤尼乌斯·布鲁图斯(Marcus Junius Brutus,约公元前85—前42),谋杀尤利乌斯·恺撒的参与者之一,同时也是一名斯多葛派哲学家。

有一个地方是异国他乡。无论身处何方，低头看地下，举目望天空，天国与人间，隔着的都是一段不变的距离。因此，只要我的双眼还能看见那些永远也看不厌的景观，只要我还能仰望日月，还能凝视其他的行星，追踪它们的升落隐现，探明它们的相对距离以及运行有快有慢的原因；只要我可以观察黑夜里闪烁的群星，它们有的纹丝不动，有的不绕大圈儿而只在自身区域内转圈儿，有些是突然迸发，有些则是光芒四射令人目眩，好像要掉下来似的，又好像是拖着一条闪闪发亮的长尾巴一飞而过似的；只要我可以与这些东西为伍，可以在允许的范围内与天主们交往；只要我可以心无旁骛，始终向往天上类似的奇观，那么我脚下是何方土地，对我来说又有什么关系呢？

9. “可这片土地既长不出果木，又长不出赏心悦目的观赏树；没有大河或者说可以通航的河流灌溉这片土地，它产不出一样对其他部落有吸引力的东西，其物产连自己居民的需求几乎都满足不了；没有宝石可以开采，没有金银矿脉可以萃取。”可我要说的是，只有心胸狭隘的人才会醉心于尘世间的东西，应该引导人们把心思放在天堂中那些在哪里都没有差别、在哪里都同样大放异彩的东西上。而且，还应该牢记这样一点，由于价值观受到误导和误信，这些俗世的东西还会让我们看不清真正的幸福。一个人的柱廊延得越长，塔楼建得越高，宅第扩得越宽，避暑洞掘得越深，宴会厅的屋顶盖得越大，那么天空就遮挡得越多，他的视野就会越小。造化已将您抛到了世上的一隅，那里最像个样子的住所就是一座小屋：如果您是因为知道罗慕路斯[①]小屋的故事才勇敢地忍受了这一点的话，那么您展现的是一种多么贫乏的精神，对自己的安慰又是多么卑劣呀。您还不如这样说：“要是让美德住进来的话，这座简陋的小屋立马就会变得比任何一座庙宇都要富丽堂皇，因为这样一来，在里面就可以看到正义与节制，

① 罗慕路斯（Romulus），传说中的罗马缔造者，大多认为是虚构人物，但也有学者认为是历史人物。又译罗穆卢斯或罗穆路斯。

智慧与正直,看到对所有责任进行恰当分配的理解,以及对天地万物的通晓了。能容纳如此众多美德的地方,决不狭小;能有这些美德相随的流放,决不难受。”

在其论美德一书中,布鲁图斯自述见到了流放到米蒂利尼[①]的玛尔凯路斯[②],他生活得很幸福,达到了人性所允许的极限,而且他平生都未对人文研究表现出如此之大的兴趣。因此,布鲁图斯又补充了一句:在就要启程回罗马时,倒觉得像是自己要去流放,而不是把自己的朋友丢在了流放地一样。此时此刻,作为一个流放者,玛尔凯路斯得到了布鲁图斯的首肯,命运女神对他露出的笑脸,比起他做执政官的时候得到了元老院的认可来,无疑要多一些。只有真正的伟人,才能在某人辞别流放者时,让其觉得自己是流放者;只有真正的伟人,才能赢得一个连其亲戚加图都由衷佩服的人的赞赏。布鲁图斯还说,盖乌斯·恺撒途经米蒂利尼时都不曾靠岸停留,因为他不忍心看到一个伟人落难的样子。元老院诉诸民情,确实成功地让恺撒下了召回令,他们显得那样悲伤,那样关心,让人觉得他们哪天都和布鲁图斯的心情一样,觉得他们不是在为玛尔凯路斯求情,而是在为他们自己求情,以免遭遇没有他做伴的流放命运。可是,在布鲁图斯不忍离他而去,恺撒不忍看到他的那天,他从流放中得到的收获要多得多。因为这是他的福气,能同时得到他们两个人的证明:布鲁图斯因为丢下他独自返回而悲伤,恺撒为此而羞愧。您肯定不会怀疑,像玛尔凯路斯这样的伟人常常会用这样的话来鼓励自己以平静的心态忍受流放:“远离故土并非不幸:你自幼就习惯了勤研苦读,深知对于贤哲而言,四海皆为家,无处不是故土。再说了,放逐你的那个人自己

① 米蒂利尼(Mytilene),爱琴海上的一座小岛。

② 马库斯·克劳狄乌斯·玛尔凯路斯(Marcus Claudius Marcellus,公元前51年任执政官),恺撒的死敌,在庞培兵败法萨卢斯后,曾退隐到米蒂利尼。公元前46年他被恺撒召回,西塞罗的演说词《为玛尔凯路斯辩护》是当时发表的感谢词的修订稿。玛尔凯路斯在回国途中遇害于雅典。

不也是连续十年都漂泊在外吗？诚然，他是为了开疆扩土，可说一千道一万，他还是离开故土了呀。瞧，此刻他正向非洲开拔，那里随时都会兵戈又起，战事一触即发；还要向西班牙进发，那里正重拾残部，欲东山再起；还得远赴背信弃义的埃及，一句话，出征全球。因为整个世界都虎视眈眈，伺机进攻我们千疮百孔的帝国，他要先对付哪个威胁？他要先拿哪个地方开刀？他会受自己胜利的驱使而东征西讨，横扫每一片土地。让他受到各国的敬仰和崇拜吧，你有布鲁图斯这样的仰慕者，就大可以生活幸福了。”

10. 因此，玛尔凯路斯高贵地忍受了自己的流放生活，虽然难免贫困，但处所的变动丝毫没有造成他心灵上的变化。流放与灾难无涉，这一点凡是没有贪婪和奢侈到疯狂地步的人都知道——贪婪与奢侈可以颠覆一切。因为一个人要活命，才需要多么少的一点点呀？而只要有些许德行的人，谁又得不到这么一点点呢？就我自己而言，我知道我失去的不是财富，而是我的那些爱好。身体的需求微不足道，只要有吃有喝，不挨饿受冻就行了。如果我们不满足于此，还渴望得到别的东西，那我们花力气去满足的，就不是我们的需求，而是我们的恶欲了。没有必要把每一片海洋都搜个底朝天，没有必要屠宰动物，用它们的肉把我们的肚子塞得满满的，没有必要跑到天涯海角，去从那些陌生的海滩捕捞贝类海产。愿诸神诅咒那些穷奢极欲之徒吧，他们的奢靡超出了一个已经引起太多嫉妒的帝国的界限！他们想用从法息斯①河那一边捕获的猎物，去塞满他们阔气的厨房，而且在我们遭到帕提亚人的报复②之前，他们居然还好意思从人家那里索取禽类。他们从世界各地搜刮各种名菜佳肴，来满足他们挑剔

① 法息斯（Phasis），黑海科尔奇斯境内的一条河流。

② 公元前53年，克拉苏（Crassus）率领的罗马军队在卡莱战役中大败。帕提亚人（Parthians）即《史记》中所说的安息人。卡莱战役是世界军事史上以少胜多的一个著名战例。

的味觉。不远万里，远渡重洋从最遥远的海洋里运来的食物，在他们因贪食无度而坏掉了的肠胃里，根本就装不住；他们吐是为了吃，吃是为了吐，而且搜遍了全世界，好不容易才整出来的盛宴大餐，他们甚至连消化都懒得消化。如果一个人对这些东西嗤之以鼻，贫穷对他能有什么害处呢？如果一个人对这些东西垂涎欲滴，贫穷事实上对他是有益无害，因为贫穷可以让他不由自主地恢复健康，而且就算他死活也不肯吃药，起码在他得不到这些东西的这段时间里，也会有一个不想得到这些东西的人的样子。盖乌斯·恺撒——在我看来，造化把他造出来就是为了证明一下，看极度的邪恶与至高无上的权力联手干得出什么样的事情来——一天吃掉了一千万塞斯特斯[①]；尽管所有客人都挖空心思帮他，可他还是想不出一顿饭花掉三个行省的贡金的法子来。看到昂贵的食物才有食欲的人，多可怜啊！而这些食物之所以价格不菲，并不是因为口感细腻，味道独特，而是因为它们珍稀，得之不易。可另一方面，要是人们都希望恢复到一种健康的心态的话，那么多伺候肚皮的技艺哪儿还有用武之地呢？哪儿还用得着商业贸易？哪儿还用得着滥砍滥伐？哪儿还用得着劫掠深海？我们周围遍地都是食物，大自然早已将它们放在了各个地方；可人们就像瞎了眼似的，放着它们不理，却要远涉重洋，四处去找，本来花一点点钱就可以止住的饥饿，他们却不惜血本去加以刺激。人们不禁要问：“你们为什么要扬帆起航？你们为什么要武装同伙去对付他人和野兽？你们为什么要如此慌乱地东奔西窜？你们为什么要财富上面堆财富？你们就不肯想一想自己小小的躯体才多大一点点吗？明明只能容纳那么区区的一点点，却想得到那么多，这明摆着不是疯了，疯到了不可救药的地步吗？所以，你们也许可以增加你们的收入，扩张你们的地盘，但你们永远也扩大不了造化赋予你们的躯

① 塞斯特斯（sesterce），古罗马货币单位。

体。你们的生意交易也许可以红红火火，你们也许可以从战争中捞到大量油水，你们也许可以从各地搜刮各种山珍海错，可是你们却不会有地方储藏这些辉煌的所获。你们为什么要搜罗这么多东西呢？毫无疑问，我们的祖先都是不幸之人啦，他们的德行至今还在支撑着我们的恶行——他们用自己的双手获取食物，以地当床，他们没有金碧辉煌的屋顶，没有珠光宝气的庙宇；所以那时候，人们都是当着泥塑的神像庄严起誓，而发过誓的人则宁愿回到敌人那边去也不会背誓[①]，即使去了就意味着有去无回。还有我们的独裁官，他接见萨莫奈人的使节[②]时，就站在灶台边，忙着亲手做最便宜的那种饭菜，他曾用这双手频频给敌人以重创，也曾用这双手将月桂花环放在卡比托奈山丘上的朱庇特膝上；毫无疑问，他不及我们自己记忆里的阿匹西乌斯幸福，在那座曾经把哲学家当作‘腐蚀青少年的人’驱逐的城市里，作为烹饪这门高贵艺术的一名师傅，阿匹西乌斯[③]教坏了他同时代的那些人。”此人最后落了一个什么样的下场，还是值得了解一下的。在厨房上面挥霍掉了一亿塞斯特斯之后，在每一顿都山吃海喝中耗尽了历任皇帝的赏赐和朱庇特神庙的巨额岁入后，他欠下了一屁股债，这才被迫检查自己的账目：他算出自己应该还剩下一千万塞斯特斯，于是就服毒自尽了，因为他觉得仅靠这一千万怎么过日子，那还不得饿死啊！一千万都算穷，可见他的生活有多么奢侈啊！现在来看一看重要的是钱财的数量，而不是心态的质量这一观点。一千万塞斯特斯居然令一个人不寒而栗，一笔别人梦寐以求的钱财，他却不惜服毒自尽，唯恐避之不及！对于一个心灵堕落到这般地步的人来说，这最后一饮给他带来的只是健康：他真正服食毒药的时间不是别的，恰恰是在他不仅津津有味地享用，还夸夸其谈地吹嘘盛宴

① 指马库斯·阿提留斯·雷古卢斯（参见第 8 页脚注）。
② 马尼乌斯·库里乌斯·登塔图斯（参见第 143 页脚注）。
③ 阿匹西乌斯，参见第 111 页脚注。

大餐之时；恰恰是在他炫耀自己的种种恶习，吸引全罗马注意他的奢侈，诱使年轻人效仿自己之时——其实这些年轻人就是没有坏榜样，不加鼓励也会学得很快的。这就是那些人的命运：他们不用有确定界限的理性标准来衡量财富，而是以一种堕落而又有着无穷欲望的生活方式为标准来衡量财富。贪欲是个无底洞，什么东西也无法将其填满，然而自然的天性，哪怕是很少的一点东西也可以令其满足。因此，贫困一点，对于一个流放者而言并不是什么坏处，因为没有哪块流放地的资源会匮乏到连个人都养不活的地步。

11. "可是流放者会怀念自己的衣物，会想家。"他只是因为需要才会想念这些东西的吗？那么他既不缺容身之处，也不缺遮体之物；衣能遮体和食能果腹一样，都要不了多少东西。凡是造物主设计为人体所必需的东西，她都不会让人为难的。可如果一个人渴望得到的是浓彩重染、缀以金线、饰以五颜六色和各种图案的紫袍的话，那他受穷就是他自己的过错，而不是造物主的过错了。即使您把他失去的东西如数奉还给他，那也是枉然。因为一旦回到原位后，他渴望得到而又得不到的东西，会比他流放时所失去的全部财产还要多。假设他渴望得到的是上面摆了几个金罐子外带几件刻有古代艺术家名头的银器而熠熠生辉的家具，是因为几个人心血来潮一时冲动想买下来而把价格抬了上去的青铜制品，是一大群可以让再大的房子也显得狭窄的奴隶，是拼命喂肥了去驮东西的牲口，是来自世界各地的大理石，虽然他可以把这些东西堆积如山，但它们永远也无法满足他那贪得无厌的灵魂。就像再多的水也无法满足一个不是由于需要，而是由于内心的欲火太旺才渴望得到水的人一样；因为这已不是渴的问题了，而是一种病。而且不仅仅是金钱或食物才会导致这样的结果，所有不是因为需要，而是因为贪心才产生的欲望都有着同样的性质：为了满足这样的欲望，你苦心堆积起来的一切，非但终结不了欲望，反而会滋长欲望。所以，不逾越自然界限的人不会觉得贫困；

而越过自然界限的人，就算拥有再多的财富，也会难脱贫困。真正必不可少的东西，就连流放地也能提供，而纯属多余的东西，则连王国也提供不了。能让我们富有的是我们的灵魂，它会陪我们一起流放，在最让人望而却步的荒野里，它也会找到我们的身体得以维持所需的一切，然后在享受其自身优势的过程中它自己也会很充盈：钱财与不朽的众神无关，同样也与灵魂无关。思想幼稚的人们都会受到身体的束缚，所以他们所羡慕的东西——宝石啦、金银啦、锃亮的大圆桌啦——所有这一切都是世俗的糟粕，纯洁的灵魂很留意自身的特性，是不会喜爱这些东西的，因为灵魂自身是很轻盈的，而且没有累赘，一旦摆脱了躯体的束缚，便注定会一飞升天。其间，由于受到肢体的束缚和那副皮囊的羁绊，它只能倾尽全力，给思想插上翅膀，飞速地一览天国万象。这就是灵魂从来不会受流放之苦的原因之所在，因为它是自由的，而且与众神同出一源，任何世界任何时代都休想令其灰心丧气；因为它的思想能横越整个天际，贯穿由过去到未来的一切时间。我们这微弱之躯——灵魂的枷锁与牢狱，则被抛来抛去，还得忍受惩罚、掠夺及疾病等的冲击；而灵魂本身则是神圣、永恒的，什么也休想动它一根指头。

12. 假若您认为我只是在拿哲学家的学说来淡化贫困之苦，把它说成只有觉得其讨厌的人才感到讨厌的东西的话，那就请您想一想，首先，穷人比富人要多出多少啊，然而您会发现他们的苦恼与忧虑一点也不比富人多。说实在的，我倒倾向于认为他们比富人还要幸福，因为他们没有那么多让人烦心的事。让我们把注意力转到有钱人身上来吧：他们像穷人的场合何其多啊！出国，他们得削减自己的行李，而且每当迫于行程压力而要赶路时，还得解散大批的随从人员。从军，他们才能携带多大一点点财产啊，因为军营的纪律严禁奢侈！不只是在某些特定的时间和场合才要求他们在需求方面和穷人处于一个水平：富人的生活过腻味了时，他们会挑出几天来，坐在地上用土碗土盆吃饭,将金碟银盘抛在一旁。真是疯了!他们有时候居然会渴望处于自己一直生怕陷入的状态。多么阴暗的心理啊,多么蒙昧无知啊,为了快乐,他们居然装穷!

就我自己而言,每当我想到古时候的那些伟人时,我都会羞于为贫穷寻求安慰。因为我们这个时代的奢侈已经到了这样一个程度,现在发给一个流放者的津贴竟然比过去达官显贵的遗产还有过之而无不及。众所周知,荷马只有一个奴隶,柏拉图只有三个,而严谨又阳刚的斯多葛学派的开山鼻祖芝诺,则一个也没有。那么谁又会说这些人生活得很可怜呢?说这种话的人只会让大家认为他自己才是个彻头彻尾的可怜虫!梅奈纽斯·阿格里帕[①]曾在元老院和平民之间进行调解,为国家带来了和谐,可他连为自己办个葬礼的钱都没有,而是由公众捐款才解决的。阿提留斯·雷古卢斯在非洲追击迦太基人的时候,曾致信元老院,称自家的雇工全跑了,农田都荒芜了。元老院于是颁令,雷古卢斯在外征战期间,其农田应由公家出钱请人耕种:自己一个用人都没有,结果却换来了罗马人民替自己看管农田,这难道不值得吗?西庇阿[②]的几个女儿,由于父亲什么也没给她们留下,嫁妆全都是由国库出资置办的。毋庸置疑,罗马人民给西庇阿进一次贡也是理所应该的,因为他一直在强迫迦太基人向罗马进贡。这几个少女的郎君多幸运啊,有罗马人民做自己的岳父大人!您认为是那些自己的千金在舞台上搔首弄姿,出嫁时有上百万塞斯特斯嫁妆的人更幸福呢,还是自己的女儿由元老院监护,出嫁时得到

---

① 梅奈纽斯·阿格里帕(Menenius Agrippa),公元前503年任执政官。公元前494年爆发了一场平民士兵拒绝返回罗马的事件,阿格里帕被派去说服平民们返回罗马。他用人的身体的各个部位打比方,说明社会中的各个阶层应该互相合作。最后说服了平民,而贵族们也答应进行政治改革,从而产生了十人委员会。

② 格奈乌斯·科尔内利乌斯·西庇阿·卡尔乌斯(Gnaeus Cornelius Scipio Calvus),公元前222年执政官。西庇阿家族是古罗马一个非常了不得的家族,仅执政官就出了许多位,此处所提到的这个西庇阿是老西庇阿的哥哥。

沉甸甸的铜板做嫁妆的西庇阿更幸福呢？贫穷有着这么高贵的血统，谁能鄙视它呢？看到西庇阿连份嫁妆都拿不出来，雷古卢斯连个雇工都请不起，梅奈纽斯连个葬礼都没钱办时，一个被流放的人还能对自己缺东少西而怨恨吗？要知道，正是因为他们缺少这些东西，为他们提供所缺少的东西反而令他们更为光荣了。因此，有了这样的辩护者，贫穷不仅安全，而且令人向往。

13. 对此，有人也许会做出这样的回答："很多事情，一件一件分开来看可以忍受，可合起来看就无法忍受，你为什么要巧妙地将它们区分开呢？如果只是处所变了，那么处所的更换是可以忍受的；如果贫穷而不失名声，那么贫穷也是可以忍受的，虽说名声不保不是小事儿，只此一件事情往往就能令人精神崩溃。"对于这个想拿一大堆不幸来吓唬的人，我得用下面的话来回答他："如果你实力强大，命运的任何一个部分都不在你话下，那么你就会有实力迎战整个命运。美德一旦让你的内心坚强起来了，也就让你各个方面都无懈可击了。只要贪婪这一人类的最大祸根撒手了，野心也就拴不住你了；如果你把自己的末日不看作惩罚，而看作，这么说吧，自然规律的话，那么你就可以把对死亡的恐惧从胸中驱除，而且再也不会有别的恐惧胆敢进入了；如果你认为造化赋予人类性欲，不是为了鱼水之欢、云雨之乐，而是为了人类的延续，那么一旦这一深植于我们要害器官中的隐秘而又致命的冲动都伤害不了你的话，其他一切欲望就更别想伤及你的皮毛了。理性战胜邪恶，采取的方式不是各个击破，而是一锅端，是一举而大获全胜。"您认为名声扫地能影响一个完全自立，不为俗见所左右的贤哲吗？比名声扫地还要严重的是不体面的死亡，而苏格拉底走进监狱时，其表情就同他当年孤身一人谴责三十僭主[①]时一样，所以连监狱的耻辱色彩他都可以一扫而光，因为只要是苏格

① 三十僭主，参见第142页脚注。

拉底待的地方，看上去就不可能像一座监狱。谁眼力这么差，居然把马库斯·加图竞选副执政官与执政官均以失利告终，看作他的耻辱呢？真正蒙羞的是副执政官和执政官这两个职位，加图参选是在给这两个职位长脸。只要自己别瞧不起自己，谁都不会成为别人瞧不起的对象。容易受到这样的侮辱的人，往往是低三下四、卑躬屈膝的人；而一个在命运最残酷的打击面前也能昂首面对的人，一个能够战胜会把别人都压垮的困难的人，则会将这些不幸化为一枚荣誉徽章。因为天性使然，我们对身处逆境却表现勇敢者的那份深深的景仰之情，任何东西也无法企及。在雅典，亚里斯泰迪斯[①]被拖去行刑的途中，每个遇到他的人无不垂目叹息，觉得受惩罚的不只是一名正义之士，而是正义本身。不过也发现有一个家伙朝他脸上吐了一口唾沫，这本来可以激怒他，因为他知道嘴巴干净的人是不敢干出这样的事情来的；可是他只是揩了揩脸，笑着对押送他的法官说道："提醒一下那个家伙，叫他以后张嘴别张得那么不雅观了。"这就叫以其人之道还治其人之身。我知道有些人会说，最让人难以忍受的就是遭人鄙视，在他们眼里，就是死亡本身也要容易忍受一些。对于这些人，我的回答是，哪怕是流放，往往也可以免遭任何形式的鄙视：如果一个伟人摔倒了，即使倒在地上他也依然伟大，而且我要说，人们也不会蔑视他，就像虔诚的人们踩在庙宇的残垣断壁上，对它们依然会像未倒时那样敬畏一样。

14. 最最亲爱的母亲，既然您没有理由为我而泪流不止，那您就是因为您自己的原因而伤心不已的了。无外乎两种可能：要么是您想到自己失去了某种保护而难过，要么是您无法忍受实实在在的对我的思念之情。

对于第一种可能，我就一笔带过，不细说了，因为我知道您心疼

① 亚里斯泰迪斯（Aristides），公元前 5 世纪初雅典首屈一指的政治家。

的是您骨肉至亲的人,而不是他们身上其他的东西。那些东西,还是让这样的母亲来关心吧:这样的母亲,有着女性的通病——缺乏自制,会利用儿子的权力;这样的母亲,由于女性不能身居要职,便通过儿子来实现自己的野心;这样的母亲,把给儿子的遗产耗了个精光不说,还想成为儿子的继承人;这样的母亲,往往会费尽口舌对别人说长道短。而您则不一样,您总是以您子女的幸福为最大的快乐,却丝毫不沾他们的光。您总是为我们的慷慨设限,自己却从来都是慷慨无边。虽然您还要侍奉您父亲,自己手头都很紧,而您却心甘情愿地给您富有的儿子们礼物。您悉心管理我们的遗产,就像管理您自己的遗产一样,而且没碰过它们一根指头,就像它们是某个陌生人的一般。您极少利用我们的影响力,仿佛是在处理某个陌生人的财产似的,而且我们获任官职后,您所得到的只是高兴和因此而给您带来的损失。您关心疼爱我们,从没指望自己得到什么好处。所以,您失去了一个儿子,但只要他安然无恙,您是不可能牵肠挂肚,老想着那些您从来都不引以为忧的事情的。

15. 我必须把我所想说的安慰话都放在后一种可能上,这才是一位母亲感到悲伤的真正根源之所在。“那么,我得不到心爱的儿子的拥抱,不能享受看到他的喜悦、听他说话的喜悦了。他在哪里?一见到他就可以让我愁眉顿展的儿子,可以让我将一腔忧思愁绪向他倾诉的儿子!我们母子之间那种我永远都嫌没有尽兴的交谈哪里去了?我曾以超越女性的爱好、母亲的亲情跟他一起学习,共同研究,这些都哪里去了?我们有过的母子相见都哪里去了?你每次见到妈妈时那股孩子似的高兴劲儿哪里去了?”除此,您还说到了见证过我们愉快交流的实际场合,以及一些能勾起您对我们最近在一起相处的回忆的事情,这些都是最让人抚景伤情的东西,势必造成心灵的悲痛。命运女神真够残酷的,居然设计了这一招来打击您:在我遭流放前两天,她才下令您别我而去,当时您无忧无虑,一点也没担心会出现这样的灾难。我们以前曾天各一方倒是一件幸事了,有几年的时间我不在您身边,让您对这样的不幸有所准备。您此番回到罗马,就再也无法享受见到儿子的喜悦,而且还没能习惯忍受看不到他。倘若您在很早以前就辞别,您就可以更坚毅地忍受我的命运,因为分离本身就可以减轻我们的失落感。倘若您没有离开,您至少还可以获得最后的快乐,多看您儿子两天。而事实上,残酷的命运却做出了这样的安排:一方面不让您在我倒霉时在我身边,一方面又不让您习惯于我不在您身边。不过,考验越是严峻,您就越是要鼓足勇气,越是要勇猛地同您所熟悉且屡屡成为您手下败将的敌人搏斗。您的这副血肉之躯,此刻正在滴血,但并不是没有受过伤:您被击中的地方,恰恰就是旧伤所留下的那些伤疤。

16. 您不可以拿自己是女人这一点来做借口,诚然,女人是有多掉几滴眼泪的权利,但也不是可以没完没了的。而我们的祖先之所以规定十个月的时间作为妇女为自己的丈夫服丧期,目的就是为了用公共法令的方式来抑制女人悲痛的顽固性。他们并不阻止,而是限制她们的哀痛;因为失去了最亲的亲人时,沉浸于无休止的悲哀而不能自拔,是愚蠢的放任行为,而一点也不悲痛,则是没有人性的铁石心肠。在恩爱与理性之间,走中庸之道是上上之策,既不乏丧亲之痛,又能控制这种丧亲之痛。您也大可不必去仰慕某些女人,她们一旦悲痛起来就没完没了,至死方休;您不就认识几个这样的女人嘛,她们死了儿子,穿上丧服,就永远也没有脱下来。您生来就比她们强大,所以对您的要求也就会更高;一个一直就没有丝毫女性弱点的女人,是不能拿自己是女人来当借口的。我们这个时代最大的恶就是对丈夫不忠,在这一点上,您从未同流合污,加入大多数女人的行列;您从来没有因为宝石或珍珠而扭头过,耀眼的财富在您的眼里,从来就不是人类最大的福祉;由于您完全是在一个旧式而又严格的家庭里长大的,所以您从未因为效仿坏女人而堕落变坏,事实证明,这些坏女人很危险，哪怕是德行好的女人也容易被她们带坏；您从来没有因为自己膝下的孩子数而脸红，好像这个数字中伤了自己的年岁似的；您从来不像别的女人那样，她们的可取之处就是她们的长相不错，竭力掩饰，生怕别人看出来自己怀了孕，好像怀孕是让人丢脸的负担似的，而且您从未捻灭过您腹中所孕育的孩子的希望；您不曾用颜料和化妆品玷污过您的容貌，您从来不曾喜欢过那种穿了就跟没穿差不多的服装：您呈现在人们眼前的是无与伦比的装饰，是岁月也无法令其凋零的绝美，是无上优秀的女性美德。所以，您不可以拿您身为女性作为持久悲伤的借口，因为您自己出类拔萃的优秀品质让您已不知悲伤为何物了；您应该像远离女人的恶习一样，远离女人的眼泪。即便是女人，也不会允许您受了点伤就一蹶不振，而会让您迅速结束必要的悲痛，然后以更加轻松的心情振作起来，前提是您愿意以那些勇气不逊须眉的女人为楷模。

科妮莉亚[①]生育了十二个孩子，可命运女神将他们减少到了两个。如果您想数数科妮莉亚失去孩子的数目，她失去了十个孩子；如果您想评估损失的惨重程度，她失去了格拉古兄弟俩。然而当吊唁者围在她身边，咒骂她的命运时，她却不让他们怪罪命运女神，因为是命运女神让她有了格拉古兄弟这一对儿子。这样的女性不愧为一名血性男儿的母亲，她的儿子曾在大众集会上大声说出“看你们谁敢辱骂我的母亲？”但在我看来，他母亲说的话气势还要豪迈得多：做儿子的看重格拉古兄弟的生日，而做母亲的也看重他们的葬礼。茹提莉亚陪着她的儿子科塔[②]一道流放，她深爱自己的儿子，宁可受流放之苦，也不愿受朝思暮想之折磨，直到儿子回到了故土，她才跟着回到故土。可在他官复原职，在国内声名鹊起时，他却永远地离她而

---

① 科妮莉亚：格拉古兄弟的母亲（参见第 81 页）。

② C. 奥列利乌斯·科塔（C. Aurelius Cotta），公元前 91 年因支持意大利人反对罗马的叛乱而遭到流放。公元前 82 年返回。

去了。在这件事上,她表现了当年随他一起流放的勇气,没人见她在儿子的葬礼之后掉过一滴眼泪。儿子流放时,她表现出来的是勇敢,儿子死去时,她表现出来的是智慧。正像什么也阻挡不了她对儿子的爱一样,什么也没让她沉浸于过分而又愚蠢的悲伤而不能自拔。我很想将您算在这样的女人之列,您一直都以她们的生活为榜样,所以,在抑制悲哀方面,她们也是您可以效仿的最好楷模。

17. 我很清楚,这不是我们所能驾驭的问题,情感这个东西是不听使唤的,悲伤之情尤然;因为这种情感狂烈不羁,对一切治疗尝试都会顽固抗拒。有时候我们想把它碾碎,把呻吟咽到肚子里去;我们摆出一副镇静的表情,然而泪水却依然顺着脸颊直往下流。有时候我们会玩玩游戏或者看看角斗表演来分分心,可即使在我们观看这些场面转移注意力的过程中,某个令人触景生情的小小细节也会让我们前功尽弃。因此,战胜悲伤比糊弄一下要强,因为就算它经不住某些乐事或魅惑的引诱而一时离开了,也会卷土重来的,而且经过这一休整后,它还会积蓄起新的力量,向我们发起更为猛烈的进攻;而凡是向理性投了降的悲伤,则会永远平息下去。所以,我建议您不要采用就我所知很多人都采用过的那些法子,譬如说,为了分心或者散心,到国外遥远或迷人的地方去旅游啦,花大把大把的时间仔细审查自己的账目和管理自己的财产啦,不断地投身于新业务啦:所有这一切都只能在短时间内管点儿用,只能起到一点阻碍作用,而不能根治悲痛。我更倾向于了结悲痛,而不是将它暂时转移。所以,我要把您领往这样一个地方,一个所有企望逃出命运女神魔掌的人都必须寻求庇护的地方,这个地方的名字就叫哲学研究。哲学研究会医好您的创伤,会根除您记忆中的一切悲伤。就算您以前跟它没打过多少交道,不是朝夕相处的朋友,现在也派得上用场。虽然我父亲是个守旧而又很严格的人,可能没有给您很多机会,让您把全部的人文学科都完全吃透,但您对人文学科至少还是略知一二的。要是我父亲这个男人中的佼佼者不墨守祖辈们的成规，让您对各种哲学学说有一个全面的基础，而不只是略知一点皮毛就好了！那样的话，您现在对付命运女神就用不着寻求帮助，而只要展示您自己抵御命运女神的能力就行了。由于那些女人并不是把学问当作通往智慧的途径，而是拿它来装点门面，所以他才没让您继续您的研究。然而，好在您脑子灵活，学习能力强，您的所学超出了您所处的那个时代可能期待于您的东西，为所有研究领域奠定了基础。现在把这些研究再捡起来吧，它们会给您带来安全。它们会给您带来安慰，会给您带来欣喜，如果它们真正进驻到了您的心灵，那么悲痛、忧虑，以及那没来由的痛苦所引起的毫无意义的苦恼就休想再乘虚而入了。您的心灵将再也不会受到这些东西的伤害，因为它早已大门紧闭，把其他一切弱点都挡在了门外。哲学研究是您最值得信赖的卫士，只身就能把您从命运女神的手中营救出来。

18. 不过，由于在抵达哲学允诺给您的避风港之前，您还需要某些可以依靠的后盾，所以与此同时，我还想跟您说说您尚有的一些慰藉。想想我的兄长和弟弟[①]吧，只要他们还活着，抱怨命运女神就是罪过了。虽然他们两人的优点不同，但从他们身上，您都可以找到欣喜的理由。他俩一个凭着自己的能力，已经平步青云当上了高官；另一个则以自己的智慧，对官场已经不屑一顾了。他俩一个出人头地，一个淡泊隐退，但都对您孝顺敬爱有加，您当为之而感到安慰。我了解我这对兄弟的良苦用心：一个扬名立万是为了给您带来荣耀，一个退隐江湖是为了腾出时间来孝敬您。命运女神这样安排您儿子们的生活是在发善心，目的就是要让他们既能帮助您又能让您高兴：您既

---

① 塞涅卡的哥哥名叫阿奈乌斯·诺瓦图斯，后因为被收养而改名尤尼乌斯·加利奥，曾有过卓越的政治生涯（参见第100页脚注）。弟弟名叫阿奈乌斯·梅拉（Annaeus Mela），老塞涅卡显然对这个小儿子寄予更多的厚望，可他年纪轻轻就退出了公众生活，他是诗人卢坎（Lucan）的父亲。

可以从一个的名望中获得保护，又可以从另一个的闲暇中获得享受。他俩会争相服侍您老人家，而他俩的这种奉献会弥补您对一个儿子的思念之情。我可以信心满满地给您打个保票：除了人数不全之外，您什么也不会少。

现在把您的目光从他们身上转到您的孙子辈身上吧。先来看看马库斯[①]，他是一个非常有魅力的小伙子，只消看他一眼，就足以令所有的哀思愁绪顿消；无论谁心里受到多么大或多么新的悲伤的折磨，他的一个拥抱就能减轻其痛苦。看到他欢天喜地的样子，谁还会涕泪交垂，悲泣不止？听了他机智诙谐的谈吐，谁还会忧心忡忡，愁结不解？看到他开开心心，谁不会心花怒放，眉开眼笑？他那永远不会令人厌倦的滔滔不绝，哪个心事重重的人听了不会受到吸引而分心？我祈求诸神，保佑他比我们活得久！但愿命运的万般残酷都耗尽在我身上；您作为母亲、作为祖母所必须忍受的一切悲伤，但愿都转由我来承担！但愿我所有的家人都能一如既往，安享好运：假若我可以作为代罪羔羊替我的家人赎罪，可以看到我的家人不再遭遇任何悲伤，我就决不会因为没有子嗣而有丝毫的抱怨，决不会因为目前的命运而有丝毫的抱怨。

接下来，把诺瓦提拉搂入您怀中吧，她很快就会给您添上重孙了。我把她过继过来，且一直视若己出，所以失去了我，她很可能会把自己视为孤儿，尽管她的生父还健在。看在我的份儿上，请您也怜爱她吧。命运女神最近夺走了她的母亲，您可以用您的爱心让她只是因为失去了母亲而悲哀，却并未真正体会到失去了母亲的感受。现在正是调教和塑造她性格的时候，在可塑性很强的年龄所受的教

---

① 可能就是上注中提到的卢坎。其全名是马库斯·阿奈乌斯·卢卡努斯（Marcus Annaeus Lucanus）。有史诗《法沙利亚》（*Pharsalia*，又译《法尔萨利亚》或《内战记》，共10卷，未完稿）传世，史诗描述了恺撒与庞培之间的内战，语言简练，修辞色彩浓厚，虽是未完稿作品，却被誉为维吉尔《埃涅阿斯纪》之外最伟大的拉丁文史诗。

育，会在尚未因为岁月而变得麻木不仁的心灵上留下更深刻的印记。让她习惯您的言谈，让她效仿您的品位，即使您只给她做了个榜样，也会让她受益匪浅。这么神圣的一项责任会像一剂良方一样医好您的病痛，因为只有哲学或者一项光荣的工作才能让人不再因为挚爱而沉浸于哀伤的痛苦之中。

要是您父亲眼下在那里的话，我也会把他老人家算作能给您莫大安慰的人。可事实上，假设您对他老人家的爱能让您想到他对您的爱，您就会明白，为了他老人家而保全您自己比起为了我而牺牲您自己，理由要充分得多。每当您悲痛欲绝的时候，就想一想您父亲吧。诚然，您为他老人家养育了那么多的孙子重孙子，他没有理由再把您视为唯一的欢乐了；但享了一辈子福的老人家还得靠您才能臻于极乐。只要他老人家还健在，您抱怨自己已经活够了就是不对的。

19. 到目前为止，我还只字未提能给您带来最大安慰的人，您的姐姐，她对您掏心掏肺，忠心赤胆，是您可以毫无保留地倾诉一切烦恼的人，她给我们大家留下的是母亲般的感觉。您和她曾抱头痛哭，泪往一处流，在她令人安慰的怀抱里，您第一次学会了重新呼吸。没错，您所有的情感，她都有，但在我这件事上，她并非只是为了您才表达出自己的悲伤之情。是她把我抱到这座城市来的，是她的爱心和母亲般的呵护才让我从漫长的疾病中康复的。我竞选检察官时，是她爽快地支持了我，为了我，她用自己的爱心战胜了自己的羞怯；放在平时，她是个缺乏信心的人，连与人交谈或大声跟人打招呼的勇气都没有。她过着离群索居的生活，在一个众多女性都不知道害臊的时代，她却守旧谦逊，从不张扬，不习惯抛头露面，喜欢悠闲自在；可我要说，为了帮助我得到进一步发展，她一改往日的风格，甚至变得有些雄心勃勃了。我最亲爱的母亲啊，这位女性能给予您最好的安慰，可以让您心情焕然一新。拼命缠着她，紧紧抱住她不放吧。悲伤的人都有个习惯，喜欢躲着自己最爱的亲人，找个清静的地方随心所欲地宣泄自己的悲伤。但无论您有什么想法,您都务必设法跟她在一起;不管您是希望维持您的心情,还是希望摆脱它,您都会发现她不会让您失望,不是结束您的悲伤,就是分担您的悲伤。不过就我对这位很有见地的巾帼楷模的了解,她是不会任由一种毫无益处的悲伤把您耗得精疲力竭的,她会给您讲一段她自己的经历,这段经历我也曾亲眼目睹过。

在一次航行的半途中,她失去了自己心爱的丈夫——我的姨父,嫁给他时她还是个小姑娘。然而她表现得极为坚强,在扛住悲痛和恐惧的双重打击的同时,还战胜了暴风雨,不顾海难,将丈夫的尸体安全地运到了岸上。啊,行为高尚却默默无闻,这样的女性有多少啊! 如果她有幸活在人们对英勇行为都公开表示赞赏的古时候,诗人们会怎样竞相歌颂这位妻子啊,她忘却了自身的娇弱,忘却了连最勇敢的人也会望而生畏的大海,不惜冒着生命危险也要让另一个人得到安葬,而且在一心筹办丈夫的葬礼时,她丝毫不为自己的葬礼感到担忧! 历代诗人无不讴歌那位代夫而死的女人[1],可一位冒死葬夫的女人的行为要更为高尚;冒着同样的危险去换来更少的回报,这是一种更伟大的爱。

听了这件事后,就没有人会对下面的事情感到惊讶了:在她丈夫任埃及总督长达16年的时间里,从未见她在公开场合露过一次面,她从未允许过一个当地人踏进她家的大门,从未求过丈夫一件事,也从没让丈夫求过她一件事。因而,这个如此喜欢飞短流长,如此善于罗织构陷其统治者的行省,就连不敢越雷池半步的人也无一不会背上恶名的地方,却把她尊奉为天性善良的特例,每每说起她的时候,都绝不信口开河,乱说一气。这对于一个哪怕惹来杀身之祸也喜欢说俏皮话的民族来说,绝不是一件容易的事情,而且直到今天,他们

① 阿尔刻提斯(Alcestis),在希腊神话中,她同意代替自己的丈夫阿德美托斯而死。参见欧里庇得斯:《阿尔刻提斯》。

都一直希望能看到另一个像她那样的人,虽然几无指望。如果说她赢得了那个行省16年多的认可是一件很了不起的成就的话,那么她能做到默默无闻、不为人知则更加了不起。我提起这些事情并不是为了列举她令人钦佩的品质——因为这么敷衍几下,对她的这些品质是很不公的,而是为了让您了解一个女人的高尚心灵,她既不权欲熏心,又不财迷心窍,要知道,这两者伴随着一切权势,但也是一切权势的祸根。在船只已无法操纵,自己眼看着就要遭遇海难之时,她不畏死亡的威胁,守在死去的丈夫身边,她所想的不是自己如何弃船逃生,而是怎样才能带上丈夫一起走。您必须表现出她那样的勇气,摆脱悲伤,振作精神,拿出不让人觉得您后悔自己不该生下这样一个孩子的样子来。

20. 不过,既然您采取了一切预防措施之后,都还是不可避免地会偶尔又想起我来;既然目前情况下,您的所有孩子中,最让您牵肠挂肚,放心不下的就数我了——倒不是说他们对您来说不如我宝贵,只不过是疼的地方,任谁都自然会多摸两下,那就让我告诉您应该如何看待我的处境吧:我很幸福,很快乐,一点也不比一个人春风得意、运气最好的时候差。而且目前确实是我运气最好的时候,因为我可以心无旁骛,得闲做一些自己想做的事情,有时优哉游哉地做一点不那么正儿八经的研究;有时探索真理的激情上来了,就思考思考心灵自身和宇宙的本性。首先,要力争了解陆地及其所处的位置;其次,要力争掌握决定周边海洋潮起潮落及其流动的规律;然后,满怀敬畏地去研究位于天地之间这片为雷鸣、闪电、狂风以及落在我们头上的雨、雪和冰雹搅得不得安宁的广袤区域里的一切。一旦遍历了下界之后,我的心灵便会直上九霄,一览天国仙界中的美景奇观,想起了自己的不朽性之后,它会继续前进,去探究时间长河中已经存在和将要存在的一切。

论仁慈

卷 一

致尼禄皇帝

1. 尼禄皇上，我之所以命笔作此论仁慈一文，从某种意义上说是想起到一面镜子的作用，让皇上看到自己是命中注定会获得最大快乐的人。虽说高尚行为的真正回报在于行为本身，虽说对于善行而言，除了善行自身之外，别无任何有价值的回报，不过对良知进行一番考察后，再把目光投向这不计其数的芸芸众生（他们动辄唇枪舌剑、寻衅滋事、刚愎自用，一旦挣脱束缚就会胡作非为，毁了自己也毁了别人），继而暗自作一番这样的思忖还是饶有趣味的："莫非蒙众神垂青，在芸芸众生中选中了我来做他们在凡间的代表？我是决定各个民族生死存亡的判官，每个人的命运和境遇都掌握在我手里，命运女神希望给每个人什么礼物，都将由我代为宣布。我一句话，各个民族和城邦就可以为自己找到高兴的理由；没有我的恩准，这偌大的世界没有一处可以繁荣昌盛；只要我一点头，因为我心情好而收起来的万千利剑便会一齐出鞘；哪些民族应该彻底灭绝，哪些人应该遭到放逐，哪些人应该赏予自由，哪些人应该剥夺自由，哪些王侯应该贬为奴隶，哪些王侯应该加冕称帝，哪些城邦将衰落，哪些城邦该崛起，这一切，统统取决于我的旨意。虽然我大权在握，但我并没有因为愤怒，因为年轻人的冲动，因为常常令最心平气和的人也会失去耐性的鲁莽固执，甚至没有因为帝王们身上的一种可怕却并不鲜见的特点——用恐吓来显示权威的那股耀武扬威劲儿，而滥施惩罚。就我来说，我已经把剑藏起来了，不，应该说是入了鞘，而且连最卑鄙的人，我也极不愿意对他开杀戒。谁都可以获得我的宠爱，哪怕是他除了名字叫人之外一无是处。我会将严厉藏起来，但是仁慈，我决不会掖掖藏藏。我注意自己的一言一行，就像我要向曾陷入腐朽的黑暗之中，而我又让它们重见了天日的法律作出交代一样。一个人少不更事，会让我心生恻隐，一个人年迈体衰，会让我心生怜悯；一个人会因为地位高而得到我的宽恕，一个人会因为地位低而得到我的原谅；每当我找不到任何同情一个人的借口时，我就会为了我自己的缘故而饶恕他。今天，如果不朽的众神要求我交出账单，我准备将人类的一应账目全部交到他们手里。”

皇上，您可以大胆地宣称，托您保管守护的一切都依然完好无损，在您手里，国家没有因为遭到巧取豪夺而蒙受任何损失。您下定决心一定要做到的，是问心无愧——这是最珍贵的赞美，迄今为止还没有一个皇帝得到过这样的赞美。您的这一努力并没有成为徒劳，您举世无双的善良也并没有人不领情或吝惜溢美之词。您获得了众多的感谢；从古至今都没有哪个人像您受到罗马人民爱戴那样受到过别人的爱戴，您是罗马人民巨大而永久的福祉。可是您也让自己背上了一个沉重的负担：现如今已经没有人对神圣的奥古斯都或对提比略皇帝执政早期津津乐道了，也没有人去寻找另外一个人来做您的楷模了，您的元首统治有目共睹，是值得崇敬的。要不是您的善良是源自本性，而非逢场作戏装出来的，这一点是很难做得到的。因为谁也不能老戴着面具，假的就是假的，很快就会打回原形；凡是以真实为基础的东西，这么说吧，凡是从坚实的土壤中长出来的东西，随着岁月的流逝都会越长越大，越长越好。

只要您高贵的性情尚未确定方向，罗马人民就面临着不小的危险。现在为这个民族而祈祷的人放心了，因为根本就不存在您可能突然忘乎所以的危险。人运气太好了确实会起贪心，欲望这个东西是很难控制的，从来就没有出现过满足了就会自行消失的情况；人都是爬到了高处还想爬得更高，一旦获得了意外之喜，就会越发魂颠梦倒，想入非非。而您所有的臣民今天都不得不异口同声地承认自己很幸福，而且承认如果在他们目前的幸福上面还能加点儿什么的话，那就是这样的幸福可以永无尽头。众多事实都令他们不得不承认这样一点，而这恰恰是任何一个人都最不容易承认的：有一种强烈而浓厚的太平感，而且公正高于一切不公正；展现在他们眼前的是一个国家最美好的前景，这个国家除了没有将自己毁掉的自由外，有着最彻底的自由。然而，最引人注目的是，您的仁慈既赢得了最显赫的公民的赞美，同样也赢得了最卑微的公民的赞美。因为对于别的幸福而言，每个人都会体验或期盼与自身地位相称的那一份，但仁慈就不一样了，大家都希望得到同样的分量。而且，没有人敢说自己就百分之百的清白，能够看到仁慈站在面前准备宽恕人类的过错，而不感到欣喜的。

2. 不过话又说回来，我很清楚在某些人看来，仁慈就是对最坏的坏蛋的姑息容忍，因为除非有人犯罪，否则仁慈就没有用武之地了，而仁慈又是所有的美德中唯一在无罪的人身上派不上用场的。对于这种观点，我实在不能苟同。首先，正如药物虽只有病人才用，但也会受到健康的人的珍视一样，仁慈虽然是那些应受惩罚的人所祈求的东西，但也会受到清白无辜的人的青睐。其次，即便是对于无辜的人而言，仁慈也是可以有用武之地的，因为有时候可以不犯罪，但难免不倒霉；仁慈不仅能救助清白无辜的人，而且常常还能救助品德高尚的人,因为无疑有时由于情势所迫,不得不采取某些行动,而这些行动尽管值得赞扬,却也有可能招来惩罚。再者说,如果免除惩罚,很多人是可以回到道德的轨道上来的。不过,饶恕也不能不讲分寸,随便胡来,因为一旦连好人坏人都不分了,那么接下来就会出现混乱,就会恶行泛滥。因此,还是要慎重其事,这样才能把可挽救者与不可救药者区别开来。我们既不应当不分青红皂白地对所有人都仁慈,又不可对谁都不仁慈,因为就残忍的程度而言,饶恕所有人一点儿也不逊于不饶恕任何人。我们必须保持中庸,不过,由于绝对的均衡是不易做到的,那么无论什么会打破这种平衡,天平都应该倾向更仁慈的那一头。

3. 不过上述问题,我将放到更合适的地方再作讨论。眼下我想将主题分成三个部分来论述。第一部分讨论减轻处罚的问题;第二部分阐明仁慈的本质与外表,因为有些恶行会把自己伪装成美德,不给它们打上区别性的标志根本就无从分辨;第三部分探讨如何引导一个人从心里接受这种美德,如何在心中树立它,并在实践中把它变成自己的美德。

由于没有哪种美德比仁慈更人性,因而仁慈势必会被公认为最适合于人类的美德,这一看法,不只是我们当中那些认为人生来就是我为人人的社会动物的人会笃信不疑,就是那些一言一行都是为自己利益着想的享乐主义者也会认同。因为如果一个人所追求的是安宁和恬静,那么他就会发现这一爱好和平,反对动不动就出手的美德与自己的本性是正相吻合的。不过,在所有人当中,最宜仁慈的还要数国王或者皇帝。因为大权只有在用来做成人之美的事情时,才能给它的主人增光添彩;而只能起到伤害作用的权力,则无疑是一种致命的力量。只有所有人都既视为上司又视为朋友的人才拥有可靠的、基础稳固的伟大,他们发现这个为每个公民的幸福操心的人每天都很警醒,他的到来,不会让他们像看到某个从巢穴中窜出来的怪物或猛兽一样四散而逃，反而会让他们像看到某个乐善好施的大明星一样竞相拥向他。为了保护他，他们甘愿舍身替他挡住刺客的利剑，而且如果他必须用血肉之躯筑起一条安全之路的话，他们也会肝脑涂地，在所不辞。夜里他睡觉的时候他们会为他站岗放哨，会围成一圈，用身体筑起一道铜墙铁壁，来保护他的人身安全。

城邦和百姓如此万众一心，忠心耿耿地保护他们的国王，而且只要统治者的安全受到威胁，再大的危险，他们都会赴汤蹈火，在所不惜，这不是没有原因的。而如此成千上万的人为了一个人去迎挡刀剑，用那么多人的死去赎一个人的生，有时还是一个年老虚弱之人的生，并不是因为他们不拿自己的命当回事，也不是因为他们失去了理智。打个比方吧，整个躯体都是灵魂的仆人，尽管躯体要大得多，也更显眼，虽然灵魂仍然是个看不见摸不着的东西，它神秘的栖息之所究竟在什么部位依然不得而知，可是手、脚、眼睛都听它的使唤，这层皮是保护它的。它让我们闲着，我们就得闲着，它叫我们马不停蹄地东奔西跑，我们就得马不停蹄地东奔西跑。它一声令下，如果它是个贪婪的主子，那我们就得为了寻找财富把海洋翻个底朝天；如果它是个贪慕虚荣的主子，那我们不是早就把手伸到火焰里去了[①]，就得自愿一跃跳进无底深渊里去[②]。这么大一群人围在一个人周围，也是这个道理。他们受到他的精神统治，同时又为他的理性指引，如果不是有他金玉良言的开导，他们会被自身的力量压垮和毁掉的。

4. 因此，为了一个人，人们同时把十个军团拉上战场，为了皇帝

① 传说公元前507年克卢西乌姆的国王围困罗马，罗马贵族青年盖乌斯·穆奇乌斯·斯凯沃拉（Gaius Mucius Scaevola）在征得罗马元老院的同意后混进敌营企图刺杀国王，失败被俘后表现得十分英勇。为了证实自己的勇敢，他将右手伸进了火焰里，从而为自己和子孙赢得了一个姓（Scaevola，意为“左撇子”）。

② 传说公元前362年，罗马广场裂开了一条无底深沟，预言师说，只有把罗马最宝贵的东西扔下去，裂缝才能重新合拢。这时一个叫马库斯·库尔提乌斯（Marcus Curtius）的年轻人宣称，没有什么能比一个勇敢的公民更宝贵的了，于是他自告奋勇地跳下了深沟。他刚一跳下，裂缝就立即重新合拢。

的旗帜不倒，人们冲锋陷阵，奋不顾身，说到底都是出于对自身安危的考虑。因为皇帝是团结百姓的纽带，是千万百姓赖以生存的生命气息，如果帝国少了这位灵魂人物，百姓失去了主心骨，成了一盘散沙，他们的力量除了成为自己的累赘之外什么也不是，而且他们还会沦为别人的猎物，任人宰割。

> 王存，众心归一，
> 王去，谁还会死心塌地？①

这样的灾难将毁掉罗马的和平，这样的灾难将让如此强大的一个民族的命运急转直下；这个民族要想不受到这种危险的威胁，就必须懂得如何服从统治。而一旦这个民族成了脱缰的野马，或者万一马嚼子不幸脱落，便再也不上套了，那么一个有机统一的强大帝国就会四分五裂，而没有了服从，城邦的统治也就走到了尽头。所以，帝王们和大众利益的守卫者们——无论还是什么别的称号——都会比骨肉至亲还要更能激起我们的爱戴之情就不足为奇了。如果有识之士把公共利益摆在个人利益之上的话，他们也会把这位整个国家都需要他来领导的人看得比亲人还要重要的。从前，皇帝都集国家大权于一身，是彼此莫分的，分开了就会两败俱伤，因为皇帝需要权力，而国家呢，则需要首脑。

5. 我的话似乎有点儿跑题了，不过，请放心，它恰恰就要触及真正的问题了。我说了这么多就是想证明一点，如果您是国家的灵魂，而国家是您的身体，我想您就会明白仁慈的必要性了，因为恕人即是恕己。所以，即使该受责备的公民也应予以宽恕，因为他们是身体的弱处，即便非放血治疗不可，那手下也得留情，不能把口子划得过深。

---

① 引自维吉尔《农事诗》4.212.13，讨论的是蜜蜂及它们对蜂王的忠诚问题。这个关于蜜蜂的例子在第 19 段中有进一步的展开。

因此,如我所言,仁慈是所有人的天性,而它却可以给统治者平添一份特殊的魅力,因为对于统治者而言,仁慈有更大的施展空间,有更多的机会去展现自己。一个平头百姓再残忍又能造成多大一点伤害呢! 可做皇帝的要是动了怒,接下来的就是战争呀! 虽然各种美德是和谐共存的,美德之间都彼此彼此,不存在一种好于另一种,或者一种比另一种更值得尊敬的情况,但是某一种美德会更适合于某些性格的人。而崇高的心灵则适合于每一种人,哪怕是境况差得不能再差的人也不例外。因为有什么比战胜厄运的袭击还崇高或者说还勇敢的呢? 然而,心灵的这种崇高性在人走好运时也同样有机会得以展现,而且比起站在法庭上接受或旁听审判的人来说,从坐在法官席上的人身上还可以得到更好的展现。

仁慈无论光顾谁家,都会给谁家带去幸福与安宁,不过仁慈能给人带来更大惊奇的还是皇宫,因为仁慈较少光顾这里。天子一怒,不可逆忤,判处再重,也只能乖乖服从,如果他火冒三丈大发雷霆,谁也不敢劝阻,不,应该说谁也不敢斗胆说半个不字。如果这位天子能约束自己,作如是之想:“对于一个犯法的人,谁都有权将其处死,而只有我有权饶他一命。”进而用自己的权力来达到更好的、少一点暴力的目的,还有什么能比这样的一位仁君更了不起吗? 崇高的地位应该具备与之相称的崇高的灵魂,如果一个人的灵魂不能达到甚或超出其地位的水准,那么其地位也会因此而一落千丈。此外,遇事冷静、心平气和,对于种种不公和烦恼能表现出高姿态,不予计较,这是一个灵魂崇高的人的特点。只有女流之辈才会大发脾气,只有野兽,而且还不是最高贵的野兽,才会撕咬已经到手的猎物。大象和狮子会放过栽在它们手里的动物,只有那些低贱的兽类才会不让它们的猎物活命。野蛮无情的愤怒是一个王者身上所不应该有的,因为动辄发怒并不能让自己高人一等,反而会把自己摆在了和对手一样的水平上。可是如果他饶人一命,如果对于那些玩忽职守,险些酿成大患,本该丢官回家的人，他不是一棍子打死，而是予以留用，那他就是在做只有君王才能做到的事情了。因为虽然一个人可以要一个哪怕是地位在自己之上的人的性命，但要说饶命，就只能饶地位在自己之下的人的命了。饶人性命是地位至高无上的人的特权，而这个地位至高无上的人也只有在有幸获得了诸神一样的权力时，才最有资格要求人们的赞美。我们大家，不论是好人还是坏人，都是蒙诸神的仁慈才来到人世的。所以，做皇上的应该采取诸神那样的态度，有些公民，应该以喜悦的心情去看待，因为他们既优秀又有用，另一些嘛，就让他们充个数好了；让他为一些人的存在而欣喜，而对另一些人就让他忍一忍吧。

6. 再来看看眼前这座城市，大街上川流不息的人群，只要遇到一点障碍像挡住一条湍急的河流一样挡住了他们的去路时，立马就会彻底瘫痪。这座一次就同时需要三个剧院的座位，消费掉了世界各地耕作的农产品的城市，如果所剩下的就是一名严厉的法官裁定无罪的那么几个人，那么您想想它会变成一个多么荒凉，多么冷清的地方啊？

这些主持审判的人当中，如果用他们在审判中所援引的法律来判的话，有几个不会被判为有罪啊？又有几个检举人是一身清白啊？而且如果最不肯予以宽恕的人，偏偏就是那个自己按理不知有多少次需要请求宽恕的人，我一点都不会奇怪。我们都干过错事，有的错在严重的事情上，有的错在琐碎的事情上，有的是存心故意的，有的是一时冲动，或者受了坏人的蛊惑；我们有些人本来都是好心肠的人，但是不够坚定，结果违心做了错事，失去了清白，不过还在争取挽回。我们不仅都犯过错，而且还会继续犯错，直到我们生命结束为止。即令真有某个人彻底净化了自己的灵魂，再也没有什么能令其困惑或上当受骗，那也是犯过错之后，才臻于无过错之境界的。

7. 既然我已经提到过诸神，那我最好将这立为帝王应竭力效仿的榜样——他应该像希望诸神对待他那样来对待自己的臣民。难道有神拒绝宽恕我们的罪过是什么好事吗？难道有神对我们恨之入骨，恨不得我们彻底毁灭是什么好事吗？又有哪个君王会逃脱占卜师替自己收拾断臂残肢[①]的危险呢？可是如果统治者犯了罪，仁慈、公正的诸神都不立即用雷劈来惩罚的话，那么，一个受诸神委派来统治别人的人在行使自己的权力时，如果能抱着一颗慈悲之心，如果能想一想这个世界是在阳光明媚万里无云的日子里，还是在世间万物因天上一会儿这边雷声阵阵，一会儿那边闪电频频而瑟瑟发抖的情况下看着更舒服、更美好的话，岂不是还要公正得多吗？一个和平有序的帝国，无异于一片晴朗无云的天空，而残酷的统治则好比阴云密布、暴雨成灾，在黎民百姓被突如其来的晴天霹雳吓得战战兢兢的同时，这场惊慌的制造者自己也不免会发抖。普通公民如果执意寻机报复，容易得到宽恕，因为他们可能受到了伤害，而他们之所以忿忿是因为感到了不公平；另外，他们还担心因此而被人瞧不起，仿佛一个人吃了亏，受到了伤害而不回敬一下，是软弱而不是仁慈的表现。但一个可以轻易报复的人，如果主动放弃报复的机会，则会因为仁慈而获得无可置疑的称赞。地位低下的人可以想动武就动武，想打官司就打官司，想大吵大闹就大吵大闹，想大发脾气就大发脾气；双方势均力敌，谁都不会吃大亏。可是君王就不一样了，哪怕是嗓门高了和口无遮拦都会有失威严。

8. 您也许会认为这还了得，如此一来，君王们连想怎么说话就怎么说话的权利都被剥夺了，岂不是连最卑贱的人都不如了吗？您或许会说："这哪儿还是什么一国之主，分明就是在受奴隶之苦。"什么！您难道忘了吗？我们才是自由自在的主，而您是奴隶啊。那些躲在茫茫人群中，不显山不露水的人，他们的情况是很不一样的，他

① 指遭雷劈后的情况，传统上人们认为遭雷劈即遭到了天谴。

们的美德要经过长期的努力才能让人们发现,他们的恶行也为黑暗所掩盖;而像您这样的人,一言一行都会被流言蜚语逮住不放,所以不管名声是好是坏,注定会名声极大的人,都应该比所有其他人更加关心自己名声的性质。有很多事情,蒙您开恩我们可以做,而您自己是不能做的!虽然没有人陪同,家中没有刀枪,身边也没有佩剑,但我可以随心所欲、放心大胆地只身出入城里的任何一个地方;而您在亲手缔造的和平中生活,却必须全副武装。您命该如此,由不得您,只要您从高高在上的位置上下来,就会有人前呼后拥,就会有盛大的仪式相随。这就是至高至伟所固有的奴役之苦:它无法降级减小。不过这种不可避免的情况,并不是只有您才会遇到,诸神也会遇到。因为就连诸神在天上也是受约束的,您从高高在上的位置上下来不安全,他们也同样不得下来。您被牢牢地钉在了顶峰上。我们的动向行踪不会引起多少人的注意,我们可以大摇大摆地来来往往,可以大大方方地换衣服,谁都不会注意;而您就不一样了,您就如同太阳一样,很难避开人们的目光。无数光环的环绕令您光芒四射,把所有人的目光都引了过来。您以为您是在走上前来吗?您是在冉冉升起。您一开口,全天下的人都能听到您说的话。您一发怒,万物都会颤抖,因为您击倒一个人,周围的人都会吓得心惊肉跳。就像闪电伤不了几个人却会吓着所有的人一样,极权施加的惩罚所导致的普遍恐慌要大于伤害,而这并不是没有道理的,因为当一个人的权力大得无边时,人们所担心的就不是他做出过什么样的事情,而是他可能做得出什么样的事情了。还要考虑一点,虽然普通百姓对自己所受到的伤害如果忍气吞声的话,往往会更容易受到伤害,但君王们如果发发慈悲的话,却会让自己的内心变得更为宁静踏实,因为靠不断的惩罚不仅平息不了几个人的仇恨,反而会激起每一个人的仇恨。一个人想发泄一下自己的愤怒可以,但只能冲惹怒你的人发泄,不能连带他人,否则就会如同剪过枝的树木会长出无数新的枝条,很多植物砍伐后只会使它们长得更为茂密一样，君王残酷地铲除异己，只会树敌更多；因为那些被杀头的人的父母和子女，还有他们的亲戚朋友，都会代之而起，成为新的敌人。

9. 臣拟以皇上自己家族的一个例子来提醒皇上一下，以上所言绝非无稽之谈。如果从其独掌天下的那段时间来看，神圣的奥古斯都堪称一代仁君；可当初他和别人一起执掌政权时，却大开过杀戒。他像您现在这个年纪的时候，也就是刚满十八岁时，就已经把匕首扎进朋友的胸膛了，就已经打算用见不得人的手段侧面袭击执政官马克·安东尼了，而且他还参与了“公敌榜”行动[①]。可他年过四十，待在高卢的时候，得到了一个情报，说一个叫路奇乌斯·秦纳[②]的呆子正图谋造他的反，时间、地点以及拟采取的攻击方式他都了解得一清二楚，情报是一个从犯提供的。奥古斯都决定报复这个家伙，于是下了一道谕旨，把心腹召集起来开了个会。他辗转反侧了一夜，因为他想到了这个即将被处死的年轻人是名门之后，格涅乌斯·庞培的孙子，除了这件事外，挑不出半点毛病。虽然在席间一起进餐时马克·安东尼曾向他口授过将其宣布为公敌的谕令，但他再也不忍心去结束一个人的生命了。他长吁短叹，时不时冒出几句冲动而又自相矛盾的话来：“啊，我该如何是好？难道我应该让想刺杀我的人逍遥法外，自由自在，而让我自己成天提心吊胆吗？我经历了那么多的内战，都没有人能要了我的命，打了那么多的海战陆战，都没有挂过彩，在海陆都赢得了和平后，要对一个不是想杀我而是想拿我来献祭的人手下留情吗？”（因为对方的计划是趁他献祭时动手。）沉默了一会儿之后，他嗓门更大了，撒在自己身上的火气比对秦纳的火气还要大得

① 屋大维、安东尼和雷必达结成后三头同盟，迫使元老院赋予他们统治罗马5年的合法权力后的第一个联合行动：用“公敌榜”（proscriptio）的方式来清除他们的政敌。最先采用这一手段的是苏拉。上了公敌榜的人往往会被剥夺公民权而遭到流放。

② 格涅乌斯·科尔内里乌斯·秦纳·马格努斯（Gnaeus Cornelius Cinna Magnus，公元5年执行官）。路奇乌斯是他父亲的名字。

多："如果那么多人都嫌你碍事，盼着你早点儿死，你干吗老不死呢？惩罚、流血要到什么时候才是个头啊？我这条命显然已经成了贵族青年的眼中钉，成了他们试剑的靶子了。要是我不死，就得死那么多的人，我这条老命哪儿担当得起啊。"最后他的妻子莉薇娅打断了他："可愿听妇人一言？不妨学学医生的做法，如果常规疗法不起作用，就来个反其道而行之。到目前为止，靠冷酷这一手，你还一无所获，什么效果都没收到；萨尔维狄恩努斯之后是雷必达，雷必达之后是穆雷纳，穆雷纳之后是卡埃皮奥，卡埃皮奥之后是埃格纳提乌斯[①]，就别提其他人了，他们胆子大得吓人，提起来都让人害臊。现在试一试仁慈的效果吧，饶了路奇乌斯·秦纳。他已经被抓起来了，没法再伤害你了，倒是有助于你的名声。"找到了一个支持者，奥古斯都很高兴，谢过妻子，马上降旨，收回了召见心腹的成命，只传秦纳前来觐见。屏退左右后，他命人给秦纳看座，道："我对你的第一个请求是，请你不要打断我或者提出异议。我会给你说话机会的。秦纳，当年我发现你站在敌人的阵营那一边，可你成为我的宿敌并非人为，而是因为你的出身造成的，彼时我饶恕了你，允许你继承了你父亲给你留下的所有财产。如今你这么有钱，这么幸运，你虽然败了，但连击败你的人都嫉妒你。你提出来要当祭司，我就把好几个跟我并肩作战过的将士的后代放到了一边，把这个职位给了你。没想到我对你如此开恩，你却铁了心要取我的性命。"听到这里，秦纳极力分辩，说他决不会行如此疯狂之事，奥古斯都说："你不守诺言，秦纳，我们有言在先，你不打断我的哟。我是说，你打算取我的性命。"接着，他又把地点、同伙、日期、具体方案以及谁来动手等细节都说了出来。他看到秦纳垂下眼睛不吱声了，不是因为他们的约定，而是因为问心有愧，于是就说："你这么做的目的是什么？是想当皇帝吗？如果就我一个人挡

① ……埃格纳提乌斯：参见第170页脚注。

在你与紫袍之间的话，相信我，罗马人民前途可就惨了。你连自己的家人都保护不了，就在前不多时，一个以前的奴隶就让你输掉了一场私人官司。就你这么一个人，也来对皇帝下手，这不明摆着就是儿戏嘛。告诉我，就算只有我一个人在挡你的路，可保卢斯和费比乌斯·马克西穆斯会容忍你吗？科苏斯和塞维利乌斯家族及所有罗马贵族的血脉，他们可都不是徒有虚名之辈，而是能够光宗耀祖的子孙啊，他们能容忍你吗？”

我不想用更多的篇幅来引用他所说的每一句话了（因为据信，他足足讲了两个多小时，有意拖长了这一惩罚，仅此他就很满足了）。最后他说：“秦纳，我就再饶你一命吧，尽管你之前是我的敌人，现在又阴谋弑君。但从今天起，你我就捐弃前嫌，交个朋友吧，看看你我谁更守信用：是我能说到做到饶你不死呢，还是你能牢记自己欠我一条命呢。”后来，奥古斯都主动授予了秦纳执政官一职，还责怪他缺乏勇气，没有自己提出请求。秦纳自此对奥古斯都忠诚不贰，不仅成了他最可靠的朋友，而且成了他唯一的继承人。后来再也没有任何人图谋推翻他了。

10. 您的高外祖父[①]宽恕了自己的手下败将，假如他没有这样做的话，谁会成为他的臣民呢？撒路斯提乌斯、科奇乌斯、狄流斯以及他的所有内层亲信都是从敌人的阵营中争取过来的；而且正是多亏他的仁慈，他才为自己赢得了像多米提乌斯、梅萨拉、阿西尼乌斯、西塞罗那样的国家之精英。就连雷必达，他都让他活了多长的时间才死啊！那枚象征统治者的徽章，他让雷必达保留了很多年，直到雷必达死后，他才把最高祭司一职接了过来，因为他更喜欢人们称之为荣誉而不是战利品。这种仁慈的态度领着他从安全走向安全，也为他赢得了罗马人民的爱戴和拥护，尽管在他开始掌权时，他们连点个头

① 即奥古斯都。

哈个腰都没学会。而如今,正是这一点才成全了他流芳千古、很多帝王哪怕在世时都难以享有的好名声。我们奉他为神,并不是出于强迫。我们由衷地承认他是一个好皇帝,而且完全配得上“国父”这个称号,不为别的,就为他即使受到了人身侮辱,也不会残酷报复,而人身侮辱通常是比受到伤害还要令帝王们憎恨的;就为他听到辱骂之词总是一笑置之;就为他在惩罚一个人时,自己仿佛也在跟着忍痛受罚一样;就为他不仅没有处死那些跟自己的女儿通奸的家伙,还发给他们通关文牒,让他们远走高飞。当你知道会有很多人以你的名义来泄愤,要以另一个人的血来讨好你时,你不仅赐予他安全而且还保证其安全,这才是真正的宽恕。

11. 这是奥古斯都晚年或者说快到晚年时的为君之道,年轻的时候他也是个动不动就火冒三丈,大发雷霆的人,做过很多羞于回首的事情。没人敢把神圣的奥古斯都的仁慈跟您的相比,就算是拿他过分成熟的老年跟您的青春年华比。他是很温和,很仁慈,不过那是在亚克兴的海面为罗马人的鲜血所染红之后的事情,是在他自己的舰队和敌人的一个舰队在西西里被击沉之后的事情,是在血洗佩鲁西亚和公敌榜行动之后的事情。我肯定不会把厌倦了残忍之后的不再残忍称为仁慈。皇上,您身上所体现出来的仁慈才是真正的仁慈:不是源自对野蛮行径的懊悔,没有任何污点,从来没有让自己的同胞流过一滴血。真正的仁慈是在一个人行使无上权力时能真正自我约束,能爱民如己,不被世俗的欲望、鲁莽的性格或者从前的那些皇帝所开的先例引入歧途,去测验一个人对自己的同胞可以为所欲为到什么样的程度,而是去钝化最高权力的锋刃。皇上,您已经给了我们一份厚礼——一个没有沾染血腥的国家,而且您已经自豪地夸耀过,在这个世界上您还没让人流过一滴血。鉴于还从来没有哪个人这么年轻就手握生杀大权的,这就尤其感人而又令人惊异了。

因此,仁慈不仅可以给统治者带来更大的荣誉,还可以让统治者更加安全无虞；仁慈既是帝王权力的装饰，又是其最可靠的保护。不然为什么，仁君个个都可以长寿而且还可以传位给子孙，而暴君的权力却总是受到诅咒而且很短命呢？单就财富和为所欲为的权力而言，暴君与仁君都是一样的，那他们的差别又在哪里呢？无非是，暴君发怒泄愤是为了图自己的一时之快，而仁君则是因某个原因，迫不得已而为之。

12. "可是，"您会说，"仁君杀人不也是常有的事吗？"没错，不过他们只是在确信公众利益要求他们这样做的时候才会开杀戒；而对暴君来说，残忍却是快乐之源。不过暴君与仁君之别，不在名字上，而在行为上。既然有恰当理由认为老狄奥尼修[1]比很多国君都强，那我们为什么就不应该把路奇乌斯·苏拉[2]称为暴君呢？苏拉这个人，不把敌人赶尽杀绝是决不会罢手的。他可能也从独裁者的位置上退了下来，重新回到了普通公民的生活，可有哪个暴君像他那样嗜血成性，杀人如麻的呀，他曾一次下令屠杀了七千罗马市民，不仅如此，他坐在附近的贝娄娜[3]神庙里，听到成千上万的人在屠刀下呻吟时，居然对吓坏了的元老们说："诸位元老大人，忙正事吧，是我下令在处死几个暴徒。"苏拉这里说的并非谎话，因为在他眼里，这么多的人也就是几个人。不过关于苏拉，待会儿探讨如何将愤怒的矛头指向敌人，尤其是那些从政体中分裂到敌人之列的同胞时，我们还会再多说几句。同时，如我所言，仁慈才是仁君迥然有别于暴君的原因之所在，虽然他们都有武力保护作后盾，可一个是用武器来巩固和平，一个是以极度的恐怖来镇压极度的仇恨，而且就连他自己所托付的左膀右臂，他也放不得心，也会防一手。相反的路线会促使他走向相反的结局；人们因为怕他才恨他，他却希望人们因为恨他而怕他。而由于意

---

① 老狄奥尼修（Dionysius，约公元前 430—前 367），叙拉古僭主狄奥尼修一世。

② 路奇乌斯·苏拉，参见第 7 页脚注。

③ 贝娄娜（Bellona），罗马神话中的司战女神。

识不到仇恨一旦发展到了恨之入骨的程度，会引起多么可怕的疯狂行为，于是他就倚赖了那句把很多人送上绝路的该死的诗句：

只要他们惧怕，恨就让他们恨去吧[①]。

适度的恐惧可以抑制人的盛怒，但是持久、强烈而又令人绝望的恐惧则会令蔫儿吧唧的人也变成胆大包天、什么都干得出的亡命徒。同样的道理，一根用羽毛结成的细绳就可以套住野兽，可是一旦一个骑手用标枪从后边袭击它们，它们反倒会冲破先前畏避之物，把恐惧踩在脚下，夺路而逃。彻底的绝望往往会磨砺出最锐不可当的勇气。恐惧应当多少给人留一丝安全，让人看到希望要远大于危险；否则，不引起风险的人，一旦受到和别人一样多的危险的恐吓，也会铤而走险，不惜玩命的，就仿佛那命是别人的似的。

13. 温厚仁慈的国君往往都会信任自己的卫兵，因为他是把他们用来保护大家的安全的，而士兵呢，由于明白自己是在为国家的安全服役，心中也就充满了自豪，乐意忍受担任国父的护卫所要忍受的一切艰难困苦。可是残暴的统治者却只能得到自己的侍从和走狗的仇视和诅咒。如果把侍从当作肢刑架和斧子一样的用刑和杀人的工具，把人扔给他们就像扔给野兽一样的话，那么谁也不能指望赢得他们的忠诚或祝福。他会比任何一个受审的罪犯更可怜更不安，因为他既怕见到人又怕见到神——自己罪行的目击者和报复者，而他已经走到了想痛改前非都来不及的地步。因为残忍最该受到诅咒的一点就是：开弓没有回头箭，一个人只要残忍过，就必须继续残忍下去，根本就回不了头；因为一旦犯了罪，就必须用新的罪行来加以掩盖。可谁又能比那个现在连改过自新的机会都没有，只能继续为非作歹的

① 古代诗人阿克奇乌斯（Accius）的诗句。

人更可怜呢？多可怜的一条可怜虫啊！至少他自己会这么认为，因为如果别人可怜他，就是可怜一个用手中的权力干下了杀人越货的勾当的人，一个所作所为不管是在国外还是在国内都引起人怀疑的人，一个因为自己惧怕刀剑就求助于刀剑的人，一个对朋友的忠诚和子女的亲情都不相信的人，一个审视自己所干过和打算干的事情时，发现自己罪行累累，良心上倍感压力的人，一个怕死却又恨不能一死了之的人，一个比他的仆人还要更恨他自己的人。去可怜这样一个人，是会得罪众神的。相反，一个关心大家的人，一个把有些东西看得比较紧，有些看得比较松，但是把国家的每一个部分都当作自己身体的一部分来呵护的人，一个即使在惩罚可以为自己带来好处的情况下也倾向于走宽容路线，而很不情愿采用严厉手段的人，一个脑子里丝毫没有敌意和残忍概念的人，一个为了人民的利益才慎用手中的权力，渴望自己的统治能得到国民认可的人，一个让自己的子民分享了自己的好运，就觉得自己幸福无比的人，一个言谈亲切、平易近人、和蔼可亲（这是最能得民心的一点）的人，一个能对合理的请愿善加处置，对哪怕是无理的请愿也不厉声驳回的人，这样的一个人定会赢得举国上下的爱戴、保护和深深的尊敬。人们私下里怎么评论他，在大街上还是怎么评论他。人们都迫不及待地生儿育女，一度因为大局不稳，人心惶惶而不准生育的禁令已经取消了。谁都坚信子女会感激自己让他们生在了这样的一个时代。这样的皇帝有自己的善行保护自己，根本就无需保镖，他佩带的武器也只是一个装饰而已。

14. 那么他的职责是什么呢？就是像优秀的父母一样，他们有个习惯，责骂孩子时，有时不疼不痒地骂两句就算了，有时则会连吓带唬，有的时候甚至还会动鞭子。肯定没有哪个头脑正常的父亲会因为儿子第一次犯错就剥夺其继承权的！只有在儿子屡教不改，铸成大错让他失去了耐心，只有当儿子的所作所为到了令他感到害怕而不是要训诫时，他才会动用那支有着决定性意义的笔。但在此之前，他还是会千方百计地去加以挽救，因为尽管孩子出现了变坏的苗头，但性格毕竟还没有完全定型；希望彻底破灭之后，他才会采取极端措施。没有用尽所有治病救人的办法之前，谁都不会轻易挥舞起惩罚的大棒。这不仅是一个父亲应有的行为，也是一个皇帝应有的行为，我们称皇帝为"国父"决不单单是出于空洞的恭维。别的称号是作为荣誉而冠以的，我们用"大帝""幸运的""威严的"来形容他们，给他们的雄才大略冠以各种可以想到的称号来表达对他们的敬意；而我们把皇帝誉为"国父"，是希望他知道自己被委以了父亲般的权力，要以最大的耐心去关心孩子们的幸福，将自己的利益摆在孩子们的利益之后。没有哪个做父亲的会仓促行事，砍掉自己的骨肉的，砍掉了，也一定会渴望再安上去的，而且下刀子的时候，他会大声呻吟，常常会久久犹豫不决的。一个人如果处罚人时下手很快，那他就离喜欢处罚人不远了，而一个人如果动不动就处罚别人，那他很可能就是不公正的。

15. 在我自己的记忆里，罗马广场上的人曾用手中的笔尖刺过一个叫特里柯的罗马骑士，此人曾将自己的儿子活活鞭打死了。奥古斯都皇帝那么大的权力，差点儿都没能把他从人们愤怒的手中救出来，这些愤怒的人当中既有做儿子的，也有做父亲的，而且做父亲的愤怒一点儿也不比做儿子的小。而泰里乌斯[①]呢，他发现自己的儿子卷入了一个杀害自己的阴谋且查明其确实有罪后，却得到了大家的一致赞美，因为他只给了弑父者一个流放的处罚，而且还是一个很奢侈的流放，仅将其流放到了马赛不说，还像在其没犯罪之前已经给习惯了的那样，给了同样多的零花钱。这样宽容大度的结果是：在一个坏蛋走到哪里都不愁没人为其辩护的社会里，没有一个人怀疑被告受到了不当的处罚，因为不能恨自己的儿子的父亲，惩罚他一下还是

① 路奇乌斯·泰里乌斯·卢夫斯（Lucius Tarius Rufus），此人出身卑微，却财运官运两旺，最高曾官至执政官（公元前16年）。

可以的。

我就拿这件事情来给您举一个可以比作好父亲的好皇帝的例子吧。在对儿子进行审讯之前，泰里乌斯邀请奥古斯都皇帝以顾问的身份来帮助自己审讯。奥古斯都走进了民宅，挨着泰里乌斯坐了下来，参与了别人家的一次审讯。他并没有说“不，我希望他到我家里来”，如果是那样的话，那就等于是皇帝在审讯，而不是做父亲的在审讯了。

听完了案情陈述，证据（小伙子为自己所做的辩护和控方所提供的证明其有罪的材料）也查验完之后，皇帝要求每个人都将自己的判决意见写下来，以免大家最后见机行事，都跟他本人的意见保持一致。然后，在打开折子之前，他郑重声明自己决不会接受泰里乌斯的半点儿遗赠，因为泰里乌斯是个有些财富的人。有人也许会说：“他担心如果自己判定泰里乌斯的儿子有罪，人们或许会认为他是想为自己的前程扫清障碍。真懦弱。”我不这样看，我们任何一个人或许只要问心无愧，就可以不怕尖刻的批评，可是做皇帝的就不一样了，他们马虎不得，必须注意自己在人民中的名声。奥古斯都皇帝郑重声明自己不会接受泰里乌斯的半点儿遗赠。确实，泰里乌斯在同一天失去了又一个继承人，可皇帝却保障了自己那一票的公正性未受到玷污；而且在清楚地说明了自己严厉的判决是不带任何偏见的——这一点是一个皇帝始终都应该遵守的原则——之后，他宣布泰里乌斯的儿子应该遭到流放，父亲觉得哪里合适，就应该流放到哪里去。他没有处之以袋刑[①]、蛇刑或者坐牢，因为他的心思不在被判刑的那个人身上，而在那个找他来出主意的人身上。他说做父亲的应该宽大为怀，从轻发落就行了，因为儿子还小，又是受人怂恿才犯下此罪的，何况在作案过程中表现得也不尽力，这和无辜也相差无几

① 对于弑父者，古罗马的传统惩罚是将其与一只公鸡、一条蛇、一只狗和一只猴子一起装进一只麻袋，丢进水中淹死。

了;换言之,将其逐出城去,不在父亲的眼皮子底下就得了。

16. 他多么值得做父母的请去帮着出主意啊！他多么值得做父母的将他和没有犯过罪的孩子们一起列为共同继承人啊！这就是能给一个皇帝增添魅力的仁慈品质,无论到哪里,他都会让那里的一切变得更为宁静。

在仁君的眼里,无论一个人在国家中的地位多么渺小,谁都没有无足轻重到死了都无人注意的地步。我们就从不及王权那么显赫的例子中找一种类似的权力来看看吧。行使权力的形式不止一种:皇帝有统治臣民的权力,父亲有管教子女的权力,教师有训诫学生的权力,保民官或百夫长有统领士兵的权力。孩子犯了屁大一点儿小错,就用打来管教孩子,这样的父亲,难道我们不会最瞧不起吗?什么样的教师更堪当人文教育的代表呢?是学生记不住东西,或者眼睛迟钝看书不快就打他们板子的老师呢,还是喜欢用温和的批评和羞愧感去纠正学生的习惯,去教育学生的老师呢?一个残暴的保民官或百夫长又如何呢?他只会制造逃兵,而这样的逃兵也仍然值得宽恕。让一个人受到比不会说话的畜生还要严酷的统治,这再怎么说也肯定是不公平的！而一个老练的驯马师并不是动不动就拿鞭子来驯马的,因为如果你不拿手心疼地摸摸它,它就会变得惊惶不安,倔强不驯。猎人无论是训练幼犬寻踪,还是用已经训练过的狗去找出或追捕猎物,采用的也是这个办法:他既不会老是采用威胁的办法(因为这样一来狗胆就会吓破,狗的天赋也将在一种有损狗类尊严的恐惧中丧失殆尽),也不会放任它们四处溜达而不管。赶牲口的人,哪怕这些驮东西的牲口性子疲沓,慢慢吞吞,也可以采用这样的办法:这样的牲口也许生来就是遭人虐待的苦命,可是过分的残忍,也会让它们撂挑子的。

17. 没有哪种动物比人更容易被激怒,或者说要以更大的技巧加以对待的了,而且,人也是最需要以宽容的态度相待的。不好意思冲驮东西的牲口和狗发怒，却允许一个人让另一个人受到最残酷的虐待，还有比这更愚蠢的事情吗？生了病，我们要做的就是想办法治病，而不是生气发脾气；而现在我们这里头也有病，不过是心病，这种病不仅需要温和地进行治疗，而且要求大夫本人对病人有百分之百的同情心。碰到疑难病情，束手无策不说，还感到绝望，是医生差劲的标志。同样，对于那些心灵受到折磨的人，肩负臣民重托，要对百姓健康负责的国君，也不能过早放弃希望或者宣布为不治之症，而应该全力施救，阻止病情恶化。对于不同的病要区别对待，有些人得的不是什么大病，就可以对他们提出批评；有些人病情严重，就要用一些宽心的话来加以蒙蔽，靠“欺骗疗法”来获得更快更好的疗效；皇帝不应该只以治好病人的病为目标，还应该力争不让病人留下令人难堪的伤疤。残酷惩罚丝毫不能给国君带来荣誉，因为谁都知道他有这个能力。恰恰相反，如果他能约束自己的权力，能把很多人从别人的愤怒中解救出来且自己不对任何人发怒，那么最大的荣誉就非他莫属了。

18. 使唤奴隶时手下留点情，是值得称赞的。就算是卑下的奴隶，我们应该考虑的也不是他能忍受多大的惩罚而不反抗，而是按照公平正义的原则，自己有多大的权力去惩罚他们，要知道，哪怕是战俘和买来的奴隶，公平正义的原则也要求我们善待他们。那么那些自由，生来就自由而又有头有脸的人，就更有理由要求我们不应该只把他们看作仆从，而应该把他们看作虽然等级比我们低，但都是被托付给我们来保护，而不是要我们来当他们的主人的！奴隶也是可以在神像前寻求庇护的。也许对一个奴隶做任何事情都是合法的，但一切生物都享有的那种权利，还是对一个人可以忍受的东西设立了一个特定的限度。维狄乌斯·波利奥[①]用人血来喂肥他的七鳃鳗不说，

① 维狄乌斯·波利奥，参见第59页脚注。

还下令将得罪过他的人丢进鱼池，或者应该说蛇坑，谁不比他自己的奴隶更恨他呢？这个家伙真该千刀万剐，无论他拿自己的奴隶喂七鳃鳗是打算养大了自己吃也好，还是他之所以养七鳃鳗就是为了让它们吃人也罢。

正如残酷的奴隶主走到哪里都会遭到人们的指责、憎恨和厌恶一样，残酷的君王也会如此：君王的不义行为影响范围更广，因而会让自己恶名远扬，遗臭万年。那些被人们算作生来就是祸国殃民的昏君的君王，还不如没生出来好呢！

19. 不管统治者是怎样或靠什么位居众人之上的，他最应具备的品质都是仁慈，舍此，谁也想不出第二种来。当然，我们都会承认一点，仁慈这一品质体现在权力越大的人身上，就越具魅力，越了不起。权力的行使若遵循自然法则，就无需具有伤害性。因为王这一概念是造化发明的，这一点我们可以从其他生物，尤其是蜜蜂身上看出来：蜂王有着最宽敞的巢房，位于正中央，是最安全的地方；而且，蜂王自己并不干活，只是监督其他蜜蜂干活[①]。失去了蜂王，蜂群就会四散而去，它们也从来不允许同时有两个蜂王来统治，而会用决斗的形式选出最好的那一个。此外，蜂王外表出众，在身材和光泽上都与众不同。不过其最为突出的特征还在于：普通蜜蜂特别容易动怒，而且鉴于它们就那么点儿个头，个个都称得上是优秀的战士，它们蜇了人后就把自己的刺留在被蜇者的体内了；而蜂王本身就没有刺[②]，造化不希望它残酷野蛮，不希望它寻求需要付出如此沉重代价的报复，于是就拿走了它的武器，让它愤怒时也不能伤人了。

这就为伟大的君王们树立了一个强大的好榜样；因为造化习惯

---

① 蜂王，严格说来应该叫作蜂后，其职责也并不是监督其他蜜蜂（工蜂）干活，而是繁衍后代。古人误以蜂后为蜂王。

② 亚里士多德认为蜂王也是有刺的，只是不用它来蜇人罢了（参见商务印书馆1979年出版的亚里士多德著、吴寿澎译《动物志》第238页）。生物学发现，蜜蜂的尾刺其实是发育未完全的产卵器，所以工蜂和蜂后有尾刺，而雄蜂是没有刺的。

于在小的事情上透露自己的意旨，习惯于把证明大原则的证据分散到小得不能再小的例子中。不从最微小的动物身上吸取教训，将是很遗憾的事情，因为人脑干害人之事的能力要大得多，所以越发应该相应地加强自我克制才是。

啊，要是人也受到同样法则的制约，武器毁掉的同时，火也就随之而消掉，不能再次伤人或者借别人的力量来出气就好了！如果一个人发泄愤怒的唯一手段就是他自己的话，如果他任由自己施暴就有性命之忧的话，那么他的怒火很快就会消退的！可即便像现实中的状况这样，他也不会一路顺风，平平安安；因为他希望别人心惊胆战，他自己也必然同样提心吊胆，盯住每一个人的手脚，哪怕根本就没人有打他的意思，他也会觉得自己在受到攻击，无时无刻不心怀恐惧。不做亏心事，不怕鬼敲门，利用自己的特权多行善事，造福每一个人，那么谁还用得着忍受这样的生活呢？如果有人以为在一个君主令什么都不安全的环境下，做国君的能安然无恙，那他就错了；因为安全是要靠交换才能得来的。他根本就没有必要把自己的城堡修得高耸入云，也没有必要垒起陡峭的山岗防止攀登，或者将山坡拦腰截断，更没有必要用层层围墙和堡垒将自己圈起来：纵使置身于空旷的原野上，仁慈也会保证国君安然无恙。对国民的爱才是他赖以抵御一切攻击的铁壁铜墙。

所有人都希望他万寿无疆，在旁边没人看着的情况下都为之祈祷；如果他略有小恙，就会引起人们的担心，而不是唤起人们的希望；在臣民眼中，他们的什么东西都不及领袖的健康贵重，他们无不愿意用自己珍贵的东西去换回领袖的健康；还有什么能比这样活着更辉煌的事吗？啊，这么幸运的人就是对自己也有义务好好活下去的；为此他已经用自己一贯的善行证明了他没有把国家据为己有，而是把自己献给了国家。有谁敢谋害这样一个人呢？作为一名统治者，在他的统治之下，正义盛行、国泰民安、无忧无患、崇尚道德、讲求信誉；

在他的统治之下,民富国强、百业兴旺,又有谁不希望尽其所能地去保护他免遭不幸呢?事实上,他们是怀着我们仰望不朽神灵时的敬仰之情——假若神灵赐予我们能力,让我们能见到他们的话——来仰望自己的统治者的。难道说不是这样吗?这个行为表现有如诸神一般的人,他菩萨心肠,慷慨大方,他运用自己的权力只是为了达到更好的目的,难道不该拥有一个仅次于神的地位吗?这也是您应该立志看齐的榜样,这也是您应该力图效仿的楷模:成为人们心目中最伟大的人,只是与此同时,也要成为人们心目中最好的人。

20. 做皇帝的惩罚人,通常无外乎两个原因,不是为自己报仇,就是为他人雪恨。我先从影响他个人的情况谈起,因为如果报复行为是出于个人怨恨而不是惩戒处罚,那么要节制有度就更难了。这时对他作如下提醒都是多余的:叫他不要轻信他人的说法,要查明真相,要垂怜无辜,要意识到证明清白无辜既是被告的事情也是法官的事情;因为这不是仁慈不仁慈的问题,而是公正不公正的问题。此时,我倒是要奉劝他无论受到多么明显的伤害,都要克制住自己的情绪,如果免除惩罚不会带来危险,那就免除;如果有危险,那就应该减轻惩罚,并且比起宽恕那些伤害别人的行为来,应该更加愿意宽恕那些伤害自己的行为。慷他人之慨算什么慷慨,自己倾囊相授才是慷慨,因而我不会把"仁慈"之名送给见到别人吃亏却神色自若、安之若素的人,而会送给自己受到羞辱时不动声色的人。这样的人懂得,一个人在拥有至高无上的权力时也能受得了委屈,这才是雍容大度的君子之风;他也懂得,没有比一个皇帝受到了冒犯而不报复更了不起的事情了。

21. 报复通常无非能达到两个目的:要么给受到伤害的一方带来补偿,要么给未来带来一个宁静的心境。做皇帝的太富有了,根本就无需补偿,他的权力太显赫了,根本就用不着靠伤害另一个人来耀武扬威。我这里所谈的是他受到下属的攻击和侮辱的情况;如果不是下属,而是他一度视为与自己旗鼓相当的对手的话,那么看到对方跪在了自己的脚下,也就满足了,不用再报复了。一个奴隶、一条蛇或者一支箭就可以要了一个国君的性命;可是凡能饶人一命的人,肯定都要比获饶的人高一级。所以,手握生杀予夺大权的人必须以一种高贵的精神来行使这一神赐的无上权力。如果他如愿登极,将昔日与自己平起平坐的重臣踩在了脚下,那么尤其是对于这些人的报复,他应该已经很解气了,而且所有该真正惩罚的全都惩罚完了。因为靠别人手下留情才保住一条命的人,其实那条命已经失去了,另外,凡是从高位上栽下来落到敌人脚下,性命和王位保不保得住都得等别人来裁决的人,活下去只能给饶自己不死的那个人增光添彩,捡了条命还不如让对手除掉,早点儿从人们的视线中消失,否则只会让对手的名望更响。因为这样一来,他就成了人们眼中能证明另一个人了不起的永恒例证;在庆祝胜利的游行中,他本可以很快消失掉的。不过,如果已经证明即使保留他的王位,让他重新回到他从上面掉下来的那个位置上,也可以没有后患的话,那么,击败了国君却别无他图,只是剥夺了国君的荣誉就知足了的那个人,则会受到越来越多的人的称赞。这是比他所得的胜利本身还要大的胜利,是要向人们证明在被征服者身上找不到任何堪与征服者媲美的东西。

他应该对自己的国民,对名不见经传和地位低下的人更温和一些,因为压制他们给他带来的结果会更差。有些人,您应该高高兴兴地宽恕他们,有些人,您应该不屑于去报复他们,就像怕碾死虫子脏了手一样,躲开他们点儿就是了。不过对于那些无论是获得宽恕还是遭到惩罚都会让举国上下议论纷纷的人,这可是个难得的展示仁慈的机会,一定要用好。

22. 下面我们来谈谈替别人讨公道的问题,这种情形下,法律对于祸害他人的人进行惩罚是出于这样三个目的,皇帝也应该本着这三个目的才是:要么是为了改造受到惩罚的人,要么是为了以儆效尤,要么是为了除掉坏蛋而让其余的人日子过得踏实一些。要改造那些坏蛋本人,您用轻一点的惩罚就行了;因为一个人如果多少还剩下点什么的话,他活得就会更加慎重一些。名声扫地的人,谁还会在乎自己的名声呢?一个人如果连受惩罚的余地都没有了,那么他反而享有了一种豁免,受不到惩罚了。而就国家而言,慎用惩罚对于提高道德水准会更加卓有成效;因为犯罪的人多了,就会使犯罪变成家常便饭;遭罚的人多了,惩罚的效力就会减弱,让检察官在身上烙下个印记也就不再那么耻辱了。而严惩这一最为有效的措施,如果动不动就使用,也会失效的。倘若做皇帝的能从宽对待恶行,不是说认可恶行,而是说在情非得已的情况下才忍受着极大的悲痛对其进行惩罚,那么良好的道德风尚就可以在一个国家牢固地树立起来,歪风邪气也就可以铲除了。统治者仁慈,这本身就可以让人们不好意思去做坏事;有人认为,宽容的人做出的处罚,才愈显严厉。

23. 此外您会发现,经常受到惩罚的那些罪行,恰恰就是人们经常犯的罪行。您的父皇五年多的时间处以袋刑的人数,超过了我们所知道的有史以来处以袋刑的人数的总和。只要不在法律的范围之内,小孩子是远不会贸然去做罪大恶极之事的。那些有着崇高荣誉且深谙自然之道的人,他们表现出了极大的智慧,选择了把那罪行只是当作超乎想象之举和胆大妄为而不予考虑,而不是去惩罚它从而让人们看到原来还有这样的罪可以犯。因此,弑亲行为就是从法律上有弑亲罪才蔓延起来的,孩子们正是看到了对这种罪的惩罚,才学会了犯这种罪的方法。当时麻袋比十字架还常见,可见子女对父母的孝敬也的确落到了让人遗憾之至的地步。在一个人们很少受到惩罚的国家,大家才会形成共识,清清白白做人,美德也才会被当作一种公共财富而受到鼓励。假设一个国家认为自己的国度内不存在任何犯罪倾向,那这国家就真不会存在犯罪倾向;如果大家都很节制,只有少数人放纵,那么大家就会对这些人更加愤怒。相信我,让一个国家看到自己国内占绝大多数的是坏人，这是一件很危险的事情。

24. 元老院曾提出过一个提议：应该用服饰将奴隶与自由民区分开；然而问题很快就暴露出来了，要是我们的奴隶数一数我们的人数，那我们将面临多么大的危险啊。我敢向您保证，如果我们对谁都不手下留情，那么我们势必也会面临同样大的危险；形势很快就会明朗起来：国家的天平严重地偏向了坏分子那一头。人杀多了，会带给做皇帝的很多耻辱，就像死在自己手上的人多了，会让做医生的很没面子一样。统治者越仁慈，百姓就会越顺从。人天生就是个倔脾气，都有反骨，喜欢对着干，你越反对越为难他，他就会越起劲儿，宁可自己跟着走也不肯让别人牵着走；而且就像良种马一样，缰绳松一点，反倒会更听使唤，仁慈也能让人自觉自愿地去做正确的事情。国家出于自身利益的考虑，也会认为仁慈是一种值得保持的品质。因此，行仁慈之道，会更有收效。

25. 残忍无论从什么意义上说都不是人应该有的一种罪恶，与如此柔情的人心是根本不相称的。以血腥与伤害为乐，脱掉人性的外衣，变成林中动物，这是野兽的疯狂行为。亚历山大，我请问你，你将利西马科斯[①]扔给一只狮子与你用自己的牙齿将他撕成碎片有什么区别？狮子的那张血盆大口就是你自己的血盆大口，狮子的那股残忍劲儿也就是你的残忍劲儿。哎呀，你是多么希望有狮子般的利爪啊，多么希望有狮子般粗得能一口把人吞下去的喉咙啊！我们不奢望你那双对亲密朋友下毒手时抖都不抖一下的手会饶任何一个人的命，也不奢望你那个心狠手辣、我行我素的脾气，天下苍生的无尽祸根，会停止血腥的杀戮，不再寻求满足。如今，只要杀害一个朋友的时候，能从人中间挑一个来当刽子手，就可以称作仁慈。残忍之所以

① 利西马科斯（Lysimachus），亚历山大帐下的一名将军（约公元前360—前281）。他比亚历山大活得还长，而且最后是战死在沙场上的，所以这一情节应是假设出来的。

会激起我们的憎恨,也许是最强烈的憎恨,原因就在于:首先它超出了一切正常的限度,其次它超出了一切人性的限度,总是想方设法搞出一些刑讯的新花样,挖空心思搞出一些能加重和延长疼痛的刑具,以看到人们痛苦不堪为乐。一旦此人可怕的病态心理进一步恶化,到了疯狂的程度,残忍在他心里也变成了快乐,杀人也就成了令其开心的事了。紧随在这种人脚后的就是憎恶、仇恨、毒药和利剑;因为芸芸众生的生命无一不受到他的威胁,所以也有同样的危险在等着他,他也是危机四伏,有时候是遭到个别人的暗算,有时候则是遭遇全民叛乱。个别公民受点儿小伤小痛,不会激起整个城邦的人愤然而动;可是如果有人不分青红皂白地把怒火撒到每一个人身上,大家就会拔出利剑,群起而攻之。很小的蛇往往不会引起注意,因而也不会遭到大家的穷追猛打;可是一旦它超出了正常尺寸,长成了怪物,吐出毒液污染泉水,喷出火焰焚毁万物,那么无论它爬到哪里,都会遭到各种兵器的攻击。小恶也许可以从我们这里蒙混过关,但大恶则休想,我们肯定会全力出击。同样,一个人生病,哪怕是他自己家里的人也不会惊慌,而当死了很多人表明是瘟疫流行时,整个居民区的人都会失声惊叫,夺路而逃,纷纷举起愤怒的双手直指天上的众神。要是某一户人家失火,那一家和左邻右舍会浇水扑灭它;可是场已经烧毁了很多房屋的大火,就只有举半座城市之力才能扑灭了。

26. 就算是普通市民残忍,奴隶们也会不惜冒着被钉上十字架的危险对其进行报复的。暴君残忍,各国人民,无论是深受其害的也好,还是饱受其威胁的也罢,都会奋起推翻其统治。有时候暴君自己的卫兵也会起来造反,把他们从自己的主子那儿学来的背信弃义、奸诈不忠、残酷无情等诸如此类的那一套全都用到主子身上。从一个让自己给教坏了的人身上,谁又能指望什么呢?恶棍是不会长时间乖乖听你的话的,也不会你规定他只能犯什么罪,他就老老实实地只犯什么罪。

可是假设一个残酷的统治者能够安全无虞的话，那么他的王国是个什么样子呢？除了沦陷城池的轮廓和全体臣民脸上的恐惧神色外，什么也没有。到处都弥漫着悲伤、恐慌和混乱。享乐本身都成了恐惧的缘由；去别人家赴宴，人们会提心吊胆，因为即使喝醉了，也必须管好自己的舌头；去看公共演出，也会提心吊胆，因为那种地方有人正虎视眈眈，寻机指控他们，整垮他们呢。演出也许花销巨大，场面富丽堂皇，演员个个大名鼎鼎，可谁又能从坐牢般的游戏里找到乐子呢？苍天哪，杀人成性，动辄大发雷霆，听到镣铐的叮当声就开心不已，砍下无数同胞的脑袋，到哪里就让哪里血流成河，一露面就会把人吓得拔腿就跑，这是何等骇人听闻的事情啊？换了狮子和熊来统治我们，就是让蛇和所有其他最危险的动物来主宰我们，生活又会有什么不同呢？这些缺乏理性，被我们以野蛮的罪名处死的畜生，都还知道对自己的同类仁慈，而且即使在野兽中，只要长得像另一种动物，就不会受到另一种动物的威胁。可是暴君则不然，哪怕是亲戚也休想令其控制自己的怒火，而且不分生人还是朋友，都会一样对待，结果是越暴虐，就越发喜欢怒火冲天。这种愤怒会让他从屠杀一个人到屠杀另一个人，发展到灭掉各个民族，认为将房屋付之一炬、将古城夷为平地是权力的标志；会让他认为杀一两个人不足以彰显皇权。除非同时有成群倒霉的人站在刽子手的斧子下，否则怒火冲天的他便会认为自己的残忍受到了遏制，没能尽兴。

真正的幸福在于给大众以安全感，在于把他们从死神的门口救回来，还在于靠自己的仁慈赢得公民冠①。再也没有什么饰品能比因为拯救了同胞的性命而获得的公民冠更配得上皇帝的显赫、更了不

---

① 公民冠（corona civica），一个由普通橡树叶织成王冠状的花冠，罗马共和时期及后来的元首制时期，是授给在战场上救了战友性命的士兵的。苏拉推行宪政改革后，凡是获得过公民冠的人都有权进入元老院。

起，无论是从战败的敌人手里缴获的武器，还是用野蛮人的鲜血染红的战车，还是赢得的战利品。拯救人们的生命，无论是成群的人还是全体公民，这是神才能做到的事情；而不分青红皂白地大批大批地杀人，则只是一场大火就能做到的，也是毁灭性的力量。

卷 二

1. 尼禄皇上，尤其是受了您的一句话的触动，我才动笔作此论仁慈一文的。我记得，听您说那句话的时候，心里是颇有些钦佩之情的，而且后来还将它转述给了别人，那句话可以说是一语道出了您心灵的高尚和宽宏大量，表明您极富同情心。您那句话是未假思索，冲口而出的，而不是刻意说给别人听的，足见您的仁慈与您的崇高地位不相上下。您的禁卫队长官伯鲁斯[①]，一位生来就是为您这样的皇帝效劳的杰出人才，有一回，在他行将处死两名盗贼时，催您把盗贼的名字和您要处罚他们的原因落到纸上。您将此事一拖再拖，拖了好多次，不过他却坚持认为这事儿到最后该办还得办。于是在您跟他都不情愿的情况下，勉强拿出了那份文件，他把文件递给您时，您情不自禁地大声说道："啊，要是我不会写字就好了！"多么值得赞美的声明啊！各个国家的人，住在罗马帝国之内的人也好，住在罗马边境、自由几乎得不到保障的人也好，还有那些仗着自己的武力或胆量来跟罗马作对的人，都应该好好听听这样的声明！这句话应该说给天下百姓听听，让国君们对其宣誓效忠！这是多么了不起的话呀，无愧于人类总体的纯真与清白，可以唤起人们对远古的美好回忆！确实，是到了人们应该驱除滋生一切恶念的妒忌心，一同追求正义与善良的时候了，这样，虔诚、正直以及守信、节制才能得以重新盛行；大行

① 塞克斯图斯·阿弗拉尼乌斯·伯鲁斯（Sextus Afranius Burrus），禁卫队队长兼青年尼禄的资深顾问，尼禄的另一名资深顾问就是塞涅卡。

其道了很久的恶行才会走向末路,一个充满幸福和美德的时代才会取而代之。

2. 皇上,我们应该期望并坚信,这样的时代是很有可能会到来的。您心地仁慈,人们会口口相传,而且在整个帝国之内都会逐渐变得家喻户晓,人们做什么事情都会以您为楷模。头脑健康才能身体健康:精神振奋,所有部位就会灵活敏捷;情绪低落,所有部位就会僵硬迟钝。罗马会有无愧于这种善良的公民和朋友的,而且正义会回到整个世界上来的,到处都不会再有为非作歹之徒需要劳您动手了。请允许我就这一点再啰唆几句,但决不仅仅是为了恭维您,因为我不是那样的人,我是个宁愿直言犯上,也不会溜须讨好的人。那么我想多说两句,又是为了什么呢?除了想让您尽可能地熟悉您自己优秀的言行,以便把目前还是一种天生本能的东西变成一种原则之外,我还考虑到了这样一个事实:许多很有力但很可鄙的说法已经渗透到了人类生活之中,而且还被当作名言广泛传播,譬如:“只要他们惧怕,恨就让他们恨去吧”,还有与之意思相近的那句希腊诗句,说一个人祈愿自己死后,大火将大地烧得抽筋变形,等等。在处理怪异而又令人反感的话题时,伟大的作家都以某种方式找到更为巧妙的词语来表述强烈和冲动的情绪;而出自善良而宽容的人之口的豪言壮语,我还从来没有听到过一句。那我想说的是什么呢?我想说的是,尽管极为罕见,但您偶尔还真是不得不违心地、很不情愿地写下点儿什么,让您对自己会写字这一点都深恶痛绝。不过,做这样的事情时,您必须像现在这样,务必犹豫了再犹豫,能拖则拖。

3. 此外,为了避免有时碰巧被仁慈这一诱人的名字所蒙蔽而误入歧途、背道而驰,我们不妨来看一看何为仁慈,仁慈的本质是什么,还有,仁慈的限度又是什么。

仁慈的要义在于一个人有能力进行报复时能控制自己的心态,或者说在于级别高的人在决定对级别低的人进行惩罚时能宽大为怀。为了以防一个定义会留下破绽，这么说吧，以防会挂一漏万，多给出几个定义肯定会稳妥一点，所以，仁慈也可以定义为在量刑时倾向于从宽发落的心理倾向。下面的这个定义虽然非常接近仁慈的真谛，却会遭到很多人的反对：如果我们把仁慈定义为手下留情，免除一些罪有应得的处罚，就会有人提出反驳说，一个人应得的东西，美德一点都不会少给他的。然而，谁都明白，所谓仁慈，就是对本来罪有应得的惩罚网开一面，高抬贵手。

4. 见识有限的人往往将严格视为仁慈的对立面，可是没有一种美德会有一种与之对立的美德的。那么，仁慈的对立面是什么呢？是残忍。残忍不是别的，就是要求惩罚别人时的残酷心态。“可是有些没提出惩罚要求的人也很残忍，比如那些见到陌生人就杀的人，他们杀人不是为了钱财，而是为了杀人而杀人，而且杀了人还不满足，他们还要发泄自己的残忍，像臭名昭著的布西里斯和普洛克路斯忒斯[①]，还有那些鞭打俘虏并将其活活烧死的海盗就是这号人。”这是很残忍，我承认，但是由于这样的行为既不是出于报复（因为没有人受到伤害），也不是针对某一特定的冒犯而表达的愤怒之情（因为在他们做出这样的行为之前并没有人犯罪），所以这样的行为不在我们的定义范围之内；因为我们的定义只限于在要求处罚别人时头脑发热失控。我们可以把这种以折磨人为乐的态度称为野蛮，而不是残忍；我们可以把它叫作疯狂，因为疯狂有多种类型，而最无可置疑的疯狂就是置人于死地和将人撕成碎片。所以，我要把“残忍”二字送

① 布西里斯（Busiris）乃希腊神话中的埃及国王，曾将所有的异乡人都当作牺牲献祭给众神。普洛克路斯忒斯（Procrustes）则是希腊神话中臭名昭著的强盗，他在雅典附近的险要关口开了一家黑店，凡是到他店里过夜的人，他都会让其睡一张铁床：如果客人身体比床长，他就砍去长出的部分；如果比床短，他就用力把客人的身体拉得和床一样长。但“多行不义必自毙”，希腊英雄忒修斯奉母命前往雅典寻父，途经黑店，为民除了此害。

给那些有理由惩罚别人却没有节制的人，送给像法拉里斯[①]那样的人。据说，法拉里斯折磨过的人确实都是一些有罪之人，可是他折磨人所用的都是些毫无人性，或者说让人难以置信的法子。为了不让人家抓辫子，说我们是在诡辩，我们可以将残忍定义为倾向于严厉的心态。仁慈排斥这样的品性，会拒其于千里之外。而严格则天生就是与仁慈相对应的另一种美德。

至此，可以问怜悯是什么这个问题了。很多人都把它当作一种美德来称赞，将有怜悯之心的人说成好人。然而这一品质也是心灵的一个缺陷。残忍与严格很相近，怜悯与仁慈也很相近，因此我们务必避开它们。因为我们在世人面前装得严格，却会沦为残忍，而装得仁慈，却会沦为怜悯。在后一种情况下，我们的错误带来的危险也许要小些，但两种情况下，我们所犯的错误却是一样的，都没搞清问题的真谛。

5. 因此，正如宗教敬奉神灵，迷信亵渎神灵一样，所有的好人都会既仁慈又和善，却不会怜悯别人；因为看到别人遭难受苦就崩溃，是气量狭小之人的缺点。所以，怜悯最常见于最最差劲的人身上。上了年纪的妇道人家和可怜兮兮的女流之辈，见到罪该万死的罪犯掉几滴眼泪，就会感动莫名，如果不加阻拦，还会为他们砸开牢门。怜悯所看到的只是这些人的境遇本身，看不到境遇背后的原因；仁慈则不同，是与理性联系在一起的。我知道，在孤陋寡闻的人眼中，斯多葛学派是不受青睐的，觉得这个学派过于严酷，很不适宜为国君们建言献策。他们批判这个学派所坚持的主张：贤哲不应生怜悯之情、不应有饶恕之心。抽象地来讲，这样的姿态是很可恨；因为照这样的姿态看来，人一犯错误，似乎就没有希望了，所有过错一概都得受惩罚。如果真是这样的话，那么要我们忘掉自己的人性，把互相帮助、

---

① 法拉里斯，见第158页脚注。

同舟共济这座遭遇不幸时最可靠的避难所关掉，这样的哲学又算是哪门子的哲学呢？可是像斯多葛学派这么仁慈、温厚，这么热爱人类，这么献身公共利益的是绝无仅有的，没有哪个学派能出其右。斯多葛学派的指导性原则就是实用有益，不只是考虑自身利益，而是要考虑世上每一个人的利益。怜悯是看到他人的悲惨遭遇而引起的悲痛之情，或者说是觉得他人受了不该受的苦而伤心难过；而贤哲是不会伤心的，因为贤哲的心灵宁静，无论发生什么事情都不会给他的心灵蒙上一层阴霾。最适合于人的莫过于心灵的伟大，而没有哪颗心灵是可以在伟大的同时又悲伤的。悲伤会让人神志愚钝、精神涣散的同时又深陷其中不能自拔。可是贤哲之士即使自己遭灾遇祸也不会这样，相反，他会击退命运女神的全部怒火并先将其击溃；他会始终处变不惊、镇定自若，面不改色心不跳。如果他易受悲伤情绪感染的话，做到这一点是断无可能的事情。

6. 还有一点，贤哲之士都能深谋远虑，凡事都有一套应急的行动方案；而源头就混浊不堪的东西是绝对不可能清澈纯净，一尘不染的。人在悲哀的时候，是认不清事实，想不出妙计，躲不开危险，分不清是非的。所以，贤哲是不会生怜悯之情的，因为只有在心灵受到了悲痛的影响时，人才会产生怜悯之情。我希望那些有同情心的人做的所有其他事情，他会高高兴兴地去做，会以一种高尚的精神去做；他会安慰别人，使人少落几滴泪，但自己并不会多落几滴泪；他会搭救遇到海难的旅客，款待沦落他乡的流犯，救济贫困潦倒的穷人；他不会像多数希望显得有同情心的人那样——以侮辱的方式把硬币扔给他们所帮助的人，嫌恶自己的帮助对象，生怕人家碰到了自己——而是像平常一个人赠送另一个人东西时那样；他会答应哭泣的母亲不取她儿子的性命，下令打开囚犯身上的锁链，把角斗士从训练中解放出来，甚至会给罪犯收尸，但他做这一切时，都是平心静气，不动声色的。所以，贤哲之士是不会可怜人的，但他会帮助人，做有益于人的事情，加之他生来就是要帮助所有人，促进公共利益的，因而他会给予每一个人一份这样的帮助。即使是那些活该受到指责和改造的家伙，他也会恰如其分地酌情善待的；但是那些困苦的和在不幸中挣扎的人会发现，帮助他们，他要乐意得多。只要有可能，他随时都会挡在命运女神与她的受害者之间；因为除了让被飞来横祸击倒的人重新站立起来，还有什么情况更能让他的大智大勇一显身手呢？而且，他不会因为一个人一条腿萎缩了，或是饿得瘦骨伶仃、衣衫褴褛、年老体衰、拄着拐杖，就把脸扭到一边，或者说就不予同情；不，所有值得帮助的人都会得到他的帮助的，而且他还会像众神一样，以慈祥的目光看待悲惨不幸的人。

怜悯与不幸很类似，因为怜悯既包含不幸的成分，又是由不幸衍生而来的。如果看到别人泪眼模糊，自己也就热泪盈眶，你就知道自己的眼睛很虚弱，就像别人哈哈笑自己就总跟着笑哈哈一样，相信我，那不是高兴，是病，一种类似于别人打哈欠自己就跟着张嘴巴的病。

怜悯是一种心灵上的缺陷，有这种缺陷的人见到一点儿痛苦的事就会过度悲痛，因此，如果有人要求贤哲之士有怜悯之心，那与要求他在素不相识之人的葬礼上号啕大哭没有任何两样。

7. “可他为什么不饶恕人呢？”那好吧，我们也就来看看何谓饶恕吧，这样我们也就会领悟贤哲不应该饶恕人的道理了。饶恕就是该罚的不罚。把这一点奉为信条的人，对于为什么不饶恕人是贤哲的本分，给出过相当详尽的解释。下面，我就简要地以介绍他人的观点的方式，来解释一下：“饶恕就是对一个该受惩罚的人网开一面，可是贤哲之士不该他做的事情是一样也不会做的，而该他做的事情他一件也不会落下不做。因此，他不会当罚而不罚。但是你希望靠饶恕而获得的偏袒，他会以一种更加体面的方式给你。因为贤哲会原谅人体贴人，而且还会纠正各种问题。他做的可以像他饶恕了谁时能做的一样，可他不会饶恕人的，因为饶恕了人，就等于是在承认自己失了职，没有做自己该做的事。如果他看到一个人年轻而且还可以挽救，他就只会予以口头警告，不予惩罚；另一个显然正在为自己的罪过而羞愧难当的人，也会得到释放，因其是让人给带坏了才误入歧途的，是酒致使其失足的；他会把自己的敌人毫发无损地放走，有时候甚至会赞扬他们，如果他们是出于体面的动机，譬如为了效忠，为了维护条约或者为了捍卫自己的自由，才发动战争的话。所有这一切，都是仁慈而不是饶恕的结果。仁慈有决定的自由；仁慈所做出的判决，依据的不是法律条款，而是公平与善的标准。仁慈有权宣判某人无罪，也可以把损害赔偿想定多高就定多高。它采取的这些行动没有一样显得有失公允，反倒是像做出了最公正的决定。而饶恕人则是对一个你认为该受惩罚的人免予惩罚，是当罚而不罚。仁慈的优越之处主要在于：它宣称免除惩罚的人应该获得一视同仁的对待，不应该有任何区别；仁慈比饶恕更完美，也更值得称道。在我看来，在用词上是存在着争议，但就事实而言是不存在分歧的。贤哲会免除很多惩罚，挽救很多品性也许有些问题但还可以改造好的人。他会以优秀的农夫为榜样，不只是栽培那些挺拔高大的树木，也会给那些由于某种原因而长弯了的树打上撑子，让它们长直。他会给另外一些树剪枝，免得它们枝杈多了长不高。对于一些因为土质差而长得不粗壮的树，他会施肥，而对于另外一些因为周围的树木遮挡而见不到阳光的，他会为它们辟出一片天地，让它们重见天日。因而，贤哲懂得因病施治、对症下药的道理，知道什么类型的人，用什么方法加以治疗，明白如何可以把弯曲的东西变直……”①

① 本文余下的部分（卷二的其余部分，有可能还有卷三）已缺失。

自然问题

卷六：论地震

致卢齐利乌斯

1. 卢齐利乌斯，我最好的朋友，我听说坎帕尼亚名城庞贝[①]地震了，毁得不成样子了，这场地震震动了所有周边地区。庞贝城位于一个漂亮的海湾，距离外海不远，一边与索伦托[②]和斯塔比亚[③]海岸接壤，另一边与赫库兰尼姆[④]海岸为邻，而且是海岸的交汇处。这场地震实际上发生在我们的祖先常说不会出这类危险的冬天。地震发

① 庞贝（Pompeii），古罗马第二大繁华城市，位于坎帕尼亚地区，距维苏威火山10公里，是一座背山面海的避暑胜地。公元62年（一说63年），一场剧烈的地震给庞贝带来了巨大的破坏，但庞贝很快就重新建立起来了。公元79年8月24日，维苏威火山爆发，一夜之间将庞贝活埋于火山灰下。

② 索伦托（Surrentum），意大利南部的一个城镇，筑于海滨的峭壁上，位于索伦托半岛北岸，濒那不勒斯湾，是一个景色绮丽的旅游中心和避暑胜地。

③ 斯塔比亚（Stabiae），庞贝城附近的一座小城，亦为古罗马有钱阶层的一处夏日度假胜地。在公元79年的那场火山爆发中与庞贝城一同被毁。现在这个地方建有一座斯塔比亚考古公园。

④ 赫库兰尼姆（Herculaneum），庞贝城附近的另一座小城，位于维苏威火山以西7公里处，公元79年那场火山爆发之后，也被埋没。

生在2月5日[当时的执政官为雷古卢斯和维尔吉尼乌斯][①],致使坎帕尼亚大部分地区遭到了重大破坏,坎帕尼亚此前虽没少遭遇过这样的灾难,但每次都只是虚惊一场,并没有受到多大损害。赫库兰尼姆半座城都坍塌了,而且就连没倒的房屋也都摇摇欲坠,极不牢固了,还有努凯里亚那块殖民地,虽然躲过了一劫,但也很是悲惨。那不勒斯也损失了很多民宅,好在公共建筑没有遭受任何损失,因为这场大灾难只是轻轻地擦了一下它的边;有些别墅确实倒塌了,但其余大片震区的别墅却安然无恙。雪上加霜的是,还有别的不幸:有报道说600头的一大群羊全部丧生,无数雕像都被震裂了,还说有些人给震傻了,到处乱跑,完全失去了自控能力。我早就打算写篇文章,其架构正好与眼下的这场灾难不谋而合,都要求我对这些现象的原因做出解释。

必须想办法安慰不幸的人,而且必须让他们从极度的恐惧中摆脱出来。原因很简单,如果连这个世界本身都震动了,连它最坚固的部分都被搞得晃晃悠悠了,那么谁还会觉得有什么东西是十分安全的呢?如果世界上那唯一一样固定不移,可以承受住一切重量的东西开始摇晃了,如果大地失去了稳定性这一根本特征,那么最后还有什么地方可以让我们把那颗提着的心放下来呢?如果人类的恐惧是从地下长出来的,而且恐惧的根源就在大地的内部,那么人类还能找到什么藏身之所呢,还能惶惶不安地去哪儿避难呢?建筑物嘎吱嘎吱作响,眼看就要倒塌时,所有的人都会惊慌失措。这个时候,每个人都会拼命地从屋里冲出来,家神也不要了,干脆把自己的小命托付给露天。如果毁灭的罪魁祸首恰恰就是这个世界,如果保护我们、支撑我们,我们的城市赖以存在,有些人视为宇宙基础的大地自身都根

① 从其提到这两个执政官看,塞涅卡似乎把此次地震的年代确定为公元63年,而塔西佗在其《编年史》15.22.2中的说法是公元62年。这使得学者们怀疑此处提及这两名执政官的文字乃后人所添。

基不保，开始摇摇欲坠了，那么还能往哪儿逃，还能有什么救？恐惧切断了一切退路之后，我不说你还有什么救了，你还能有什么安慰？我说，有什么东西坚不可摧，有什么东西有能力既能保护别人又能保护自己？我会用城墙来阻止敌人逼近，高不可攀的要塞，甚至可以拒强敌于险关之外；港口可以保护我们不受暴风雨的袭击；屋顶既可以挡住来势汹汹的倾盆大雨，也可以挡住没完没了下个不停的小雨；遇上火灾，只要你能逃离火海，就会万事大吉；对付雷击和来自天空的威胁，可以躲到地库和钻进深深的地洞。众所周知的"天火"是穿不透大地的，地面轻轻一挡便可以将它挡回去。出现瘟疫的时候，我们可以远走高飞，搬到别的地方去住。什么灾难都是可以躲过去的。闪电霹雳从来都不曾消灭过整个人类。一时的瘟疫泛滥也许可以把一座城市的居民洗劫一空，却从来不曾把城市彻底毁掉。而一场地震带来的灾难则会波及四面八方，防不胜防，而且它的胃口大得惊人，会给每个人都带来伤害。因为它不单单是吞噬个别房屋，也不单单是吞噬个别家庭或城市，而是会将许多民族和地区整个吞没，有时候将他们掩埋在废墟之中，有时候将他们埋进深坑里，甚至还不会让已不复存在的东西留下一丝曾经存在过的迹象。很多最为壮观的城市都罩上了一层泥土，昔日的风采荡然无存。

很多人都特别害怕这样的死法：他们与自己的家一同跌进一个深渊，活活地被卷走，不再在活着的人之列了——好像不是怎么死都是死，死还有什么分别似的。从很多方面都可以看出造化是公平的，但最能体现造化公平的主要还是这一点：到了鬼门关，我们的地位都是平等的。所以，是一块石头把我砸倒的，还是一整座大山将我压倒的；是葬身于一所房屋之下，在它那一小堆尘埃下面喘完最后一口气，还是脑袋为整个世界所埋，都没有任何区别；是白天在露天之下一命呜呼，还是死在裂开的大地上的某个无底洞里；是我一个人跌进那个深渊，还是跟我身边摔倒的一大群人一起跌进去，都没有关系。

有多少人陪我去死对我来说都无所谓。死神对谁的打击都是一样沉重的。

因此,在这场无法避免也无法预见的灾难面前,我们还是拿出点儿勇气来吧,那些在这场不幸之后已经丢弃坎帕尼亚,另寻新的安身之所,说什么再也不会踏上这块地方的人,他们爱说什么就让他们说去吧,我们充耳不闻就是了。谁能保证他们就一定可以在哪块土地上找到更坚实的落脚之处呢?所有的地方都服从于同一个命运,还没有遭遇过这种困扰的地方,也是有可能遭遇的。就拿你所站的这个地方来说吧,别看你对它这么信心满满,可说不定今天夜里,或者还不到夜幕降临,就会裂成碎片。你何以就认为那些已经被命运肆虐过的地方,或者说靠自己的废墟撑着的地方形势会更好呢?如果我们以为世界上有什么地方可以获得上天的眷顾,免遭这样的危险,那我们就错了。任何地区都服从于同一法则;造化所造出来的东西,没有一样是永恒不变的。不同的东西会在不同的时候垮掉,而且就像大城市里一会儿这所房屋打上了撑子,一会儿另一所房屋又打上了撑子一样,在我们的这个世界上,一会儿是这个地方会遭灾,一会儿是那个地方会受害。

提尔[①]曾一度因城中摇摇欲坠的建筑而臭名远扬;亚细亚[②]曾一次失去了12座城市;去年亚该亚[③]和马其顿也遭遇了同样的灾难,不管它叫什么吧,反正就是现在袭击坎帕尼亚的那种。命运会来回穿梭,而且会回到很久前路过的任何一个地方。有些地方它很少去打扰,有些地方它则会经常去打扰;它不会允许任何东西可以例外,不受伤害。不单是我们天生就命短且必有一死的人类,就是地上的城市、地区和海岸,乃至大海本身也一样是命运的奴隶。尽管如此,我

① 提尔(Tyre,又作 Tyrus),见第 200 页脚注。

② 亚细亚(Asia),见第 199 页脚注。

③ 亚该亚(Achaea),古罗马的一个行省,位于现代希腊的南部,北部即是马其顿。

们还是迫使自己确信命运会永远保佑我们的，认为幸福这个在所有关乎人类的事情中最变化无常、消逝得最快的东西，对某个人而言，不仅会起到很重要的作用，而且会永驻。由于人们自欺欺人地坚信一切东西都会永远持续下去，所以他们根本就想不到我们脚下的大地都是不牢靠的。因为断层不只是坎帕尼亚或是亚该亚才有，只要是有地面的地方都有，所以大地并不是铁板一块，有好些原因可以让它裂开，当然不是整个儿碎裂，而是某些部分会塌陷。

2. 我这是在做什么呢？我前面答应过，在人们遇到罕见的危险时，要给他们以安慰，而现在却又说什么危险无处不在，到哪里都得提心吊胆。我要说的是，具有破坏力，同时自身又可能遭到破坏的东西是不可能永远保持平静的。不过我将这一点视为安慰，而且也确实是非常强有力的安慰，因为愚蠢之辈怀有的是无可救药的恐惧。理性可以驱散理智之士心中的恐惧；无知之徒可以从没有希望的东西中获得巨大的信心。所以，琢磨琢磨有人对人类说过的这样一句话吧，这句话是针对那些突然遇上火灾和遭遇敌人而陷入混乱状态的人说的：

> 落败者还有一线安全的希望：那就是不对安全抱任何幻想。[①]

如果你想无所畏惧，那就把一切都当成可怕的东西。看看我们是如何被一些微不足道的东西给压垮的吧。不论是吃是喝，是睡是醒，没有一定的比例，对我们的健康都没有好处。你很快就会明白我们都是一些瘦小单薄、弱不禁风的血肉之躯，人家不费吹灰之力就可以将我们消灭掉。无疑，我们唯一不得不面临的危险就是地震，就是大地突然崩裂并将地面上的一切全部拽垮，毁之殆尽！

---

① 维吉尔《埃涅阿斯纪》2.354。

害怕闪电和地震以及随之而来的山崩地裂的人，往往都会高看自己，觉得自己很了不起。他愿意意识到自己的弱点，担心自己伤风头疼吗？当然，我们生来就是这么健康，上天给我们的就是这么幸运的体格，我们长得就是这么魁梧！而这就是除非乾坤挪移、天上打雷、大地下陷，我们就不能死的原因！一个指甲疼，而且还不是整个指甲都疼，只是指甲的一侧裂了个小口子，就会要了我们的小命！如果我得了重感冒呼吸都被堵，我是不是还应该担心地震呢？如果某个人喝水不小心呛到气管里给呛死了，那我是不是怕被淹死，还要诚惶诚恐地怕海底巨变，潮水以超乎寻常的力量袭来并将更多的水卷走呢？明知道一滴水就可以让你死于非命，却偏要惧怕大海，那是何等愚蠢啊！

对于死亡，最能安慰人的一句话就是：早晚都是一死。的确，对于外部世界中对我们构成威胁的一切危险而言，没有什么比我们自身内部潜藏着无数危险这一点更能安慰我们的了。因为有什么比听到雷声就吓趴下，怕打雷就爬到地洞里去还要疯狂的疯狂之举吗？有什么比在大难临头、死亡迫在眉睫，再小的东西都足以毁灭人类之际，担心地动山崩、海水泛滥还要愚蠢的行为吗？所以，我们的确不应该被这样的危险吓得惊慌失措，仿佛它们的背后窝藏着比普通的死亡更大的不幸似的。相反，到了必须放弃生命，喘完最后一口气的时候，以一种更加感人的方式去死应该令我们感到高兴才是。人终有一死，只是时间迟早和地点不同而已。我们所熟悉的大地很可能会岿然不动，坚守在自己的范围之内，不受到任何暴力的伤害，而它终有一天会将我掩埋在它下面的。是我自己长眠于地下还是大地将我掩埋，这又有什么区别呢？大地让某种灾难的巨大威力给撕裂了，将我带进了一个无底的深渊，那又怎么样呢？难道死在一个平坦的表面上就容易忍受一些吗？如果造化不想我死得平平淡淡，如果造化要把自己的一部分压在我上面的话，那我又有什么好抱怨的呢？

我的朋友瓦格利乌斯[①]在他的那句名诗中说得特别好。“如果必须坠落，”他写道，“我宁愿选择从天上坠落。”我也许会以同样的方式写道：“如果必须坠落，那就让世界在我坠落时碎裂吧，这倒不是因为希望灾难落在人类头上是什么正确的事情，而是因为看到地球也难逃一死，对于奄奄一息的人来说是一个相当大的安慰。”

3. 牢记下面这一点也会有好处，那就是这些事情没有一样是众神所为，而且天和地都不是因为触犯神怒而遭到了打击。这些偶发事件都有着自身的原因，它们并不是接到了什么命令才发怒的，只不过是受了某些缺陷的蒙蔽而已，就像我们自己的身体出现失调，看上去像是对外造成伤害的那一刻，其实本身正在遭殃一样。我们对真相一无所知，因而在我们眼里这一切现象都显得很恐怖，而由于这些现象极为罕见本身就会增加我们的恐惧，所以就愈发如此了。屡见不鲜、习以为常的事件对我们的打击要轻一些，非比寻常的事情才会引起更大的恐惧。可我们为什么会觉得有些事情非同寻常呢？那是因为我们并不是用理性，而是用我们的眼睛来理解大自然的，我们所考虑的只是她干了什么，而不是她能干什么。所以，我们才会为此而受到惩罚，被一些貌似新的其实并不新而只不过是不常见的东西所吓倒。那么其后果是什么呢？如果出现日食，或者说月亮（月亮把脸藏起来的次数还要多一些）部分或全部躲藏起来的话，是不是不会在人们的头脑中，乃至于在全民中产生一种宗教信仰上的恐慌呢？而遇上像无数火炬划过天际、大半边天空都在熊熊燃烧、彗星、同时出现多个太阳、白天出现星星以及拖着长长亮尾巴的火球意外地从头顶掠过这样的现象时，更会如此。

所有这些令我们惊奇的事情也无一不会令我们害怕。既然愚昧无知是我们恐惧的原因之所在，那么摆脱这样的愚昧，进而摆脱恐

① 瓦格利乌斯（Vagellius），查不到有叫这个名字的诗人。也许是在传来传去的过程中把名字给传错了。

惧,岂不是相当有意义吗?研究各种现象背后的原因,真正集中全部精力,专心致志于这一研究,会好得多。因为要找到一件比不仅有吸引力而且能让我们全神贯注的课题更有意义的事情是根本不可能的。

4. 因此,我们不妨问一问自己,是什么东西让大地从根儿上动起来的,什么东西能推动如此重的一个庞然大物;什么东西比大地的力量还要大出那么多,可以晃动这么沉重的一个家伙;为什么大地有时候会震动,有时候则会被撕裂而沉陷,裂成若干块儿,出现宽宽的裂缝,有些地方因塌陷而造成的缺口很长时间都不会弥合,另外一些地方则会迅速弥合;为什么大地有时候会让大江大河流到它内部去,有时候又会迫使新的河流涌出地面;为什么有时候它泄出一股股温泉,有时候又让水变得冰凉;为什么它有时候会从某座山或某块石头上某个先前不为人知的口子里喷出火来,有时候又会将一些长久以来名闻遐迩的火压下去。地震造成了上千种奇异景象并且改变了很多地方的地貌,移走了高山,抬高了平原,致使谷地隆起,海洋中冒出新的岛屿。研究研究这些事件背后的原因是一件很值得一做的事情。

你或许会问,会有什么样的回报来证明这样的努力是值得的呢?回报就是了解自然,没有哪种奖赏可以超过这样的奖赏。这个课题有许多可以证明其很有用的特点,不过翻阅这样的材料本身所蕴含的最美好的东西就是,通过其自身的魅力去打动人心,耕耘的目的不是为了获得利益,而是为了唤起的好奇心。所以,就让我们来研究研究出现这些现象的原因吧。这样的研究会带给我很大的乐趣,尽管我年轻的时候出版过一本谈地震的书,但我仍然想检验一下我自己的理论,并看一看随着年岁的增大自己的知识是否有所增长,或者至少是否更加注意细节了。

5. 有的人认为地震的原因在于水,有的认为在于火,有的认为在于大地本身,有的认为在于气,有的认为与其中几种有关,还有的认为与所有这些东西都有关;有些权威说他们清楚这些元素是地震的一个不容置疑的原因,可是他们不清楚具体是什么原因。

我现在就来逐一谈谈这些理论。首先我必须声明一点,这些陈旧的理论都很粗糙而且不够严谨。当时人们对于真理的认识仍然是错误的;对于第一次尝试的人来说,一切都是全新的;既有的理论后来都会得到完善。尽管如此,确实还是应该承认后来的任何发现与前人的贡献是分不开的。揭开自然王国中那些秘密之处,不满足于了解其外表,而是由表及里、登堂窥奥,一探众神的秘密,这样就达到了一种伟大的精神境界。希望发现真理的人对真理的发现贡献最大。所以我们应该虚心地听取前人的教诲。没有什么东西一开始就能臻于完美,这一点不仅适用于这一最为重要也最为复杂的课题(这个课题即便取得了重大收获,每个时代都会发现还有事情可做),而且也适用于其他一切行当,因为在这些行当中,最初的努力始终都极为缺乏完备的知识。

6. 不止一个人说过地震的原因在于水,而且也不止以一种方式表达过这样的意思。米利都的泰勒斯①认为整个大地都是由它下面的液体托着的,大地漂浮在液体的上面,你可以把这种液体称为海洋,也可以称为大海,还可以依旧只把它称为一种不同性质的水元素,也就是液体元素。他断言正是这种水支撑着大地这个盘子,就像托着一艘沉重的大船一样。

他认为宇宙中这个最重的组成部分,像气那么虚无飘渺、那么转瞬即逝的东西,根本就支撑不了。由于眼下所讨论的不是大地的位置而是地震的问题,所以我没有必要为他的这一看法来摆理由。为

① 米利都的泰勒斯(Thales of Miletus,约公元前624—前546),古代著名的七贤之一,古希腊最早的哲学学派——米利都学派(也称爱奥尼亚学派)的创始人,被称为"科学和哲学之祖"。人们认为他预测了一次日食,数学上的泰勒斯定理以他命名,他对天文学亦有研究,确认了小熊座。同时,他还提出了水的本原说。

证明存在着导致地震的水,正是这样的水才引起了地震,他提出了下面的命题:在每一次大地震中一般都会有新的水源冒出来(就跟船只倾斜偏向一侧,都会进水一样,而且,如果因所拉货物太重而沉入水中,那么即使水不从船上漫过去,至少有一边也会超出正常水位)。

无需啰里啰唆地推论,就可以证明这一观点纯属谬误。因为,如果大地真是由水支撑,而且时不时地还会被水晃动的话,那么地震就会连绵不断,我们所感到惊讶的就不应该是大地被颠来荡去,而是它能静止不动了。另外,它也应该是整个都被震动,而不只是局部被震动才是,因为从来就不曾有过只有半条船遭遇风浪袭击的情况。而事实是,地震往往只会影响到大地的一部分,而不是全部。那么,如果致使某个东西震动的是其载体的话,怎么可能不整个儿都被震动呢?“可为什么会有水喷出来呢?”首先,很多时候发生地震后并没有出现新的水流。其次,如果有水突然喷出来真是这个原因的话,那么它也应该是绕着大地的边缘而喷涌呀,就像我们看到江河和大海中所发生的情况一样,船只沉没的时候,水似乎主要都是从两侧涨起来漫过船身的。最后,地震后若真有新的水冒出来,那它就决不会像你所说的那么微不足道,像船底污水顺着裂缝往外渗似的,而会是一场无边无际、可以把整个大地都漂起来的巨大的洪水泛滥。

7. 有些作者也把地震归因于水,但他们的解释却各不相同。其中有一人指出,整个大地上面流淌着很多种水。有些地方有始终奔腾不息的河流,这些河流都大得很,即使缺少雨水,也可以通航,比方说尼罗河,整个夏季水量都很大;别的地方,有多瑙河和莱茵河,这两条河流打和平的国家与敌对的国家中间穿过,多瑙河遏制住了萨尔马提亚人[①]的进攻,构成了欧亚的分界线,莱茵河则牵制住了好战的日耳曼人。现在再想想那些大湖和内陆水域吧,四周住的不都是彼

① 萨尔马提亚人(Sarmatians),古时候生活在今天的俄罗斯西南部的民族。

此互不相识的部族嘛;还有那些小船根本就无法穿越,就连住在边上的人都过不去的沼泽。另外,还有无数的泉水,无数从看不见的地方突然冒出来的河流的源头,无数同时袭来的湍流,它们来得突然,去得也快。

大地里面也存在着各式各样的水。有些也是一泻千里飞流直下;有些流动缓慢一些的,则会回落浅滩,平稳而静静地流淌。不可否认,在地下许多地方,水都会汇聚到巨大的水库,而且会纹丝不动。我们无需长篇大论地证明:在各种各样的水共同存在的地方,肯定可以找到很多的水;因为除非水是从某个相当大的水库里放出来的,否则大地是不可能产生出这么多河流的。如果真是这样的话,那么地下的某条河流有时肯定会暴涨,冲出河岸,猛烈地冲击挡在其前面的一切障碍。因而在一些受到这样的冲击的地方,就会出现地震,而且要等到河水退落之后,河流才会罢手。奔腾不歇的水流可能会侵蚀某些区域,继而造成某一特定地区的塌陷,导致该地区上面的东西的晃动。

事实上,一个人如果不相信在大地的隐蔽区域里存在着众多巨大的海湾,那就说明他过于相信自己的眼睛,而不知道如何开动脑筋,不为眼睛所看到的东西所局限。我看不出有任何东西可以阻碍大海从一些秘密的口子侵入大地,也看不出有任何东西可以阻碍大海在哪怕是隐秘的深处形成某种海岸线。还有一点,地下的大海所占的空间一点也不亚于地上的大海,甚至有可能还多,因为地上的区域还得与那么多的生物一块儿分享,而隐蔽的区域却荒无人烟,没有主人,因而水更容易长驱直入。什么东西可以阻止这种地下水像波浪一样翻滚,被大地上的每一处开口形成的风和大气的每一部分所驱动呢?一场超过正常规模的风暴可以凭借某种暴力让它所肆虐到的任何一个地方搬家。在我们地上的世界,也有很多远离大海的地方遭受它突如其来的猛烈冲击,远处隐约可闻的潮水曾侵袭过俯瞰大海的别墅。在下面的世界，地下海也会有涨有落，而且这种涨落都会给我们的地上世界带来震动。

8. 我认为，在相不相信地下河流的存在，相不相信我们下面有一片隐藏的大海这个问题上，你不会长时间犹豫不决的。因为河流的源头如果不是藏在大地内部，那么我们熟悉的河流是从哪里冒出来，又是打哪里流到我们这儿来的呢？我问你：当你看到底格里斯河中游干涸断流，不是整个儿改了道而是逐渐变小，水量减少并不明显，一开始是略有萎缩，后来就越变越小了，你觉得它如果不是流到了大地下面某些隐蔽区域，还能流到哪里去呢？尤其是当你看到它再次冒出来时，水量丝毫不比先前少啊。再想想阿尔斐俄斯河[①]吧，我们看到这条因为诗人们的歌咏而闻名遐迩的河流，在亚该亚一头扎入地下，越过海洋，到了西西里又变成美丽的阿瑞图萨喷泉再次喷涌而出。

另外，你知道在解释尼罗河夏季泛滥的理论中有一种观点认为，尼罗河是从地底下迸发出来的，它之所以涨水，不是因为自天而降的雨水，而是因为大地深处冒出的地下水吗？我确实亲耳听两个百夫长讲起过尼禄皇帝派他们去调查尼罗河源头的事情[②]（尼禄皇帝崇尚各种美德，尤其崇尚真理）。按照他们的描述，埃塞俄比亚国王给他们提供了帮助并把他们介绍给了周边几个邻国的国王，于是他们完成了一次漫长之旅，深入到了内陆。“然后，”用他们自己的话说，“我们就来到了巨大的沼泽地带，连当地人都不知道也不想知道怎样才能走出这些沼泽，水里全是一团乱麻似的植物，无论是徒步还是坐船都极难通行，因为只有仅可坐一个人的小木船才能勉强在泥泞的、杂

---

① 阿尔斐俄斯河（Alpheus），伯罗奔尼撒半岛的一条河流，也是该河河神之名。这条河有几处经过地下，因此传说，这条河从地下流经海洋获得了新的力量，然后又变成阿瑞图萨泉流出地面。参见第 83 页脚注。

② 老普林尼在其《自然史》6.181 中提到过此次派遣，但似乎是为了商业目的而非科学考察。

草丛生的沼泽中穿行。在那里，”他接着说道，“我们看见了两块岩石，一股巨大的河水从它们上面飞泻而下。”

不过，不论它是尼罗河的源头，还是只是汇入其中的一条支流；不论它是尼罗河的发源地，还是只是顺着一条早就存在的地下河道流回到了地面，难道你不认为不管什么原因，反正水是从一个巨大的地下湖而来到地面的吗？肯定是这样的，大地很多地方都有零零散散的水，而它将它们全都积聚到了某一个地方，这样它就能以这么强的强度将它们喷射出来了。

9. 在有些人，而且是某些确实很有名气的人看来，火才是地震的原因之所在。阿那克萨戈拉[①]尤其认为几乎是同样的原因造成了大地和大气的震动。地下流动的气流会致使稠密成团的大气爆炸，而且其威力丝毫不在地上气流的威力之下。云团之间的相互碰撞迫使空气急速流动，于是就会撞出火花来，而火花要寻找出口，就会攻击挡住其去路的一切东西，将跟其过不去的东西统统撕成碎片，直到它要么挤出窄窄的通道直冲云霄，要么通过猛力的破坏夺路而逃。

另外一些人认为火的确是地震的原因，但他们却将其归因于一种不同的原因：埋在地下的火从很多地方迸发出来，将附近的一切毁之殆尽。他们认为，每当这些地区被大火肆虐一空时，接下来那些下面失去了支撑的部分就势必会晃动，摇摇欲坠，直至倒塌，因为没有任何东西会及时冲进去补位承托。接着便会出现裂缝，然后就是巨大的鸿沟；还有一种可能就是，摇晃一段时间后，它们会靠在下面没倒的东西上。这样的情况，每次一座城市的某一区域发生火灾时，我们倒是亲眼见过不少：横梁烧完或者说支撑上面楼层的柱子被毁之后，接下来屋顶飘摇一阵之后便会塌陷，坍塌的过程中会晃晃悠悠一会儿，最后才会落到下面某样坚固的东西上。

---

① 阿那克萨戈拉（Anaxagoras，约公元前500—前428），第一个在雅典定居的哲学家。

10. 阿那克西美尼[①] 说地动的原因在于大地本身，大地不是感受到某样东西从外面对它的袭击，而是感受到来自其内部的某样东西的袭击以及它自身的震动。因为在他看来，无论是水将大地的某些部分溶解掉了，还是火将它们吞噬掉了，抑或是一股气浪将它们吹动了，大地的这些部分都会塌陷。不过就算没有这些东西的影响，他认为大地的某些部分也不乏与大地分开或被拽离的理由。首先，所有的东西年代久远之后都会变得不稳固，其次，随着时间的流逝，即便是那些极其牢固的物体也会被岁月所侵蚀，没有什么东西可以幸免。因此，正如破旧的老房子即使不受到任何外力的攻击，只要它们的某些部分的重量超出其承受力，到了力不能支的程度，也照样会坍塌一样，大地的各个部位也会因为岁月而衰弱，而一旦衰弱了就会垮掉，从而引起它们上面的东西的震动。它们首先是离开其所在的位置，因为要想把很大的东西铲除，必须先让其失去根基，无所依附；然后，它们倒塌时，会碰到某些坚硬的东西而反弹，就像球落到地上后都会弹起来，而且会一连反弹好多次；事实上，如果这些东西落到了死水当中，巨大的重量突然砸下来势必会掀起波浪，进而震动周边地区。

11. 有些权威确实把地震归因于火，但他们却给出了不同的解释。好几个地方的热量达到剧烈程度时，就会热气腾腾，形成巨大的蒸汽团，它找不到出口，于是就会把压力施加到空气上。如果蒸汽的压力达到极限，就会冲破一切阻碍，如果压力较弱，则只会造成大地的颤动。我们都见过水下面架上火，就会沸腾。小小的一壶水尚且沸腾成这个样子，我们可以相信，在大火猛火的作用下，大片的水域更会沸腾得厉害。在这种时候，滚开的水在蒸发过程中会形成热浪，火就这样令它所袭到的东西震动。

12. 很多伟大的思想家都持这样一种观点，认为地震是气流的运

① 米利都的阿那克西美尼（Anaximenes），传统上认为他一辈子最有成效的阶段是公元前 546—前 525 年。

动而引起的。阿凯劳斯[①]是一位研究各种古老问题的权威,他曾如是说道:“风被传送到了地下的空洞区域。然后,当所有的空间都满满当当,空气密度到了最大限度后,再进来的气流就会落在既有空气的上面并把它们往下压,一开始是频频出击逼得它们挤作一团,后来便是将它们挤走。这时,为了寻求立足之地,它们就会打开一切狭窄的通道,试图从自己的牢笼中冲出去。这样一来,由于气流挣扎着寻找出路,大地就势必会被撼动。所以,地震发生之前之所以会风平浪静,大气就像凝固了一样,显然是因为惯于兴风作浪的空气的力量被憋在了大地内部的缘故。”即使就坎帕尼亚这次地震的时间来看吧,虽然说时值天气变化无常的冬季,地震前的几天里大气一直都处于宁静状态。“你的结论是什么呢?是刮风的时候从来就没出现过地震吗?”极为罕见:因为尽管有可能出现同时刮两股风的情况,而且也很正常,但这样的情况还是极其罕见的。如果我们承认这一点,认同两股风可以同时刮的话,那为什么就不可能出现一股风搅动上面的大气而另一股搅动下面的大气的情况呢?

13. 你或许可以把亚里士多德及其弟子西奥弗拉斯图(一个在希腊人看来不具非凡口才,但说起话来却口齿伶俐、颇有吸引力的人)归入持这类观点的人当中。我陈述一下他们师生二人都很赞同的解释:“大地上总有某种程度的蒸发,因而有时会很干燥,有时又会掺杂一些水分。这些水分都是从大地深处滋生出来的,一旦升到了最高处,没有更高的地方可去的时候,就会被迫掉头回来。这样一来,折回的气流与上升的气流之间的冲突就会冲开一切障碍,不论气流是受阻也好还是从窄窄的通道中硬闯出去也好,都会扰动大地。”

斯特拉托[②]也属于这一思想流派,他在这一哲学领域特别有造

① 阿凯劳斯(Archelaus,活跃于公元前5世纪),古希腊哲学家,阿那克萨戈拉的弟子。

② 斯特拉托(Strato,卒于公元前268年),逍遥派哲学家,是继亚里士多德的继

诣,对自然世界进行过深入的研究。他得出的观点是:“冷与热总是背道而驰的,二者不能同时并存。所以冷气会流入热气所让出的地方,反过来热气则会跑到冷气被逐走的地方去。我所说的千真万确,冷与热是背道而驰的,这可以由下面的事实来证明:在冬天,地表很冷的时候,井下却很暖和,就像洞穴和所有地下凹穴一样暖和,因为热气把上面一点的地盘让出来给了冷气,自己却跑到下面去了。当这股热气到达了更低的地方,且聚集到最大限度后,其势力便会随着其密度的增大而增大。在这里它遇到的其他气流就必须给它让路,像冷气一样挤作一团并被逼到一个角落里去。截然相反的方式也会产生同样的结果:当一股势力更大的冷气被送入洞穴时,躲在洞中的所有热气便会让位给冷气,涌向狭窄的通道,而且还会因为巨大的能量而被逼得继续逃窜,因为二者水火不容,不允许它们和谐相处或者说在同一个地方滞留。所以,气要逃之夭夭的时候,所想着的就是能怎么逃就怎么逃,对周围的一切都会不管不顾。也正是因为这个原因,地震之前往往都会听到隆隆的轰鸣声,因为风正在看不见的深处制造骚乱。”(否则,如果不是风在捣鬼的话,又怎么会出现维吉尔所说的情况呢?)

我们脚下的大地隆隆作响,崇山峻岭都在颤动。①

“接下去这一冲突还会继续经历同样的阶段:热气积聚并再一次爆发,这时,冷气处于下风而让步,虽然它们很快会变得更加强大。在这种冷热力量此消彼长的拉锯战和空气来回对流过程中,地震就发生了。”

14. 有的人认为地震的原因是气而不是别的原因,但他们给出的

任者西奥弗拉斯图之后的第三任吕克昂学园园长。

① 维吉尔《埃涅阿斯纪》6.256。

理由却并不是亚里士多德所青睐的原因。听一听这些人的说法吧：滋润我们身体的除了血液还有气，气沿着其自身路线在体内循环。我们有一些相当狭窄的呼吸器官，气只能由此通过而已；此外我们还有宽大一些的器官，气可以在此聚集，然后由此而分散到身体的不同部位去。同样，整个大地也有着类似的通道可以流水和通风，在这里水相当于血液，而风则可以简单地称作呼吸。这两种元素在有些地方会冲到一起，而在别的地方则是各安一隅。就我们的身体而言，只要我们健健康康，脉搏就会有条不紊，节奏就不会忽快忽慢，而只要一生病，脉搏跳动就会加快，就会气喘吁吁，这些都是紧张和疲劳的标志。大地也一样：只要它处于正常状态，它就不会震动；如果什么地方出了毛病，那它就会像患病的身体一样直打哆嗦，因为平时体内畅通的气遭受了重创，势必导致其脉络颤动。不过这一点与前面那些把大地视为生物的人的说法还是有区别的。否则的话，大地就会像某个生物一样感到浑身都不自在了。我们发烧的时候，虽然有些部位烧得厉害一些，有些部位烧得轻一些，但它带来的疼痛感会传遍全身，所有部位都会觉得一样疼。

所以，你必须考虑周围的空气里有没有任何气流钻进了大地体内。只要能找到出口，它就会悄无声息地溜出来，不会造成任何伤害。如果它撞上了什么，遇到了阻拦，那么一开始它会受到后灌入的空气的挤压，然后就会艰难地从一些缝隙中夺路而逃，缝口越窄，它闯得就会越发凶猛。没有冲突是不会发生这样的事情的，而冲突势必会引起动荡。可是这股气流如果连出去的裂缝都找不到一条，全聚在这里，被逼到了走投无路的份儿上，就会气急败坏，左冲右突，横扫一切。由于它非常尖细，同时又非常强大，所以再大的障碍它都能冲破，无论落到了什么东西里面，它都可以撕开一道口子跑掉。这样的时候，大地便会吃大亏：就得敞开口子，给气流让出地方来，而一旦把地方让出来了，大地就会失去根基，跌入那个气流曾经待过的洞穴。

15. 有些人持这样的观点:大地上很多地方都有穿透的孔洞,不仅有那些与生俱来、似乎是可以令其出气的孔,还有许多其他后来意外强加上去的孔。有些地方水把成片的地区都从地面上冲走了,有些地方则被洪流划开了一道道深深的口子,还有的地方则因为巨大的潮汐席卷之后而裸露无遗。气便钻了这些空子进来了。如果气被大海封在里面而被迫进一步下降,水将其死死地堵住了退不出来,那么它就会被迫不停地翻来滚去,一旦出路和退路同时被封死,由于它不能像惯常那样直往前冲,于是就会向上蹿,就会将压在它上面的大地击碎。

16. 说到这里,我必须说一说很多权威所认可的一种理论了,这种理论或许会令我们当中的大多数人背弃自己的观点。很显然,大地之中不是没有气:我这里说的气,指的不仅仅是那种能维系其自身稳定并能把各部分连在一起,在岩石和尸体中也能找到的气,也包括能滋养万物的那种充满活力的清新之气。如果大地没有这样的气,那它怎么可能给那么多的树木和植物注入空气呢?要知道,这些东西之所以有生命,靠的不是别的,正是大地所注入的空气。那么多以不同方式扎入地下的根,有的扎得浅,只穿透了地表,有的扎得深。大地若不是拥有大量滋生万物的气息,并用自己的营养去滋育万物的话,那它又怎么能滋润这么多的根呢?到目前为止,我所谈到的都还是一些次要的因素。被炽热的太空——宇宙中最高的部分——所围住的天空,浩如烟海的星星,多如牛毛的天体,别的就不说了,就说离我们如此之近的太阳吧,比整个大地还要大得多,所有这一切都从地上的物质中摄取营养,共同分享,而且它们显然不是靠别的而是靠大地散发出的气支撑的。是大地滋养了它们,为它们提供了牧场。现在,除非大地有浑身上下不分日夜往外冒都冒不完的气,否则它将无力滋养这么多比它自身还要大出许多的庞然大物了,因为必须有取之不尽、用之不竭的东西才经得起这么厉害的搜刮和消耗。而事实上,气也是为了需要其散发的时候才产生的(因为大地不可能有源源不断的气来滋养那么多的天体,除非这些天体反过来也纷纷不停地回馈大地),不过不管怎么说,大地肯定有的是气,充满了气,可以随时从某个秘密的仓库里提取气。因此,地底下无疑藏有大量的气,广泛散播的空气无疑占据了地下看不见的空间。如果真是这样的话,那么由于充满了一种极其易动的物质,大地势必就会经常被移动。因为可以肯定地说,没有人能怀疑有任何东西会像气一样好动、易变、喜欢无法无天。

17. 所以,由此可见,气也是会使性子的,而且,总想不停地动来动去的东西有时候会带动其他的东西。每当它行动受阻,道路不畅,就会出现这样的情况。因为只要畅行无碍,气就会平平静静地流动;而当它遇到抵抗被挡住时,便会大发雷霆,将阻挡它的东西撕成碎片,就像著名的"冲着自己上面的桥发怒的阿拉克塞斯河"[①]一样:只要河道畅通无阻,河水下泻就会连贯有序;而若有人为或意外掉落的巨石拦腰将河道截断,那么它就会想方设法,竭力冲破阻碍,障碍越多,它积攒起来的力量就越大。因为后面源源不断的水会使水量剧增,到了无以复加,实在撑不下去的时候,就只有以破坏的方式来获取力量,以与挡路的东西一起奔涌而下的方式而逃之夭夭了。气也是这样:它越强劲越流动,迸发得就越快,横扫一切障碍的力量就越猛烈。这样一来,就会造成地震,显然只能怪地下发生冲突的那个地方动摇了。

下面这一点也能证实这一说法是正确的:多数情况下,发生地震时,如果大地上只有某一个地方裂开了,那么这个地方一连好几天都会有一股风刮出来,据说卡尔基斯[②]发生地震时就出现过这样的情

① 阿拉克塞斯河(Araxes),阿拉斯河(发源于土耳其东部山区,向东流至东阿塞拜疆汇入库拉河,最后注入里海的一条河流)的古称。

② 卡尔基斯(Chalcis),希腊东南部的一座古城。

况。这一点,在波西多尼乌斯的弟子阿斯克列庇欧多图斯[①]的著作中可以查到,作者在书中论述了这一自然现象。在其他作者的著作中,也可以读到有关大地某处裂开大缝和裂缝中一连刮很长时间的风的记载,显然,这条通道是风自个儿打开的。

18. 因此,地动的主要原因是气,气这个东西的本性就是来去匆匆,飘忽不定,一会儿换一个地方。只要它不受外力的影响,躲在一个闲着的空间里,就会老老实实地待着,不会有任何害处,不会搅扰它周围的东西。若有一个外来的东西烦扰它,挤压它,把它逼到一个狭小的空间时,只要还有退路,它也只会退让,东游西荡。但真到了四面受阻、无路可退,没有一线生机的时候,那它就会怒不可遏,

冲着那些障碍,
发出山响一般强有力的吟吼,[②]

将这些它已连续重拳出击了很久的障碍撕得粉碎,把它们扔到一边。障碍物越是强大,它则会表现得越发威猛。如果它把限制住自己的空间整个都扫荡了一遍之后,还是出不去的话,那它就会从遭遇最强硬抵抗的地方弹回来,要么从大地自身运动而形成的一些看不见的开口中分散出去,要么从某个新落下的创伤处冲出去。气就是这个样子:太强有力了,根本就限制不了,再密不透风的东西也休想将它关住。因为,什么样的束缚它都可以冲破,再重的东西它都可以卷走,它可以打最小的缝隙里钻出去,为自己打开一片天地。凭着这种与生俱来的无法控制的力量,它可以无法无天,为所欲为,尤其是被激

① 波西多尼乌斯(Posidonius,约公元前135—前51)是一名科学家、历史学家,也是他那个时代重要的斯多葛学派的哲学家。他思想开放,受过亚里士多德学派的影响。阿斯克列庇欧多图斯(Asclepiodotus),我们对他的了解只限于他的军事著作。

② 维吉尔《埃涅阿斯纪》1.55—56。

怒时,它会毫不含糊地捍卫自己的权利。流动的气是一种无法征服的东西:没有谁能够

> 用权力约束或用锁链和牢狱束缚
> 挣扎的狂风和咆哮的暴风。[①]

毫无疑问,诗人都想把地下那个里面囚居着风的地方视为监狱,可是他们根本就意识不到关在里面的已经不再是风了,也意识不到风是关不住的。因为能在一个狭小的空间里老老实实待着的都是凝滞的空气,所有的风都是流动不居的。还得再加上一句,点明造成地震的原因是流动的气:我们自己的身体也是不会打哆嗦的,除非有时候有某种原因扰乱了我们的内气:恐惧会令其收缩,年迈会令其衰弱,血脉不活会令其虚弱,受寒会令其瘫痪,生病会令其异常。因为只要气循着惯常路线流动而又不造成任何伤害,身体就不会哆嗦颤抖;如果有什么地方出了问题,妨碍到了其功能,那它就会不再有足够的力量来支撑精力充沛时所能支撑的东西,而这样一来,健康的时候不哆嗦的地方也就会哆嗦起来了。

19. 既然责无旁贷,那就让我们来听一听梅特罗多鲁斯[②]的说法吧,他声称喜欢提出自己的见解。而我这个人呢,哪怕是我不赞成的观点,也不允许自己略而不提,因为最好是有一全套各式各样的理论,再说了,那些我不赞同的理论应该遭到的是我的谴责而不是忽略。那么,他是怎么说的呢?“一个人对着一口大坛子唱歌,他的声音会弥漫整个坛子,引起一种颤动和共鸣。虽然发出的只是很轻微的声音,但它却可以传遍四方,不仅可以波及周围的容器,还会引发

① 维吉尔《埃涅阿斯纪》1.53—54。

② 基俄斯的梅特罗多鲁斯(Metrodorus of Chios),德谟克利特的弟子,公元前4世纪人。他对物理学、气象和天文学很感兴趣。

自身内部的骚动。同样,地下巨大的洞穴里本身就有的气也会受到别的气的攻击和搅扰,只要有别的气从上面落下来;就像我前面说的那些空无一物的空间一样,只要闻得一声大喊,就会颤动。”

20. 现在我们再来听听另一些人的观点吧,这些人认为地震是我上面说过的所有因素或者好几个因素共同造成的。德谟克利特认为有好几个原因。他说地震有时候是气引起的,有时候是水引起的,有时候则是气和水一块儿引起的。他是这样阐释自己的理论的:“大地的某个特定的地方是空的,大量的水会汇集一处,然后流进这个地方。其中,有些水流很细而且比其余的要流畅得多。当重东西砸下来阻断了它的去路时,它就会撞向大地,让地颤动起来;因为水只要起伏波动,受其冲撞的东西就势必也会跟着动。”现在我们也必须像前面谈到气的时候那样,来说一说水的情况:“当它全都聚到某一个地方,失去了自我控制时,就容易往一个方向流动,一开始是靠其自身重量打开一条通道,后来就会凭着其力量闯出一条通路来。由于关在一个地方太久了,所以它只能顺着下坡缓缓流出去,没法缓缓地直落下去,不是中间狠狠地蹭着什么东西,就会重重地摔在落到的东西上面。不过一旦它滚滚向前,成席卷之势了,再让它在某个地方停下来,它就会倒流,就会反过来压迫容纳它的东西,并向大地上最薄弱地方发起猛烈的攻击。不仅如此,有时候大地还会因其深处聚集的水分过于饱和而下沉,其基础也被削弱。结果便是,汇聚一处的水施加压力最大的地方就会被压碎。事实上,气有时候会推波助澜,而且如果它发威的话,显然可以把它驱使汇聚在一起的水向其发起冲击的那块地方给冲走。此外,大地还会被风穿透,流动的气太细了,可以无孔不入,而如果把它逼急了,则又锐不可当。”

伊壁鸠鲁认为所有这些因素都有可能是地震的原因,而且他还大胆地提出了一大堆别的原因。他对那些认为地震是某一单个因素引起的人提出了批评,因为对于靠猜想得出的理论,是很难下肯定的断言的。“因此，”用他的话说，“地震可能是由水引起的，如果水冲走或者侵蚀了大地的某些部分的话，因为一旦遭到削弱，大地就无法再承受它完好无损时所支撑的东西了。地震可能是由气流的压力所引起的，因为大地里面的气也许因进来的别的气而受到了搅扰，也许大地的某个地方的突然坍塌让大地受到了震颤，这样就会致使大地震动。也许大地的某些部分是由某种柱子和某类桩子撑着的，当这些柱子和桩子出了毛病或者说倒塌了，它们上面的重物就会摇晃。也许是一股暖气流变成了火，像闪电一样劈下来，给所有障碍物带来灭顶之灾。也许是沼泽般的止水受到了强风的袭击，从而引起大地的震动；骚动不安的气在流动过程中会变得更加不安，更加活跃，从大地深处一路奔袭到地面上来。”不过，伊壁鸠鲁还是认为地震的最大原因是气。

21. 我也坚信只有这种流动的气才能干出这样惊天动地的大事来。自然界中没有一样东西会比气更为强大，没有一样东西会比气更具活力，没有了气，再厉害的元素也会没有力量。气能把火煽旺；风停了，水就会静下来，而风一刮，水就活蹦乱跳。气还可以把大地大片大片地分开，可以让一座座新山拔地而起，可以在海中央布下一座座迄今都未曾见过的岛屿。谁会怀疑是气让锡拉岛和锡拉希亚岛[①]，还有那座在我们自己这个时代的水手眼皮底下诞生在爱琴海中的岛屿重见天日的呢？按照波西多尼乌斯的看法，地动分为两种。每一种都有自己的术语：一种叫作“震动”，这时，大地会起伏颠簸；另一种叫作“倾斜”，这时，它会像一艘船一样，不是歪向这一侧，便会歪向另一侧。我本人的观点是还有第三种，有我们自己的术语来形容：我们的祖先说大地“颤动”是很有道理的，颤动与震动和倾斜都不一

① 锡拉岛（Thera），别名圣托里尼岛或桑托林岛，是爱琴海上风景最美的岛屿之一。它是一座火山岛，曾喷发过 5 次，将原本圆形的岛屿撕成现在的新月形。锡拉希亚岛（Therasia），位于新月形的锡拉岛对面。

样。在这样的情况下，东西既不至于震动也不至于倾斜，也就是颤动一下，造成极轻微的损坏而已。而倾斜的破坏性则要比震动大得多，因为除非迅速在另一侧采取措施将其扶正，否则就势必会倒塌。

22. 由于地动的这几种形式各不相同，所以原因也不一样。那就让我们先来说一说震动吧。如果一溜儿大车拉着大量的货物吃力地从街上穿过，由于拉的东西太重，车轮都陷到车辙里去了，你就会注意到建筑物都在震动。阿斯克列庇欧多图斯留下了这样的记载：当一块岩石从山腰上脱离而坠落下来时，周围的房屋都给震垮了。地下也会出现同样的情况，所以某样东西可能会松动，从悬崖上轰隆一声掉到地下洞穴的地面上，越重或者说越高，砸得就会越猛；这样一来，地下山谷的整个顶子都会晃动。我们可以相信岩石不仅会因为自身的重量而脱落，河流从它们上面流过时，接连不断的湿气会让石头里的接口处变弱，而且每天都会将石头所依附的物体上的某些东西冲走，可以说是把裹住石头的那层皮给蹭掉了。经年累月的磨损会让它那些每天都遭冲刷的地方日渐虚弱，不堪重负。这时，巨大的岩石就会掉落下来，而什么东西也经不住岩石这么劈头盖脑的一砸，肯定会砸得东倒西歪，用维吉尔的话说：

> 随着轰隆一声巨响，只见得所有的一切眨眼间全都倒塌。[①]

23. 这肯定就是地下之所以震动的原因之所在。下面我来谈谈第二种原因：大地天生就多孔，有很多空空荡荡的地方。气就是从这些孔缝中进出的，如果大量的气只进不出，就会致使大地倾斜。我前面说过了，其他人也觉得这一解释颇具吸引力。一群权威都这么认为会不会给你留下深刻印象并不重要，重要的是卡利斯提尼斯[②]也很

---

① 维吉尔《埃涅阿斯纪》8.525。

② 卡利斯提尼斯（Callisthenes），亚里士多德的侄子，公元前327年年初因反对

欣赏这一解释,这可是一位不可小觑的人物。他有了不起的智慧,还不愿忍气吞声地忍受自己君主的愤怒。亚历山大为此而永远背上了骂名,再显赫的战绩、再辉煌的胜利也洗刷不掉他的这一罪名;因为每当有人说起“他杀掉了成千上万的波斯人”的时候,都会有人反驳说“而他也杀掉了卡利斯提尼斯”;每当有人说“他杀掉了拥有当时天下最大王国的大流士[①]”,都会得到这样的反驳:“而他也杀掉了卡利斯提尼斯”;每当有人提起“他征服了全天下,只差征服海洋了,就连海洋他也用它从未见过的船只发起过一次攻击,他将自己的帝国从色雷斯的一隅一直扩张到了最远的东方”时,都会得到这样的回应:“可他杀掉了卡利斯提尼斯。”即令他功勋盖世,超过了古时候所有帝王将相加起来的全部功绩,也没有哪一项功绩可以与他的这桩罪行相提并论。这个卡利斯提尼斯写过好几本书,书中描述了赫利刻和布里斯[②]沉入海浪之下的情形,还对这场把两座城市扔进了大海,或者说把大海扔进了这两座城市的灾难进行了讨论,他在书中说过一番我在本文前面说过的话:“气打一些隐而不见的开口进入地下,由于它无孔不入,所以也会进入到海下。然后,当它下去的那条路被堵住,而挡在后面的水又切断了它的退路时,它就会像无头苍蝇一样东流西窜,自己撞上自己,从而让大地摇摇晃晃起来。靠近海的地区之所以受灾最为频繁,原因即在于此。所以,大海这一能让地动山摇的能力便被赋予了海神涅普顿[③]。凡是对文学起源有点了解的人都知道在荷马史诗里涅普顿被称作‘大地震撼者’。”

24. 我本人也认同气是引发这种灾难的原因。不过就气是如何

跪拜礼而与亚历山大反目,在一场阴谋中受到错误的牵连并被处死。

① 大流士三世(Darius Ⅲ),波斯国王。公元前 330 年在决定性的一役中被亚历山大击败后,死于一场阴谋。

② 赫利刻(Helice)和布里斯(Buris),公元前 373 年的大地震中消失的两座古希腊城市。

③ 海神涅普顿(Neptune),对应于希腊神话中的波塞冬。

进入大地的这一点而言，我不敢苟同。关于气是打我们的眼睛所不能察觉的细缝里钻进去的，还是从更大的开口中长驱直入的，是只从地下深处还是也从地表下面冒出来的，我持异议。

最后提到的这种观点是难以置信的。因为即使在我们自己的体内，有皮肤挡着，除了呼吸道，气从别的地方是进不来的，而且就算我们把气吸了进来，它也只能待在体内相对开阔的地方：它不会滞留在我们的肌肉或肉里，而会逗留在肚子和宽敞的内脏地带。由此我们可以推定大地的情况也是一样的，地震不会发生在地表上或者地表周围，而会发生在地下，发生在地下深处。有一点可以证明这一点，那就是深不可测的大海都会受到冲击而颠簸晃荡，显然是因为下面的大地动荡的结果。所以说大地很可能是从下面很深的地方被撼动的，而且气就是在那里的巨大洞穴中形成的。

"不！"有的人或许会说，"就像我们冷得发抖时，结果就是打哆嗦，大地也是受到了外面进来的气的影响才颤动的。"这种情况是怎么也不可能发生的。因为大地必须怕冷，才会像我们一样，受到一点外力的影响，就难免不寒而栗。我承认，发生在我们身上的某些症状也会发生在大地身上，但原因却是不一样的。大地之所以遭受折磨，病根肯定是内心深处受到了伤害。也许我这一说法最令人信服的证据就是：地震巨大的破坏作用会将大地撕裂，有时候那个裂开的洞会将整座整座的城市吞没掩埋。修昔底德[①]说在伯罗奔尼撒战争前后，阿塔兰塔岛不是全部也是大部分被淹没了。我们从波西多尼乌斯的著作中可以读到西顿[②]也发生过同样的事情。不过就这一点而言，我们并不需要目击者：记得在我们自己这个时代这种内在运动就将大

① 修昔底德（Thucydides，公元前460—前400），古希腊杰出的历史学家，著有《伯罗奔尼撒战争史》，被认为是西方史学史上的重要里程碑。

② 西顿（Sidon），腓尼基一古城，位于今黎巴嫩西南部的地中海沿岸，因其玻璃制品和紫色染料而闻名，公元前333年被马其顿亚历山大占领。公元前64年并入罗马。

地撕裂过，从而导致了地区的分离和对平原的破坏。下面我就以我的观点来解释一下发生这种事情的原因。

25. 当气流奋力灌进地下某个空荡荡的地方，把里面完全塞满，开始挣扎着想出去时，就会不断地左冲右突，拼命地往洞壁上撞，而洞的上方有时候正好就是城市坐落的地方。有时候洞壁会被撞得剧烈震动，把上面的建筑物给震垮，有时候甚至会到这样的地步：支撑整个洞顶的洞壁倒塌，坠入那个空无一物的地下空间，而整座整座的城市则会掉进无底深渊。据说，从前奥萨与奥林匹斯连在一起，后来因为一场地震才分开的，一整座大山就此一分为二了。然后佩纽斯河便畅流无阻，那一潭潭找不到出口的死水随之流走，从而让过去遍布于色萨利的沼泽变干了。从伊利斯与梅格洛玻利斯中间流过的拉冬河[①]也是由于一场地震才奔涌流淌的。

我举这些例子是要证明什么呢？就是要证明气会聚集在宽敞的洞穴里。（我应该管地下的这些空荡荡的地方叫什么别的名字呢？）如果不是这样的话，地上大片的区域都会震动，许多地区都会同时受到侵扰：而事实上，受影响的只是很小的区域，而且从来没有哪场地震会波及二百英里以外的地方。最近的这次满世界都传得神乎其神的地震也没超出坎帕尼亚的范围。卡尔息斯地动山摇，忒拜却安然无恙；埃吉乌姆地震了，而离它那么近的帕特雷却只听说了地震的事儿，对此我为什么还要做出解释呢？那场埋掉了赫利刻和布里斯这两座城市的大地震只波及了埃吉乌姆离得较近的一端。所以，看来是地下那个空荡荡的地方有多大，地震波及的范围也就只会有多大。

26. 我本来可以引用，或者说不恰当地引用，一些大家的文字来证明这一点的，根据他们的记载，埃及从来都没有发生过地震。对此，

---

① 拉冬河（Ladon），著有《希腊志》的希腊历史地理学家保萨尼亚斯（Pausanias）称其为希腊最可爱的河。山林女神绪任克斯（Syrinx）为了保护贞操免受畜牧神潘玷污而跳入其中变成芦苇的就是这条河。

他们给出的解释是这个国家完全是从泥土里长出来的。如果荷马所言可信的话，那么，过去从法洛斯岛到大陆，是全速航行一天的航程。可是现在法洛斯岛与大陆之间的距离已经大大缩短，都快连着了：因为汹涌的尼罗河滔滔而下时，挟来了大量的泥，这些泥会时时淤积在已有的土地上，从而使得埃及因面积逐年增加而不断向外延伸。结果，这块土地便成了一片肥沃淤泥，没有任何缝隙，泥一干就会成为结实的一团。泥团是由各种成分黏合在一起形成的紧凑的沉积物构成，中间不可能存在任何空隙，因为总有液体和软滑的黏性物质不停地落在其坚实的基础上。

不过，埃及和得洛斯岛[①]都发生过地震，尽管维吉尔让得洛斯岛牢牢站住了：

> 他同意将此地变成一个无地震之忧，不怕风吹浪打，可以耕种的地方。[②]

偏听偏信的哲学家，依照诗人品达的说法[③]，也称得洛斯岛没发生过地震。修昔底德说得洛斯岛从前确实没有遭遇过地震之灾，但在伯罗奔尼撒战争期间却发生过一次地震。卡利斯提尼斯也提到过一次，而且发生在另一时间。“在许多预示赫利刻和布里斯这两座城市可能面临灭顶之灾的不祥之兆中，”他说，“最值得注意的就是一柱冲天大火和得洛斯岛上的地震。”他之所以心目中希望得洛斯岛比较稳固，是因为该岛地处大海之上，而且有很多空心的岩石和多孔

---

① 得洛斯岛（Delos），位于基克拉泽斯群岛（Kiklades）的中心。希腊神话中的主神宙斯的妻子之一勒托受赫拉的迫害来到得洛斯岛，在岛上金托斯山的一棵棕榈树下生下了太阳神阿波罗与双胞胎妹妹阿尔忒弥斯。

② 维吉尔《埃涅阿斯纪》3.77。

③ 在古希腊诗人品达（Pindar，公元前518—前438）的现存作品中没有此处提到的这首诗。

的石块，可以让困在里面的气找到出口；这就是岛屿上的土质要坚硬一些，离海越近的城市危险越小的原因之所在。庞贝城和赫库兰尼姆领教过了，这一观点是不正确的。现在不妨再加上一点，每个海岸都是有可能发生地震的。譬如，帕福斯[①]就不止一次变成过废墟，还有尼科波利斯[②]也地震过，对这种毁灭现象也很熟悉；塞浦路斯为深海所环绕，而地震也并不鲜见；就连频受海浪冲蚀之苦的提尔城也同样频遭地震之灾。

以上这些就是解释地震现象时，人们常摆出的理由。

27. 不过有报道称，这次的坎帕尼亚地震也出现了一些特殊情况，需要加以解释。据称庞贝城一带死掉了600头的一群羊。没有理由认为这群羊是被活活吓死的。我们前面说过，大地震之后往往会出现瘟疫，而且这一点也不足为奇。因为地下深处暗藏着大量致命的物质，那里的空气，由于地下断层或者惰性及无尽黑暗的缘故，是不流动的，加之染上了内火之毒，因而会给呼吸者带来伤害。这种长时间不流动的气一旦释放出来，就会对地上清纯的空气构成污染，而呼吸了这种异常之气的人就会染上新的疾病。还有一点也要考虑到：那些看不见的地方潜藏着各种有害乃至致命的水，因为它们从来就没有人动过，从来就没有被一股自由清新的风吹拂过。因此，它们稠得很，上面始终罩着一层厚厚的大雾，里面所蕴藏的尽是一些对我们的身体有害和致命的东西。此外，与它们搅合在一起、混迹于这些沼泽之中的气，一旦冒出来，就会大面积传播其毒害，所有吸入者都会因此而死于非命。再说了，羊群，只要有瘟疫流行，最先倒霉的往

① 帕福斯（Paphos），塞浦路斯西南部的一座古城，一直被奉祀为爱神圣地。传说爱和美的女神阿芙罗狄特（罗马神话称维纳斯）就诞生在附近海浪拍打岸边巨岩激起的泡沫之中。公元前12世纪的一场地震曾将它变成一片废墟。

② 尼科波利斯（Nicopolis），位于希腊西海岸的一座古城。公元前31年屋大维在亚克兴（Actium）战胜了安东尼和克娄巴特拉，为了纪念这一胜利而亲手建立了尼科波利斯，意为“胜利之城”。

往就是它们,因为表现得越是贪婪,就越容易感受到瘟疫的厉害。在空旷的蓝天之下,它们要喝掉大量的水,而在瘟疫流行时,水受到污染的危险系数是最大的。所以,羊群染上瘟疫,我一点也不感到惊讶,因为它们的体质本来就比较弱,而且还老低着头,距离地面比谁都近,把大地散发出来的那些污染过的气全都吸进去了。这样的气,如果散发量再大一点的话,也是可以伤害人类的。好在它还没升至人可以吸到它的高度之前,就让大量纯净的空气给中和掉了。

28. 从这么多有毒的东西是自发地冒出来,而非人为播撒的这一事实中,你应该明白地里面蕴含着很多致命的物质,因为土壤中显然既有健康的种子,也有疾病的种子。意大利好几个地方的某些开口中都会散发出一种对人和动物都有害的毒气,难道说不是真有其事吗?鸟类如果在好天气将其冲淡之前遭遇了这种毒气,飞到半途也会摔下来,身上铁青,脖子肿得老粗,就像什么东西卡在了喉咙里,活活憋死了似的。只要这种气老老实实地待在地里面,只从一个很小的口子里往外冒,那么它也就只能杀死往洞口里看并主动钻进去的动物。一旦在地下那阴森可怕的黑暗中尘封了太久之后,它就会变成一种有毒的东西,时间拖得越长,其毒性越强,越不活动,就会越致命。而它一旦找到了出口,就会把在阴冷的地狱里所染上的毒性全部释放出来,污染我们地上世界的空气。因为好天气有时也会败给坏天气。碰上这样的时候,就连我们享有的纯净空气也会变得污秽不堪,从而导致人畜突然接二连三地死亡,引发各种原因不明的可怕的疾病。另外,这种灾难有短有长,取决于毒性的强弱,而且直到天空澄明,清风劲吹,将污染过的空气变得纯净之前,瘟疫是不会结束的。

29. 有几个人疯了似的或者说惊慌失措地到处乱跑,都是因为叫恐惧吓着了的缘故,恐惧这种东西,哪怕来得比较温和,折磨的只是个别人,也会把人们吓得六神无主。试想如果恐惧让一大群人都心惊胆战,那又会是什么结果呢?眼看着一座座城市倒下,一群群人被活活压死，大地被震动，人们魂不守舍地在悲伤与恐惧的夹击下四处乱跑又有什么好奇怪的呢？在出现巨大灾难的时候，保持清醒的头脑绝不是一件容易的事情。所以，那些个性很不稳定的人遇到这样的恐惧时，往往都会失去自控能力。事实上，在没有丧失理智的情况下，谁也不会向恐怖屈服，而所有吓破了胆的人看上去都像疯子。然而，恐惧虽然会让有些人迅速恢复理智，却会让另一些人离理智越来越远，把他们变成疯子。这就是为什么战争期间，人们会心烦意乱地东奔西跑的原因，而且在恐惧与宗教迷信同时袭击心灵时，人们最喜欢胡说八道地预言这，预言那，这种现象比在其他任何情况下都多。

30. 一座雕塑裂成两半，这我一点也不感到惊讶，因为我在前面已经说过了，山都可以裂开，大地本身都可以从深处被撕裂：

> 一次，人们说，这些陆地被某种巨大的破坏力给撕裂开了（这就是改变持续千古的时间的力量）。他们说这些陆地一下子裂开了，虽然它们最初是一整块。海水以锐不可当的力量袭来，将西西里从意大利的一侧撕开，一条窄窄的海峡从海水隔断的田野与城市之间横穿而过。[①]

看见了吧，整个地区都被从根上撕开了，一度相邻的两个地方现在却隔海遥望；看见了吧，大自然的一部分受到搅扰，驱使海水、火或气流涌向某一个特定的方向时，城市和人就会被撕成碎片。它们的力量大得惊人，因为这种力量源自整个大自然：虽然大自然只把怒气发在一个地方，可这种怒气是举宇宙之力而发泄出来的。于是，海水撕裂了西班牙同非洲之间的联系，西西里被大诗人们笔下的那场洪水从意大利本土切了出去。可来自地下的水流中所蕴藏的力量还要

---

① 维吉尔《埃涅阿斯纪》3.414—419。

大得多,因为凡是从狭窄的通道中硬挤出来的东西都会来得更为猛烈。

至于大地的颤动会影响到哪些巨大的东西,会产生什么样的奇观,人们已经说得够多的了。那么,为什么有人还会对一座空心的薄薄的铜像被震裂而感到惊讶呢?没准儿是里面的气流想要出来造成的。可谁又不清楚这一点呢?我们见过墙角裂开的建筑后来又合拢的情况。还有,某些与其所处位置不是很贴合,泥瓦匠们毛手毛脚、松松垮垮地码在一起的东西,经过一场地震的连续晃动,反而变得紧凑结实了。可是,如果整面整面的墙和整幢整幢的房子都破裂了,高塔再坚实的坡面都被震裂了,支撑巨大结构的桩结构都散了架,谁还有什么理由觉得一座雕像,从头到脚被劈成了均匀的两半,值得大书特书呢?

31. 也许有人会问,可是为什么地震持续了好几天呢?因为坎帕尼亚还在不停地震动,没错,地震的强度是减弱了,但依然还在造成巨大的破坏。因为余震所晃动的是已经被震过的建筑,这些建筑本来就摇摇欲坠了,所以只需轻轻一推,不费吹灰之力就可以让它们倒掉。显然,气还没有全散发出来,还在四处流窜,虽然大部分的气都已经排放出来了。在证明这样的现象是由气流引起的论据中,你肯定会毫不犹豫地再加上这么一条:在最猛烈的震动将怒火发泄在城镇和乡村之上时,不可能紧跟着又发生一次同样规模的震动,大震之后只会有轻微的余震。因为最初的那次强震已经为挣扎着往外挤的气流打开了一条出路,这样残余在里面的气流就没有原来那么大的力量了;而且它们也用不着挣扎了,因为它们已经找到了出路,沿着最初那股最强大的气流出来的那条路出来就是了。

下面这一点我觉得也值得记录下来,因为是一个相当有名望的饱学之士所观察到的情况(地震发生时,他碰巧正在洗澡):他称洗澡的时候,看见地板砖彼此分开,然后又合到了一起,还说地板裂开时，水从接头处漏了下去，而当地板再次合拢时，在压力的作用下，水就冒泡，渗了出来。我还听此人讲过，他曾见过土墙比起坚硬的东西来，经受震动的次数要多一些，但受震的程度也要轻一些。

32. 卢齐利乌斯，我最好的朋友，关于地震的原因我就不再多说了。下面我谈谈那些关乎消除疑虑、重拾信心的问题，因为对我们来说有勇气比有学问更重要。不过没有学问，勇气也就无从谈起，因为只有提升人文修养，沉思自然，人的内心才能强大起来。经历了坎帕尼亚的这一场灾难，谁没有变得坚强起来，谁没有精神焕然一新，去面对一切不幸呢？我有什么理由怕人怕兽呢？又有什么理由怕箭怕矛呢？有更严峻的危险在等着我：闪电、地震，还有大自然的各种巨大力量都想要我的命。所以，必须以极大的勇气面临死亡的挑战，不管它是采取猛烈的突然袭击方式也好，还是采取日常普通的死亡方式也好。它的攻击有多么吓人，或者说它下手有多么狠，都无所谓。它从我们身上索走的是没多少价值的东西：是年纪大了，或者说耳朵疼、体内脏水太多、吃了不合肠胃的食物、脚上受了点轻伤，也会从我们身上夺走的东西。

人的生命是一种微不足道的东西，但把命看得很轻却绝不是一件微不足道的修炼。藐视生命的人会以淡定的心态去看待怒海翻腾，即使狂风四起，掀起惊涛骇浪，即使由于世界的某种巨变，海潮将整个海水都泼向了陆地。他会以淡定的心态去注视电闪雷鸣的天空那副阴森可怖的面孔，即使天崩了，即使它把所有的天火都合到一起来摧毁一切，尤其是摧毁它自己。他会以淡定的心态去看待大地裂开巨口，彻底散了架，即使把大片死了人的地区呈现在他眼前。他会站在那无底深渊上面，心里一点也不害怕，没准儿他还会跳进那个他注定会落入的坑里去。我的死法有多么伟大，有什么好在乎的呢？死亡本身并不是什么了不起的事情。那么，如果我们想高高兴兴，而不提心吊胆地生活在对人、对神以及对各种事件的恐惧之中，如果我们想藐视命运的种种不必要的允诺和没用的威胁,如果我们想生活宁静,在幸福方面可以与众神媲美的话,就必须听天由命,随时准备献出自己的生命。无论是遭小人算计,还是疾病缠身,是挨了敌人一剑,还是让自己的同胞捅了一刀,是因为危房倒塌,还是因为吞噬了城乡的大火,管它最后索命的是什么不幸呢,想拿就让它拿去吧。

除了鼓励它离去并祝它一路走好之外,我还欠下生命什么呢?"勇敢地去吧,祝你一路好运!别迟疑:造化要将你收回去了。这不是一个是与否的问题,而是一个时间迟早的问题;你所做的是某个时间必须做的事情。不要问任何问题,不要有任何畏惧,也不要退缩,就像要去某个糟糕的地方似的。给了你生命的造化正在等待你,等你去一个更好更安全的地方。那里不会发生地震,没有狂风大作,乌云翻滚,没有把城市和乡村化为灰烬的大火,不用担心吞没整个船队的海难,没有打着敌对旗号、势不两立的军队,没有成千上万的士兵怀着同样的疯狂,都想置对方于死地,不存在瘟疫,而且死了人,燃起的祭奠火堆都是一样的,没有任何区别。死亡没什么了不起的,可我们干吗要怕呢?死亡是一种负担,最好是一次降临到我们头上,而不是没完没了地威胁我们。你说,大地都毁灭了,造成震动的东西自己都被震动了,只能靠用伤害自己的办法来伤害我们,我还应该怕死吗?赫利刻和布里斯两座城市都叫海水给全部淹没了,我这么小小的一个躯体,还要担惊受怕吗?船只在两座城市上面航行,这两座城市我们确实都听说过,关于它们的文字记载让我们意识到,还有多少座其他城市淹没在了其他地方,又有多少人葬身大海或埋骨地下呀?明知道自己终有活到头的时候,我为什么还不愿意结束自己的生命呢?说实在的,明知道万物皆有涯,我还怕最后一口气上不来吗?"

所以,卢齐利乌斯,你应该尽可能地鼓起勇气,不要惧怕死亡。贪生怕死可以把我们变成可怜虫,可以折磨和毁掉它企图保住的那条小命，可以让我们在心理上放大诸如地震和雷电之类的危害。如果你认为活得短与活得长没多大差别的话，你就会以一种镇定的目光来看待所有这一切。我们失去的只是时间。假设损失的数额以多少年、多少月、多少日来计的话，我们失去的只是无论怎样都注定会失去的东西。我问你，就算我得到了，又能怎么样呢？时间无时无刻不在流逝，把那些最想抓住它的人抛下。我既不拥有未来也不拥有过去，而只是被悬在似箭光阴的某一个点上。由此可见，不贪心，适可而止很重要！智者莱伊利乌斯[①]听一个人对自己说"我有八十岁了"，做了一个精彩的回答："你说的那六十岁，活过了，就不再是你的了。"从我们把已经逝去的年华看作自己的年岁这一点就可以看出，我们未能参透生命这个词的真谛，也没领会时间从来就不是我们自己的这一情况。让我们牢牢记住，反复提醒自己："我们必有一死。"什么时候死？你操那个瞎心干吗！怎么个死法？你操那个瞎心干吗！死亡是自然法则，死亡是凡人须做的贡献和应尽的义务，死亡是医治一切疾病的良药：凡是怕这怕那的人都是在渴望死亡。忘掉其他一切，卢齐利乌斯，专心致志地思考这一件事情，不要惧怕死亡这个名称。思考久了，就可以把死亡变成你很熟的熟人，这样，到了生死关头，你就甚至可以慷慨以赴了。

---

① 盖乌斯·莱伊利乌斯（Gaius Laelius，约公元前190—前128），政治家，外号"智者"，是西塞罗《论友谊》中的核心人物。